CHANGJIANGKOU

HANGZHOUWAN

SHUIHUANJING

YINGXIANG YANJIU

长江口杭州湾水环境影响研究

徐贵泉　夏雪瑾◎编著

河海大学出版社
HOHAI UNIVERSITY PRESS
·南京·

内容摘要

在广泛收集整理长江水利委员会长江口水文水资源勘测局、国家海洋局东海环境监测中心、上海市水文总站、上海市供水调度监测中心、上海市环境监测中心等单位的水文水质和污染源监测数据资料基础上，本书调查分析了长江口杭州湾水环境现状及变化趋势，实验研究了其水环境中主要污染物的迁移转化规律的相应关键水质参数；建立了河口海洋水动力水质基础调查数据库以及二维、三维水动力水质模型；系统研究了长江来水、黄浦江出水和沿江海其他支流排水量质变化及沿江海污水处理厂提标扩容升级改造尾水排放对长江口杭州湾水环境的影响，并提出了相应的环境协同治理和综合保护对策、措施及建议。

本书对从事河口海洋水污染系统防治、水环境综合治理、水生态修复保护和水资源高效利用方面的科研、规划、设计及管理人员具有一定的借鉴意义，可作为水务（利）、海洋、生态环境等部门及相关大专院校和科研机构专家、学者的研究参考。

图书在版编目（ＣＩＰ）数据

长江口杭州湾水环境影响研究 / 徐贵泉，夏雪瑾编著. -- 南京：河海大学出版社，2021.2

ISBN 978-7-5630-6869-2

Ⅰ. ①长… Ⅱ. ①徐… ②夏… Ⅲ. ①杭州湾—水环境—环境影响—研究 Ⅳ. ①X143

中国版本图书馆 CIP 数据核字(2021)第 027295 号

书　　名	长江口杭州湾水环境影响研究
书　　号	ISBN 978-7-5630-6869-2
责任编辑	王丹妮
特约校对	高尚年　王典露
封面设计	张育智　吴晨迪
出版发行	河海大学出版社
地　　址	南京市西康路 1 号(邮编：210098)
电　　话	(025)83737852(总编室)　(025)83722833(营销部)
经　　销	江苏省新华发行集团有限公司
排　　版	南京布克文化发展有限公司
印　　刷	江苏凤凰数码印务有限公司
开　　本	787 毫米×1092 毫米　1/16
印　　张	17.75
字　　数	448 千字
版　　次	2021 年 2 月第 1 版
印　　次	2021 年 2 月第 1 次印刷
定　　价	158.00 元

前言

习近平总书记在长江经济带发展座谈会上提出,要坚持把修复长江生态环境摆在推动长江经济带发展工作的重要位置,共抓大保护,不搞大开发,走生态优先、绿色发展之路。长江口是中国最大的河口,是长江经济带的重要结点,拥有丰富的淡水、航道、港口、岸线、生物、滩涂、湿地等重要资源,为长江三角洲经济社会的发展提供了重要的基础性自然资源和战略性经济资源,孕育了富有生机活力的长三角城市群。长江口杭州湾地区地处长江流域和钱塘江流域下游,滨江临海、经济发达、人口集聚、水网密布,环境影响复杂多变,资源供需矛盾突出。作为全球生物多样性关键区域之一,长江口杭州湾是珍稀生物的繁衍、育幼场所,国际重要的鸟类栖息地,具有巨大的生态服务功能,是国家实施长江经济带生态环境保护的重点区域,具有重要的引领和示范效应。

进入 21 世纪以来,长江口杭州湾面临流域、海域水情工情变化、全球气候变化、海平面上升以及人类活动影响的多重挑战,受流域区域用水量增长、来水量质变化、污染源治理、水资源调配及东海咸潮入侵等多重因素影响,长江口杭州湾及其邻近海域目前已处于亚健康状态,环境污染和生态退化问题日益引起广泛关注,环境协同综合治理和保护形势依然严峻。上海作为长江经济带的龙头,是面向国际、服务全国、引领长三角的枢纽门户,肩负着建设"五个中心"和现代化国际大都市的历史使命。为更好发挥上海的区位优势,围绕上海"全球城市"建设目标,进一步提升上海服务"一带一路""长江经济带"及长三角一体化发展等国家战略的能级,需加快推进长江口杭州湾水生态环境系统治理和有效保护,维护长江口杭州湾生态环境健康。

摸清长江口杭州湾水环境质量及其影响变化是长江口杭州湾水环境综合治理的基础工作。针对长江口杭州湾及其邻近海域径流潮流运动、河口海湾冲淤多变和生态环境影响的复杂性、不确定性以及环境协同联动治理和保护的艰巨性、长期性,全面系统研究长江口杭州湾水环境影响因素及其影响程度,具有现实指导意义和重要应用价值,可为推进实施陆海统筹、江海联动、流域区域海域环境协同综合治理,加快改善上海河口海洋水环境质量尤其是重点保护好长江口饮用水水源地提供重要基础依据和关键技术支撑。

本书共八章。第一章梳理了国内外水环境关键技术研究进展;第二~四章在广泛收集流域区域海域的水文、水质、污染源等翔实资料的基础上,开展长江口杭州湾及其邻近海域的水环境变化趋势分析,并建立长江口杭州湾水文水质基础调查 GIS 数据库;第五章采用野外实测和室内模拟实验相结合的方法,对水质模型中的水质参数进行研究,得出长江口

杭州湾主要污染物 COD_{Mn}、溶解态和颗粒态 P、N 等转化或衰减系数合理取值范围,揭示了水环境中主要污染物的迁移转化规律;第六～七章建立了 MIKE21 和 MIKE3 二维、三维水动力水质模型,系统定量研究长江流域来水和黄浦江出水量质变化、沿江海污水处理厂扩容提标升级改造以及沿江海其他支流排水污染物通量变化对上海市河口海洋水环境的影响;第八章为结论与建议,并对长江口杭州湾水环境后续深入研究提出了展望。

本书主要由徐贵泉、夏雪瑾、冯文静编著,项目研究组郭超颖、徐健、李玉中、陈长太、陈元卿、杨潇帆、王彪、刘桂平、李保、陈肖雪、范海梅、潘莹莹也参与了部分章节的一部分内容撰写。研究工作也得到了上海市水务局(上海市海洋局)、上海市环境科学研究院、上海市水文总站、长江委水文局长江口水文水资源勘测局、国家海洋局东海环境监测中心、上海市排水管理事务中心等单位领导、专家的支持、指导和帮助,在此一并表示衷心的感谢!

鉴于长江口杭州湾水环境影响的复杂性和多变性,本书研究内容和主要成果,在深度和广度上难免有一些疏漏和不足之处,敬请读者批评指正。随着流域区域的水生态环境系统治理、修复与保护,流域来水水质呈现改善趋势,为积极应对流域来水来沙新变化,仍应持续跟踪监测分析并深入研究长江口杭州湾水环境的新变化影响。

目录
CONTENTS

第一章　绪论

　　上海地处长江三角洲的前缘,长江、太湖流域的下游,南濒杭州湾,北枕长江口,东临东海,属于滨江临海超大城市,水网密布,人口众多,经济发达,独特的地理环境决定了长江口杭州湾水环境优劣势并存。一方面,长江口杭州湾是支撑上海建设"五个中心"和具有世界影响力的社会主义现代化国际大都市的重要战略空间资源,拥有宝贵的滩涂资源、丰沛的水资源、优良的港口、岸线、航运资源以及长江口青草沙水库、陈行水库、东风西沙水库三大饮用水水源地;另一方面,受长江和钱塘江来水、流域区域引排水等多重因素影响,长江口杭州湾的水质保护、治理和改善任务艰巨、面广量大,需要依托流域区域水环境污染的协同联防联控联治,难度更高,见效更慢,具有复杂性、艰巨性和长期性。

　　随着不断加大区域入海污染物治理减污减排和总量有效控制,上海市城镇污水处理率已达96.3%。但是,根据全市河口海域11大类60余个水质指标的监测分析,长江口杭州湾的水环境质量状况仍不容乐观,与其水质保护目标要求仍有一定差距;且江海航运日益繁忙,海上溢油、化学品泄露等突发水污染事故时有发生,环境生态安全风险形势依然严峻。

　　为全面摸清长江口杭州湾水环境质量及其影响变化,开展长江口杭州湾水环境影响研究,对实施陆海统筹、江海联动,环境系统治理,有效保护河口海洋生态环境,保障河口海洋资源可持续利用具有重要的现实指导意义和学术应用价值。

1.1　国内外水环境关键技术研究进展

1.1.1　水质评价研究进展

　　水质评价是水环境治理和保护的重要基础工作。目前,国内外常用的水质评价方法很多,一般分为单因子评价法和综合评价法两类,其中综合评价法又可细分为水质综合污染指数法、模糊数学法、灰色理论法、神经网络法、主成分分析法、层次分析法、集对分析法等。

1.1.1.1　单因子评价法

　　单因子评价法包括最差水质指标评价法和单项污染指数法。最差水质指标评价法:将水质指标实测值与相应国家标准值进行比较,不论有多少项监测数据,只要任意一项监测因子出现超标,就认为该水质超过拟定的环境质量标准,即以最差水质指标所属的类别作为该水体的水质类别。该方法在我国应用较为广泛,环境质量、水资源、海洋环境质量等年度公报中的水质评价均采用该方法。单项污染指数评价法:将水质指标监测浓度值除以水功能区的水质控制标准浓度值,作无量纲归一化处理,得出相应的水质指标污染指数,评价其水质污染程度。该方法的特征值包括各评价因子的达标率、超标率和超标倍数。

单因子评价方法简单明了,能较直观地评价区域内各水质因子的污染状况,便于污染成因分析。杨新梅(2002)等[1]即采用单因子污染指数法找出了大连湾海域水质污染的敏感因子。但是单因子评价法只能评价水体中某污染物的污染程度,不能给出水体中各种污染物污染程度总和的综合评价结果。

1.1.1.2 综合评价法

(1) 水质综合污染指数法

水质综合污染指数法是基于水体功能要求评价其污染程度的方法,主要分两步:① 针对单项水质指标,将其实测浓度值与相应的水环境功能区水质控制标准浓度相比,形成单项污染指数;② 对参与综合水质评价的所有单项水质指标,将各指标的单项污染指数选用算数平均、加权平均、连乘及指数等数学方法之一计算得到一个综合指数,来评价综合水质。水质综合污染指数是基于不同类别标准计算得到的,所以以综合污染指数的比较只能在同一类别标准水体中进行,对不同类别标准的水体之间评价水质缺乏可比性。中国环境监测总站在进行水质评价时采用过该方法。张景平等(2011)[2]、张汉霞等(2011)[3]、崔彩霞等(2013)[4]利用综合污染指数法分别对珠江口海域、东莞市近岸海域、灌河口海域进行了水环境质量评价。

因综合分指数的计算方法不同,综合指数法往往表现出不同的形式,主要有:均值多因子指数、均方根法指数、加权平均指数、豪顿水质指数(R. K. Horton,1965)、布朗水质指数(R. M. Brown,1970)、普拉特水质指数(L. Prati,1971)、内梅罗水质指数(N. L. Nemerow,1974)、罗斯水质指数(S. L. Ross,1977)等。由于计算过程中各因素权重取值的主观性以及数学模式本身的不完善,水质综合污染指数法的评价结果可能存在较大的局限性。如:算术均值指数法的优点是简单明了,当各项分指数相差不大时,其数值可在一定程度上反映水质的真实情况。但是,当分指数中有特大值时,该模式将使特大值坦化,掩盖了特大值对水环境质量的影响。内梅罗水质指数法考虑了最大值对水环境质量的影响,在一定程度上弥补了算术平均指数法的不足;其缺点是最大分指数项计算重复,理论上欠妥,且过分夸大了最大项的作用,掩盖了其他大项的作用。

(2) 模糊数学法

事物之间的差异性致使事物间存在中间过渡过程,这种处在中间过渡的事物具有模糊性,由此引入了模糊数学的概念。模糊数学在水质综合评价中已得到广泛应用。代表性方法有:模糊综合评判法、模糊概率法、模糊综合指数法等,其中应用较多的是模糊综合评判法。模糊数学评价法体现了水环境中客观存在的模糊性和不确定性,符合客观规律,具有一定的合理性。模糊数学法的关键之处是要结合水质特点构造隶属函数和权重矩阵,应用模糊理论对水质进行综合评价,但隶属函数和权重的确定仍然存在较大的争议,易出现水质类别判断不准或结果不可比的问题。

何桂芳等(2007)[5]、潘怡等(2009)[6]运用模糊数学综合评判法分别对珠江口海域、上海海域的水环境质量进行了综合评价;柯丽娜等(2012)[7]将可变模糊数学方法和 GIS 技术相结合,建立了基于 ArcEngine 的海水水质可变模糊综合评价系统。

(3) 灰色理论法

由于水环境质量数据是在有限的时间和空间内监测得到的,信息不完全,因此可将水环境系统视为一个灰色系统,即部分信息已知、部分信息未知的系统,据此对水环境质量进行综合评价。基于灰色系统理论的水质评价法是通过计算各水质指标的实测浓度与水质分类(级)标准的关联度大小确定水质综合评价的级别。灰色理论评价法反映了水环境系统的不确定性,在水环境质量评价中应用日益广泛。应用灰色系统原理对水质综合评价的方法有灰色关联评价法、灰色贴近度分析、灰色聚类、灰色识别模型、灰色决策评价法等。

与模糊评价法类似,灰色理论评价法突破了传统精确数学严格的约束,反映了水环境系统的不确定性,可根据关联度的大小对同类水体的水质进行比较,因此具有排序明确和可比性较好等优点。缺点是评价计算较复杂、分辨率较低。

灰色理论评价法对河流、地下水等水质评价应用较多,在海域水环境质量评价方面应用相对较少。秦昌波等(2006)[8]、王红莉等(2004)[9]应用灰色关联评价法分别对渤海湾天津段近岸海域和整个渤海湾近岸海域进行了水环境质量评价;张静等(2011)[10]构建了基于线性隶属函数初值化方法的模糊-灰色关联评价模型,对深圳湾海域水环境质量进行了综合评价。

(4) 神经网络法

人工神经网络是一种由大量处理单元组成的非线性自适应的动力学系统,具有学习、联想、容错和抗干扰功能。应用人工神经网络进行水环境评价,首先将水环境质量标准作为"学习样本",经过自适应、自组织的多次训练后,网络具有了对学习样本的记忆联想能力;然后将实测资料输入网络系统,由已掌握知识信息的网络对它们进行评价。这个过程类似人脑的思维过程,因此可模拟人脑解决某些具有模糊性和不确定性的问题。人工神经网络用于水质评价允许有大量供调节参数、全息联想功能以及自组织、自学习、自适应和容错的能力。相对于模糊数学评价法和灰色理论评价法,人工神经网络法具有客观性和通用性等优点,缺点是评价结果易出现均值化现象,且计算过程较复杂。

目前应用最为广泛且较为成功的人工神经网络模型是 BP 网络模型,此外还有 RBF 网络模型、SOM 神经网络模型等。近年来,神经网络法在海域水环境质量评价中的应用较多。杨红等(2002)[11]、李占东等(2005)[12]、李雪等(2010)[13]利用 BP 模型分别进行长江口、珠江口和渤海湾近岸海域的水质综合评价。

(5) 主成分分析法

主成分分析法是一种将多维因子纳入同一系统量化研究的多元统计分析方法,能够在保证原始数据信息损失最小的情况下,以少数的综合变量取代原有的多维变量,使数据结构大为简化,较客观地确定变量权数,避免了主观随意性,该方法一般需要大量的实测数据支撑,对水质样本容量较小的情况不适用。丁程成等(2009)[14]、张淑娜(2009)[15]采用主成分分析法分别对江苏近岸海域及天津海域的水质污染进行分析研究,找出了主要污染因子;张莹等(2012)[16]利用主成分分析法明确各水质指标权重关系,再结合权重关系和海水水质分类标准建立分类样本,最终通过判别分析方法建立水质自动分类评价模型。

（6）层次分析法

层次分析法是将评价系统各要素按照所属关系分解成若干层，同一层各要素以上一层为准则，进行两两重要性判断比较，量化确定每个层次中要素的相对重要性或优劣程度，建立相应判断矩阵，求出各要素的权重；再进行层次单排序，最终求出各要素相对评价系统的重要性权重。层次分析法具有定性分析与定量计算有机结合的优点，但也摆脱不了评价专家的经验性和主观性以及对评价指标重要性判断的不一致性。层次分析法在水质评价中往往与水质综合污染指数法相结合，用于确定指标的权重系数。范海梅等（2011）[17]利用层次分析法和主成分分析法对长江口及其附近海域的水质进行了综合评价。

（7）集对分析法

集对分析法是由我国学者赵克勤提出，近年来在我国应用较多的一种新方法，其基本思想是把确定性、不确定性问题视为一个确定不确定性系统，从同、异、反3个方面对系统进行辩证分析和处理。基于集对分析的海水水质评价是将水质指标的评价标准与实测浓度构成一个集对，利用联系度来描述该集对的对应关系。集对分析时一个指标只能对应一个评价标准区间，即不存在一个指标对应多级评价标准的多元联系度，因此集对分析法往往会使数据失去其原有的物理意义，导致最后结果出现错判。

周超明等（2006）[18]以福建沿岸主要港湾为例，运用集对分析和主成分分析方法构建了港湾水质综合评价的集对分析模型；李明昌等（2010）[19]建立了基于非线性隶属函数的集对分析综合评价方法，给出了针对海洋环境质量评价相应指标的联系度函数表达式，并应用于渤海湾某工程海域的水环境质量评价。

综上所述，目前水质评价方法很多，不同方法的适用范围、优缺点不尽相同，国内外还没有统一的水质评价模型与方法。水质评价是个复杂的系统，涉及众多学科，需要各学科之间相互交叉渗透、相互验证比较、相互取长补短，才能不断提升水质评价的科学性、合理性、准确性和真实性。随着计算机技术的迅速发展，与之相关的许多新方法也得到了广泛的应用。面对繁杂多样的方法，应结合研究水域的实际情况，根据江河湖海、地下水等资源的水质特点，监测站点密度，监测频次和监测数据的代表性、完整性和准确性，通过对多方法评价结果的可行性及合理性全面比较分析，选用符合行业部门规定和考核要求、更合理可行、更符合实际的评价方法。

1.1.2　水质参数实验研究进展

根据多年来的水环境监测分析，氮和磷是影响长江口杭州湾水环境质量的主要污染物。为有效控制近岸海域污染，加快改善近岸海域水质，应建立反映氮、磷等营养元素迁移转化规律的水质模型，核定相应的水环境纳污能力和限制排污总量，助力河口海洋的水污染综合防治。其首要的基础工作是确定该水域主要污染物降解系数，掌握水体的自净能力。

长江口水体中含有大量细颗粒泥沙，即粒径小于 4 μm 的粘土和一定比例的粉沙（粒径在 4～63 μm 之间）。长江口悬沙中沙粒（＞63 μm）、粉粒（4～63 μm）与粘粒（＜4 μm）之间的比例约为 1∶16∶6，其中粒径小于 32 μm 的浓度超过 90％，其中最细的两个粒级（＜4 μm 和 8～4 μm）的浓度高达 72％，故长江口悬浮泥沙的粒度较细[20]。如表 1.1-1 所示。

表 1.1-1　长江口悬沙平均粒度特征

粒级(μm)	＞63	63～32	32～16	16～8	8～4	＜4	Md_{50}(μm)
浓度(％)	4.48	5.00	5.30	13.16	45.53	26.53	8.6

　　长江口悬沙的平均中值粒径较黄河、珠江两河口的略大,但比强潮的钱塘江河口的要小得多,与国外的一些河口的中值粒径相接近或略小。如表 1.1-2 所示。可见,长江口细颗粒泥沙的粒度级配偏细,主要集中于极细粉沙和粘土,这两者极易随水流长距离输移和发生各种物理化学变化。

表 1.1-2　国内外河口悬沙平均粒度特征统计表

河口	长江口	黄河口	钱塘江口	珠江口	Mersey R.	Seven R.	Hayle R.
d_{50}(μm)	8.6	7.0	17.0	6.5	9.3	8.9～3.6	11.9

　　国内学者通过实验研究细颗粒泥沙的沉降规律,以及受细颗粒泥沙影响的主要污染物降解系数,普遍认为 COD_{Mn}、氨氮、无机氮等污染物降解过程符合一级动力学模式。如表 1.1-3 所示。

表 1.1-3　国内学者对含沙河流或河口的主要污染物降解系数实验研究结果

研究者	对象	条件	一级动力学模式	研究指标	实验结果	建议取值
邱巍[21]	长江口竹园	实验室 COD_{Mn}: 5～15 mg/L 悬浮物: 20～150 mg/L	符合	COD_{Mn}	0.06～0.16 d^{-1}	0.06 d^{-1}
陶威等[22]	长江宜宾段	实验室 pH＜2.0	符合	氨氮	0.46～0.70 d^{-1}	0.567 d^{-1}
席磊等[23]	杭州湾北岸近岸海域	实验室恒定水温、PH	符合	无机氮	0.121～0.269 d^{-1}	0.21 d^{-1}
王有乐等[24]	黄河兰州段	实验室恒定水温	符合	COD_{Cr}	0.11 d^{-1}	0.185～0.240 d^{-1}
王有乐等[25]	黄河兰州段	实验室恒定水温	符合	氨氮	0.014 d^{-1}	0.094～0.105 d^{-1}
季民等[26][27]	渤海湾	实验室恒定水温	符合	COD_{Mn}	0.023～0.076 d^{-1}	公式修正
杜鹃等[28]	长江宜宾段	实验室	符合	总磷	0.133 21 d^{-1}	0.130 83 d^{-1}

1.1.3　水动力水质数值模型研究进展

1.1.3.1　水动力水质数值模拟研究进展

　　河口海洋水动力水质数值模拟开始于 20 世纪 60 年代,之后从一维水动力模型逐渐发展成一维、二维、三维水动力、盐度、泥沙和水质模型[29-32]。具有代表性的先进水动力水质模型专业软件有:POM、ECOM、FVCOM、EFDC、DELFT3D、MIKE11、MIKE21、MIKE3、

CE-QUAL-ICM、WASP、RMA4、TUFLOW、GETM、MOHID、ELCIRC 等,如表 1.1-4 所示。随着计算机、环境水力学、环境流体力学、水污染动力学、生态水力学、计算水力学、计算流体力学、数值计算、GIS、数据库、网络等理论方法和技术的不断发展,河口海洋水动力水质数值模拟技术也得到了迅速发展。主要表现为:一是数值离散方法通用性适应性更强。相继产生了有限差分法(FDM)、有限单元法(FEM)、有限体积法(FVM)、有限分析法(FAM)等[33-65]环境流体力学的多种数值计算方法,可以根据水情、工情特点和实际研究应用需求,因地制宜选用合适、合理可行的数值计算方法;且自动剖分生成相应网格单元的技术方法更趋完善,网格化数值离散效率和质量更高,建立模型前后处理更加便捷高效。二是水质模型功能更强大、参数更繁多、模拟更精细。水质模型从有机污染为主的 BOD-DO 简单氧平衡模型逐渐发展成多种污染类型、多种水质组分的生态动力学模型,从最初的几个增加到几十个甚至上百个水质组分变量,水质组分及其在空气、水体、底泥之间互相迁移转化、分解降解、沉淀悬浮、流动释放、耦合关联等交织影响更趋复杂;水质模型功能不断增强,水质和底质参数不断增多,模拟计算更加精细,更能全面、真实、准确地精细模拟水流运动及水质变化规律,模拟反映水生生物生态链循环与水质响应变化的关系技术难度更大、要求更高。如:重金属、富营养化水质模型及水生态动力学模型等。三是物理模型和数学模型,一维~三维水动力水质模型融合发展成效显著[66-68]。物理模型与数学模型有机结合已成为 20 世纪 70 年代以来应用广泛、成效显著的集成模拟技术[69]。物理模型可为数学模型率定验证提供详实的实测数据及模型关键技术参数等条件;数学模型可为物理模型提供合理的边界条件,可用于预测分析水情工情变化的影响及规划方案优化论证比选。两者优势互补、互相依存、互相验证、相得益彰,可提高多方案模拟计算的精度,更全面、准确反映水情和工情的相互作用影响,但物理模型建设投入较大,原型实验成本较高。四是数值模拟方法更优、计算速度更快、效率和精度更高。随着人们对复杂水流运动和水质变化规律认识的不断加深以及理论技术方法的不断发展,模型核心计算引擎数值方法不断改进,模拟功能不断强大提升,模型应用不断延伸拓展,计算效率和速度不断提高;随着气象、水文、海洋等遥测系统在线监测能力的不断提升和信息化建设的持续发展,模型率定验证所依托的大数据资源不断健全完善,相应的模型模拟计算精度也在不断提高。五是模型软件系统化集成、商业化推广、简单化应用、可视化演示发展迅速。通过深度融合水动力水质模型、计算机、数据库、GIS、网络等技术,集成建立相应的专业化、系统化、商业化模型软件系统,建模用模效率和质量不断提高,用户界面更加友好,使用更加简便,分析更加高效,展示更加直观,并从单用户、单机版发展成多用户、网络版、移动版的专业模型软件系统,可通过互联网进行访问调用、模拟计算分析,跨区域、跨行业、跨部门的气象、水文、海洋等多模型数值预报融合技术正在朝精细化、业务化、智能化方向发展,并逐步推广应用于流域区域海域江河湖海的水文水质监测预警报系统平台建设及信息发布[70-73]。

表 1.1-4　代表性的水质模型软件汇总表

类别	软件名称	空间维数	开发机构/技术支持	适用范围
模拟	CE-QUAL-ICM	一、二、三维	美国陆军工程兵团	河流、湖泊、河口、水库、海岸
水质	RMA4	水平二维	美国资源管理学会	河流、湖泊、河口、水库、海岸

续表

类别	软件名称	空间维数	开发机构/技术支持	适用范围
模拟水动力和水质	CE-QUAL-RIV1	纵向一维	美国陆军工程兵团	河流、渠道
	EFDC/HEM-3D	一、二、三维	美国国家环保局	河流、湖泊、河口、水库、海岸
	MIKE11、MIKE21、MIKE3	一、二、三维	丹麦水动力研究所	河流、渠道、湖泊、河口、水库、海域
	WASP	一、二、三维	美国国家环保局	河流、湖泊、河口、水库、海岸
	QUAL2E/2K	纵向一维	美国国家环保局	河流、渠道
	DELFT-3D	二、三维	荷兰 WL I Delft 水利研究所	河流、港湾
综合模型系统	BASINS	模型系统	美国国家环保局	水系、渠道、河流
	MIKE SHE	模型系统	丹麦水动力研究所	地表水、地下水

1.1.3.2 长江口杭州湾水动力水质研究进展

（1）长江口杭州湾水动力模拟研究概况

为保护河口河势和航道稳定及饮用水水源地，进一步改善水土资源利用条件，维系长江口、杭州湾水生态系统健康循环，长江口杭州湾历来是我国科技界关注的焦点、研究的热点和重点，在水、沙、盐和水质等方面取得了较多研究成果。

① 二维水动力模拟研究概况

张君伦等（1987）[74]采用二维全流型方程组，模拟了长江口地区风暴潮。于克俊（1990）[75]建立了平面二维数学模型，模拟了长江口夏季和冬季的余流。时钟等（2003）[76]应用变网格有限元方法，建立了河口潮流垂向二维数值模型，对长江口北槽水域的潮流水位、流速进行了模拟。倪勇强等（2003）[77]利用垂向平均的二维模型模拟了长江口杭州湾地区的流场，并对其水动力特征作了初步的探讨。曹颖等（2005）[78]为了解长江口南汇围垦工程实施对长江口水动力条件的影响，采用二维潮流数值模型模拟了南汇东滩围垦工程实施前后的流场变化。刘新成（2006）[79]等应用无结构三角形网格建立二维有限元潮流模型，对长江口杭州湾潮流和水量交换进行了数值模拟研究。郁微微等（2007）[80]建立了长江口二维流场数值模型，研究了上海深水航道工程实施前后对长江口流场变化的影响。

② 三维水动力模拟研究概况

赵士清（1985）[60]采用与 Leendertse 类似的固定分层方法，对长江口南槽和口外海域的三维潮流进行了数值模拟。韩国其等（1989）[81]在静水压强假定的条件下，建立了以三维非恒定雷诺方程和 $k\text{-}\varepsilon$ 双方程湍流模式作为基本方程组的水动力模型，模拟了长江口三维流速分布和水位随时间的变化过程。曹德明等（1992）[82]采用 σ 坐标三维非线性模式对杭州湾潮波进行了三维数值计算。刘子龙等（1996）[83]运用有限差分和有限元法相结合的方法，对长江口潮流进行了三维数值模拟。刘桦等（2000）[84]建立了涉及河口密度分层效应的三维潮流、盐度数学模型，复演了完整的长江口三维潮流场，并对三维盐度场进行了初步模拟。李褆来、窦希萍等（2000）[85]建立了长江口边界拟合坐标的三维潮流数学模型。马启南等（2001）[55]建立了一个基于 σ 变换和内外模式分裂技术三维水流数学模型，对杭州湾的三维水流进行了数值模拟。朱建荣、朱首贤(2003)[86]基于 ECOM 模型不断改进完善盐度模型数值离散格式,应用于长江河口和杭州湾海区的潮流模拟及咸潮入侵影响研究。徐祖信、华祖林(2003)[87]以 POM 模型为基础,建立了长江口南支三维水流及污染物质输运数学模型,模拟了长江口南支三维流场分布。谢锐等(2010)[88]利用改良的 EFDC 模型,采用正交曲线网格对长江口杭州湾及其邻近海域的流场进行数值模拟,模拟结果较好地反映了长江口区域潮位与流速变化特征。

(2)长江口杭州湾水质研究概况

目前,大多数研究成果集中在水质评价方面,主要是对长江口杭州湾水质污染状况及其空间分布特征进行调查监测分析评价。邱训平等(2001)[89]采用单因子评价法对长江口实测水质资料进行分析评价,结果表明河口江段呈现有机污染的特征,总磷、化学耗氧量和氨氮为主要污染因子。孟伟等(2004)[90]以 2003 年 11 月份对长江口水体中氮、磷营养盐与化学耗氧量的调查为依据,研究了长江口水域氮、磷营养盐的形态组成以及垂直、水平分布的特点。李伯昌等(2005)[91]以 2002 年 9 月长江口综合整治开发规划水文、水质原型观测资料为基础,运用 W 值法分析评价长江口河段水质污染现状及其空间分布特征。陈希等(2009)[92]利用 BP 网络方法对长江水质进行综合评价,发现 2009 年水质与前几年水质相比,长江水质已恶化许多,且大多属于Ⅱ类水和Ⅲ类水。苏畅等(2008)[93]选择化学耗氧量、溶解氧、活性磷酸盐、溶解无机氮和叶绿素 a 作为评价因子,利用人工神经网络模型分析了 2004 年长江口及其邻近海域富营养化的特征。余国安等(2007)[94]对长江口河段水质进行采样分析,表明影响长江口水质的主要因素为总氮和重金属汞浓度超标。以上研究主要侧重于某一类物质与环境因子关系的探讨,或者是仅对具有某种功能的水域进行环境质量监测分析与评价,且对整个上海河口海域长时间大尺度环境质量状况的研究较少。

与水质评价研究成果相比,对长江口杭州湾及其邻近水域的水环境数值模拟研究成果相对较少,主要围绕城市污水排海工程建设和污染物运动规律模拟预测两方面展开研究。刘成等(2003)[95]利用 Delft3D 数学模型对长江口水动力条件、上海市现有及拟建排放口污水排放的稀释扩散场进行了模拟计算。杨斌等(2004)[96]应用环境生态动力学模型 Femme,在长江河口南支河段建立了一个一维的溶解氧动力学预测模型。丁峰元等(2004)[97]研究了排放达标尾水对长江口南汇边滩湿地的影响。江霜英等(2008)[98]应用 MIKE 软件建立了长江口排放口邻近水域二维水质模型,研究污水处理厂尾水排放对长江口 COD$_{Cr}$混合区的范围影响以及敏感区的入侵进行模拟预测。

1.1.3.3 长江口杭州湾水质模型研究的不足与问题

尽管国内外专家学者针对水动力水质模型已经做了大量的研究工作,但是长江口杭州湾水质模型研究较少,尤其是水质和底质参数实验研究更少,且对水文水质同步监测系列资料调查收集、充实更新及整合利用等重要基础工作投入不足、重视不够,与水环境污染联防联控联治及水土资源优化配置、节约集约利用与保护的技术要求不相协调。

(1)上海河口海洋调查基础数据不足,整合利用不够

水文水质和污染源基础数据等资料是研究建立水质模型的首要前提。随着水文水质等监测技术方法的进步和监测能力体系建设,长江口杭州湾气象、水文、供水、排水、航道、海洋、海事等大数据资源日益增多,数据量很庞大,但数据资源分散于不同的行业部门和研

究单位,缺乏连续性、整体性和系统性。监测能力强、数据资源多的单位,研究力量不足、需要利用数据较少,数据资源的流动、整合、挖掘和利用严重不足,未能发挥好应有的价值和功效;而研究力量较强、需要数据多的单位拥有数据资源少的矛盾较为突出。目前,长江口杭州湾水域的大部分水动力水质模型,比较关注模型功能和方法方面的研究;忽视了基础资料的调查监测和更新积累,模型所依托的水文水质等资料不全,模型基础数据支撑不力,已影响到模拟计算的精度以及规划设计方案优化论证的可行性、可靠性和可信度,需要优势互补、取长补短、形成合力、开放协同研究,以项目为载体,整合数据资源、融合相关技术、集聚专家智慧,助推信息互联互通、安全开放、共建共享,不断充实水动力水质模型计算需要的水文水质和污染源等同步监测基础数据,不断提高相应模型精细模拟计算的精度,助力项目共研、质量提升、成果共用及共赢发展。

(2)上海河口海洋环境影响研究不深,技术支撑不力

河口海洋水动力水质模型技术是研究水环境影响及变化的关键技术。从已有的研究成果来看,国内外专家学者对长江口杭州湾的水动力水质模拟技术研究与应用,主要集中在河势控制稳定、航道治理改善、水土资源利用与保护、防洪影响评价、风暴潮预测、采砂可行性方案论证、盐度入侵影响和防控、取水口水质安全保障、排污口及海洋工程环境影响评价等方面,其中关注河口海洋水动力的问题研究较多,关注河口海洋水环境的问题研究较少;水动力模拟研究与应用较为成熟、广泛,目前应用较多的先进专业模型软件主要有Delft3D、MIKE21、MIKE3、ECOM、FVCOM、EFDC等。但是泥沙、风浪、水质等方面的模型技术研究较少,河口海洋水环境受流域来水量质变化、区域陆源入海污染及引排水变化等方面的综合影响研究不多,仍存在着长江口杭州湾及其邻近海域环境影响因素及其影响程度尚未完全搞清,水环境综合治理体系和治理能力现代化的关键技术支撑不力等问题,已影响到河口海洋水环境质量的改善和保护。

(3)上海河口海洋水质参数研究少见,机理研究匮乏

水质模型参数研究是提高水质模拟计算精度的关键技术手段,也是建立水质模型的重要内容。不同流域区域海域的水环境特点和水污染特性不尽相同,其污染物随水流运动的迁移转化规律也不尽相同,主要是与水体中的水质组分密切相关,因此,学习借鉴相关研究成果,根据水质模型参数实验研究的参考文献和经验方法来确定长江口杭州湾及其邻近海域水质模型关键参数,可能不尽合理可行。文献中有的水质模型参数变化范围较大,实际应用取值不当可能会导致水质模拟计算偏差较大。针对长江口杭州湾水体受径流和潮流共同作用,水流挟沙运动复杂,水体含沙量时空变化明显,浑水中污染物与水体颗粒物的交织影响更为复杂的实际情况,为了提高水质模拟计算精度,应该具体问题具体分析,开展长江口杭州湾的水质参数实验研究,注重对污染物的转化降解机理研究,才能合理确定相应水质模型中的主要污染物降解系数取值范围。

1.2 研究目标

以保护水源、改善水质,维系水资源的可持续利用和河口海洋生态系统的健康循环为目标,在收集和整理分析长江口杭州湾水动力、水文、水质、污染源等基础资料的基础上,摸清长江口杭州湾水环境影响变化特征;获得长江口杭州湾的主要水质指标的迁移转化技术

参数；建立江海联动的水动力水质模型；研究掌握长江口杭州湾水域的环境影响及其变化趋势；提出相应的环境治理和保护综合对策措施建议；为制定上海河口海洋环境保护规划，引领长江口杭州湾水环境综合治理的方向，正确处理好河口海洋水环境质量和污染物总量控制之间的和谐关系提供技术支撑和科学依据。

1.3　研究技术路线

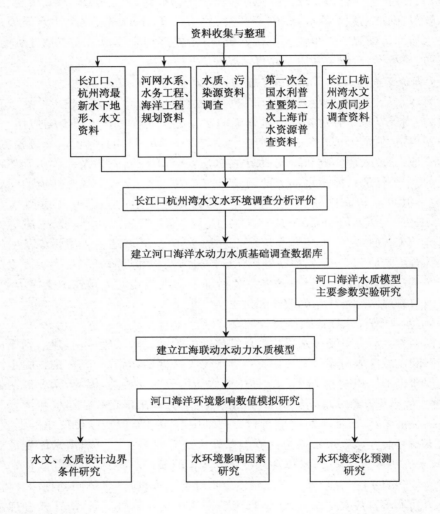

1.4　研究内容

1.4.1　上海市河口海洋水文水质污染源调查分析评价

（1）在广泛收集整理上海市长江口、杭州湾及邻近海域多年水文、水质、污染源等调查资料的基础上，结合水、海洋功能区划，采用单因子评价方法或综合水质标识指数法，分别对长江口徐六泾断面、长江口水域代表断面和长江口杭州湾及其邻近海域，开展水质历年变化趋势分析。

（2）摸清长江口杭州湾的水污染负荷现状,采用水文水质同步监测计算与河网水量水质模型模拟计算相结合的方法,分别计算分析长江来水、钱塘江和甬江来水、黄浦江出水和沿江海其他支流排水的污染物通量,以及沿江海污水处理厂的尾水污染物排放量的变化情况。

1.4.2　建立河口海洋水动力水质基础调查数据库

在对上海市河口海洋水文水质污染源调查分析的基础上,利用 GIS 技术,分门别类汇总数据、整编数据,包括潮(水)位、流量、泥沙、受纳污水量、COD、氨氮、TP、TN 水质浓度以及长江入海主要污染物通量等数据,建立长江口杭州湾基础调查数据库。

1.4.3　长江口杭州湾代表水域关键水质参数研究

根据长江口杭州湾水环境特点及主要污染物类型,选择长江口污染物排放比较稳定、混合较均匀的排污口附近区域,水质较优的中泓水域代表断面,在分析机理及影响因素的基础上,采用系统分解和综合分析相结合,野外实测和室内模拟实验相结合的方法,对其水域现场采样,实验研究主要污染物 COD_{Cr}、溶解态和颗粒态 P、N 等转化或衰减系数等水质模型主要技术参数,以探讨长江口杭州湾水体中污染物迁移、转化及其自净规律。

1.4.4　江海联动的长江口杭州湾水动力水质数值模拟技术研究

建立江海联动的水动力水质数学模型。基于 ArcGIS 平台的河口海洋水动力水质基础调查数据库,结合长江口杭州湾水质模型主要参数实验研究的结果,建立江海联动的长江口、杭州湾水动力水质模型,并进行相应率定和验证,为后续开展水环境影响数值模拟及水环境变化预测研究提供关键技术支撑。

1.4.5　长江口杭州湾水环境影响数值模拟及水环境变化预测研究

（1）水文水质设计边界条件研究

① 通过长序列的长江大通站水文资料,分析确定平水年、枯水年水文设计条件作为模拟计算边界条件。

② 按不同的典型水文年收集整理长江口上边界大通站的水位、流量变化过程和海域相应同步的潮位变化过程,将其分别作为上、下游边界水文设计条件。

③ 根据多年来长江口来水和东海海域的水质变化趋势,分时段、分水质指标研究上游边界来水、下游边界进水水质变化趋势,提出相应边界水质设计条件。

（2）水环境影响研究

应用经过率定验证的上述模型,结合选定的水文水质设计边界条件,模拟长江口杭州湾水域的水流运动、污染物迁移转化特性;分析研究主要的环境影响因素(如不同的水文水质边界条件、黄浦江等区域河道排水、长江口杭州湾污水处理系统扩容达标尾水排放等);研究其水环境的影响因素和影响程度,并研究提出环境治理改善和有效保护的综合对策措施建议。

第二章

长江口杭州湾水环境调查分析评价

开展长江口杭州湾水环境基础调查,科学合理分析河口海洋水环境变化趋势是建立江海联动水动力水质模型的重要基础。为全面反映长江来水、长江口区、长江口杭州湾及其邻近海域的水质变化特征,基于国家《地表水环境质量标准》(GB 3838—2002)或《海水水质标准》(GB 3097—1997),研究了两标准之间的差异性,并对长江口水域采用两种标准分别进行评价;结合水、海洋功能区划,采用单因子评价方法或综合水质标识指数法,分别对长江口徐六泾断面、长江口水域代表断面和长江口杭州湾及其邻近海域,开展了分区域、分断面、分表底层、分指标的全面水质历年变化趋势分析。

2.1 基础资料及评价方法

2.1.1 数据资源

2.1.1.1 长江口杭州湾水质监测资料

长江口杭州湾水质监测数据(2000—2014 年)属于国家海洋局东海环境监测中心(以下简称东海监测中心)。水质监测指标和分析方法如表 2.1-1 所示。历年监测站位位置示意图如图 2.1-1 所示。

表 2.1-1　水质监测指标分析方法及最低检出限

序号	水质指标	分析方法	最低检出限	方法来源
1	溶解氧	碘量法	0.042 mg/L	HY 003.4—91
2	化学需氧量（COD）	碱性高锰酸钾法	0.15 mg/L	HY 003.4—91
3	硝酸盐-氮	锌镉还原比色法	0.05 μmol/L	GB 12763.4
4	亚硝酸盐-氮	萘乙二胺分光光度法	0.02 μmol/L	GB 17378—2001
5	活性磷酸盐	磷钼蓝分光光度法	0.02 μmol/L	GB 12763.4
6	石油类	紫外分光光度法	3.5 μg/L	HY 003.4—91
7	砷	原子荧光法	0.5 μg/L	GB 17378—2001

续表

序号	水质指标	分析方法	最低检出限	方法来源
8	总汞	原子荧光法	0.007 μg/L	GB 17378—2001
9	铜	无火焰原子吸收分光光度法	0.2 μg/L	GB 17378—2001
10	铅	无火焰原子吸收分光光度法	0.03 μg/L	GB 17378—2001
11	镉	无火焰原子吸收分光光度法	0.01 μg/L	GB 17378—2001

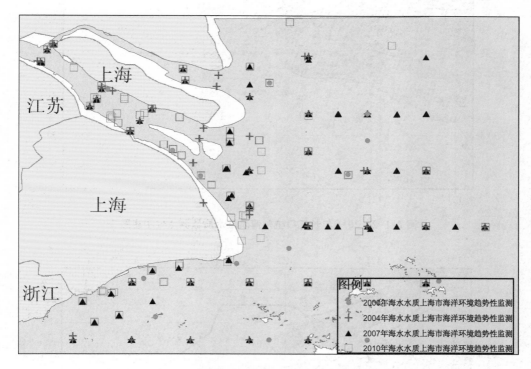

图 2.1-1　长江口杭州湾历年水质调查点位示意图

2011 年,表层水质监测站点共 70 个(位置如图 2.1-2 所示);底层水质监测站点共 35 个(位置如图 2.1-3 所示),底层深度依据站位所在地形不同,为 9~63 m 不等。

2.1.1.2　长江来水水质监测资料

长江口来水水质监测数据属于长江水利委员会水文局长江口水文水资源勘测局(2005—2018 年)(以下简称长江口水文局)和上海市生态环境局(2006—2018 年)(以下简称市生态局)。

长江口水文局徐六泾水质监测断面属于国家基本水质站点,水质监测每年监测 15 次,其中 3 月、7 月、11 月每月监测两次,其余每月监测一次。每月月初(5—15 日)进行监测,监测结果取平均值。水质指标、分析方法等基本情况见表 2.1-2。

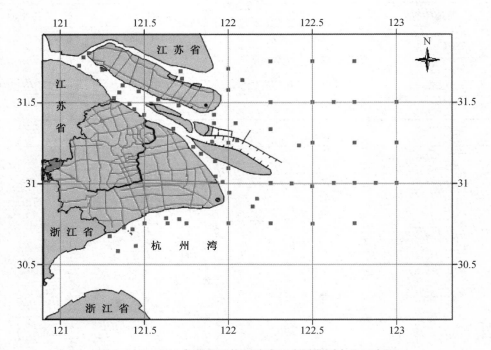

图 2.1-2　2011 年长江口杭州湾表层水质监测点位示意图

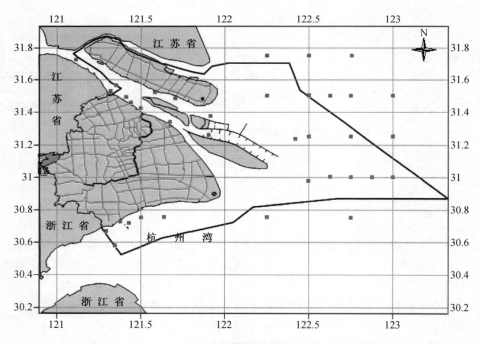

图 2.1-3　2011 年长江口杭州湾底层水质监测点位示意图

表 2.1-2　水质监测指标分析方法及最低检出限

序号	水质指标	分析方法		最低检出限(mg/L)	方法来源
1	溶解氧	电化学探头法			HJ 506—2009
2	COD$_{Mn}$	酸性高锰酸钾法		0.5	GB/T 11892—1989
3	石油类	红外分光光度法		0.01	GB/T 16488—1996
4	氨氮(以 N 计)	纳氏试剂分光光度法		0.025	HJ 535—2009
5	总磷(以 P 计)	钼酸铵分光光度法		0.01	GB/T 11893—1989
6	总氮	碱性过硫酸钾消解紫外分光光度法		0.05	GB/T 11894—1989
7	总汞	原子荧光光度法		0.000 01	SL 327.2—2005
8	砷	原子荧光光度法		0.000 2	SL 327.1—2005
9	镉	原子吸收分光光度法	直接法	0.005	GB/T 7475—1987
10	铜	原子吸收分光光度法	直接法	0.05	GB/T 7475—1987
11	铅	原子吸收分光光度法	直接法	0.02	GB/T 7475—1987

市生态局徐六泾断面每月监测 1 次,每个采样日分别在低平、高平潮采集 2 个样品,断面位置如图 2.1-4 所示。

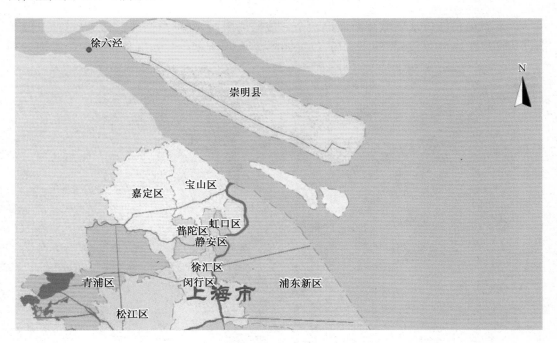

图 2.1-4　徐六泾断面位置示意图(市生态局)

2.1.1.3　长江口断面监测资料

长江口代表断面监测数据属于长江口水文局(2005—2018 年)和市生态局(2006—2018 年)。

长江口水文局长江口水质监测断面设石洞口、北港、南港、启东港和竹园五个常规断面,位置如图 2.1-5 所示。石洞口、启东港断面每月监测一次,均取低平潮。北港和竹园断面为 3 月、7 月和 11 月高低平潮各监测一次,监测结果取高低平潮的均值。汛期为 6—9 月,非汛期每年 10 月至次年 5 月。水质监测指标分析方法与徐六泾断面相同,如表 2.1-2 所示。

图 2.1-5 长江口水质监测断面示意图(长江口水文局)

市生态局长江口水质监测断面设六个常规监测断面,分别是浏河、吴淞口、竹园、白龙港、白茆口(2013 年增设)和朝阳农场,位置如图 2.1-6 所示。吴淞口和竹园两个断面分别

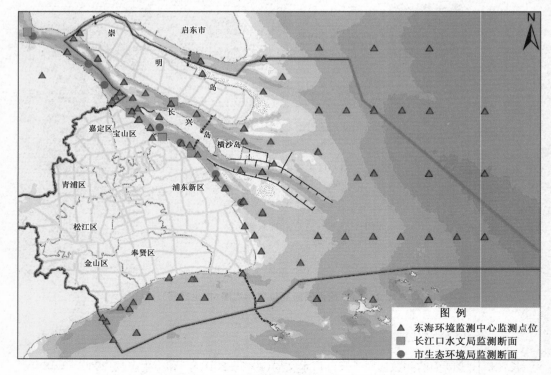

图 2.1-6 水环境评价监测数据站位汇总示意图

在枯、丰、平3个水期各监测1次,浏河、白茆口、白龙港和朝阳农场四个监测断面每月监测1次,每个采样日分别在低平、高平采集2个样品。

2.1.2　海洋(水)功能区划分

(1)海洋功能区

根据《上海市海洋功能区划(2011—2020年)》(以下简称《海洋功能区划》),上海市河口海域功能涵盖8个一级类和15个二级类,共划分119个二级基本功能区。水质监测站位覆盖到功能区有:农渔业区、港口航运区(港口区)和河口海洋保护区。

《海洋功能区划》中对功能区的水质提出了相应的控制标准要求,其中农渔业区和河口海洋保护区的水质控制目标是不劣于现状水平。根据《海洋功能区划技术导则》(GB/T 17108—2006),本书中将农渔业区和河口海洋保护区(饮用水水源保护区除外)的水质控制目标分别设为三类和二类海水水质标准。如表2.1-3所示。

表2.1-3　海洋功能区名称及水质控制目标

海洋功能区		区划要求	技术导则要求
农渔业区	崇明岛北沿农业围垦区	不劣于现状水平	三类海水标准
	崇明浅滩以东捕捞区	不劣于现状水平	三类海水标准
	横沙浅滩以东捕捞区	不劣于现状水平	三类海水标准
	南汇东滩农业围垦区	不劣于现状水平	三类海水标准
	北槽口外捕捞区	不劣于现状水平	三类海水标准
	杭州湾2号捕捞区	不劣于现状水平	三类海水标准
港口航运区(港口区)	崇明岛南门至堡镇港口区	四类海水标准	
	宝山罗泾港口区	四类海水标准	
	外高桥港口区	四类海水标准	
	杭州湾港区金山奉贤港口区	四类海水标准	
	杭州湾港区金山石化港口区	四类海水标准	
河口海洋保护区	东风西沙饮用水水源保护区	Ⅱ类地表水标准	
	陈行饮用水水源保护区	Ⅱ类地表水标准	
	青草沙饮用水水源保护区	Ⅱ类地表水标准	
	崇明东滩鸟类和中华鲟自然保护区	不劣于现状水平	二类海水标准
	九段沙湿地自然保护区	不劣于现状水平	二类海水标准
	金山三岛海洋生态自然保护区	不劣于现状水平	二类海水标准

(2)水功能区

根据《上海市水(环境)功能区划》(以下简称《水功能区划》),长江口水质监测断面中石洞口、南港和竹园属于排污控制区范围,水质控制目标为Ⅲ类;北港属于保留区,水质控制目标为Ⅱ类。启东港水质控制目标为Ⅱ类。如表2.1-4所示。

表 2.1-4 水功能区水质代表断面及水质控制目标

水功能区名称	水质代表断面	水质控制目标
长江上海石洞口排污控制区	石洞口	Ⅲ类地表水标准
长江上海白龙港排污控制区	南港	Ⅲ类地表水标准
长江上海竹园排污控制区	竹园	Ⅲ类地表水标准
北港保留区	北港	Ⅱ类地表水标准
—	启东港	Ⅱ类地表水标准

2.1.3 水质评价标准及方法

2.1.3.1 水质评价指标和标准

长江来水和长江口断面水质采用《地表水环境质量标准》(GB 3838—2002)进行评价，评价指标有溶解氧、COD_{Mn}、氨氮、总磷、石油类、总汞等，总氮不参评。

长江口杭州湾水质采用《海水水质标准》(GB 3097—1997)进行评价，评价指标有溶解氧、化学需氧量(COD)、活性磷酸盐、无机氮、石油类、铅、总汞、砷、镉和铜等。

2.1.3.2 水质综合评价方法

海洋功能区和水功能区的水质评价采用综合水质标识指数法。

综合水质标识指数法由整数位和三位或四位小数组成，其结构为 $I_{wq} = X_1 \cdot X_2 X_3 X_4$。式中的 $X_1 \cdot X_2$ 由计算得出，X_3 和 X_4 根据比较结果得到。

$$X_1 \cdot X_2 = \frac{1}{m+1}\left(\sum_{i=1}^{m} P_i + \frac{1}{n}\sum_{j=1}^{n} P_j\right)$$，P_i 为主要污染指标的单因子水质指数，每项指标各占 1 个权重；m 为主要污染指标的数目；P_j 为除主要污染指标外，其他参与综合水质评价非污染水质指标的单因子水质指数，所有非污染指标共计 1 个权重；n 为主要非污染指标的数目。

X_3 为参与综合水质评价的水质指标中，劣于水环境功能区目标的单项指标个数；X_4 为综合水质类别与水体功能区水质目标类别比较的差值类别，反映综合水质的污染程度。

综合水质标识指数各种形式的解释如图 2.1-7 所示。

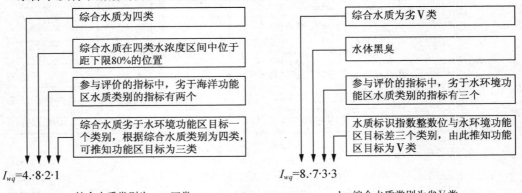

图 2.1-7 综合水质标识指数的解释

2.2　长江来水水质调查评价

基于《地表水环境质量标准》（GB 3838—2002），采用单因子评价方法，分指标、分时段开展长江来水（徐六泾断面）水质历年变化趋势分析。

近十几年来，长江来水总汞、砷、溶解氧、COD_{Mn}、COD_{Cr}、石油类、镉、五日生化需氧量、氨氮年均浓度属Ⅰ～Ⅱ类水，总磷和铅基本属Ⅱ～Ⅲ类水（总磷偶尔出现Ⅳ类水）。总汞、砷、溶解氧、COD_{Mn}、COD_{Cr}、石油类、镉、五日生化需氧量年均浓度无明显变化趋势。

本节重点分析氨氮、总氮、总磷的变化特征。

2.2.1　氨氮

氨氮多年月均浓度为 0.31 mg/L，属Ⅱ类水，季节变化较为明显，在 1—3 月逐渐上升，处于全年高值区，4 月明显下降后，5—12 月处于上下小幅震荡波动。多年非汛期平均浓度大于汛期。如图 2.2-1 所示。

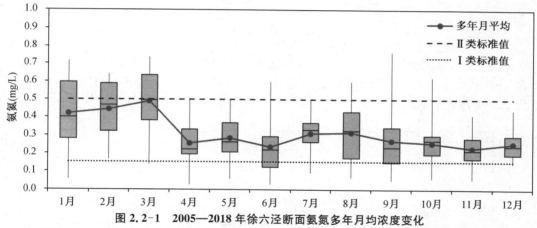

图 2.2-1　2005—2018 年徐六泾断面氨氮多年月均浓度变化

氨氮历年年均浓度基本属Ⅱ类水，个别年份出现Ⅰ类水。2011 年前年均浓度波动幅度不大，2011 年后呈波动下降趋势。如图 2.2-2 和图 2.2-3 所示。

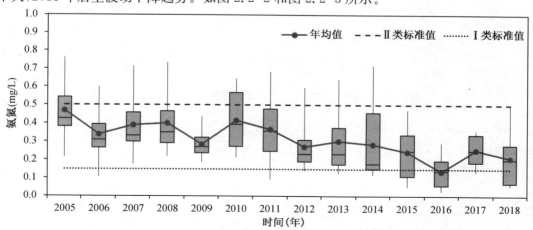

图 2.2-2　2005—2018 年徐六泾断面氨氮年均浓度变化（长江口水文局）

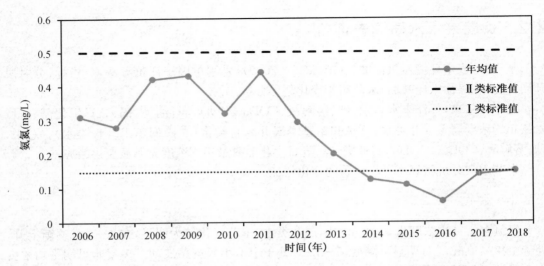

图 2.2-3　2006—2018 年徐六泾断面氨氮年均浓度变化（市生态局）

2.2.2　总氮

总氮多年月均浓度为 1.89 mg/L，季节变化不明显，1—4 月月均浓度处于全年相对高值区，5—10 月波动小幅下降，11—12 月略微向上抬升。多年非汛期平均浓度大于汛期。如图 2.2-4 所示。

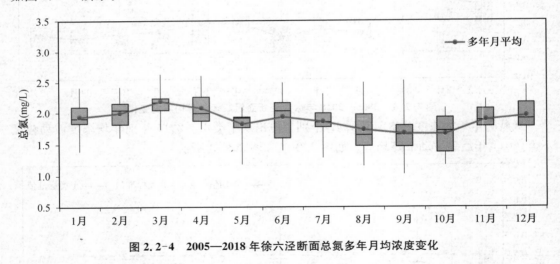

图 2.2-4　2005—2018 年徐六泾断面总氮多年月均浓度变化

总氮年均浓度总体平稳波动，没有明显趋势变化。如图 2.2-5 和 2.2-6 所示。

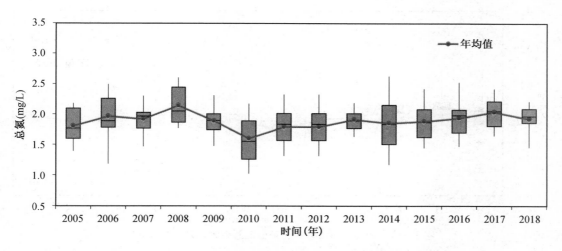

图 2.2-5 2005—2018 年徐六泾断面总氮年均浓度变化（长江口水文局）

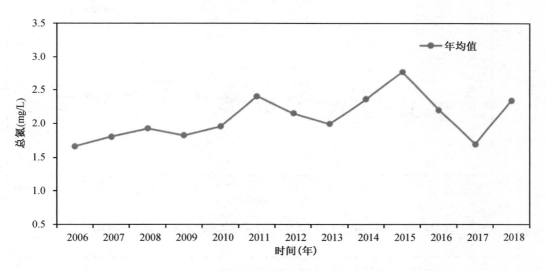

图 2.2-6 2006—2018 年徐六泾断面总氮年均浓度变化（市生态局）

2.2.3 总磷

总磷多年月均浓度为 0.10 mg/L，属Ⅱ类水（上限值），季节变化不明显，1—5 月相对略高。多年非汛期平均浓度略大于汛期。如图 2.2-7 所示。

总磷历年年均浓度基本属Ⅱ～Ⅲ类水，个别年份出现Ⅳ类水。年均浓度变化规律不明显，2014 年后有微小波动下降趋势。如图 2.2-8 和图 2.2-9 所示。

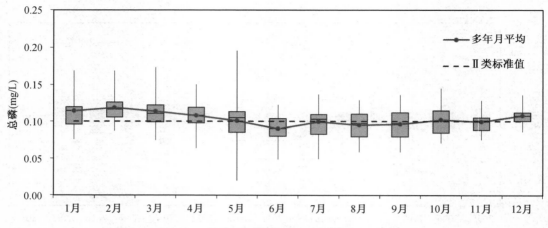

图 2.2-7　2005—2018 年徐六泾断面总磷多年月均浓度变化

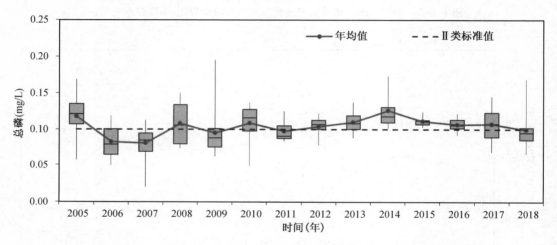

图 2.2-8　2005—2018 年徐六泾断面总磷年均浓度变化(长江口水文局)

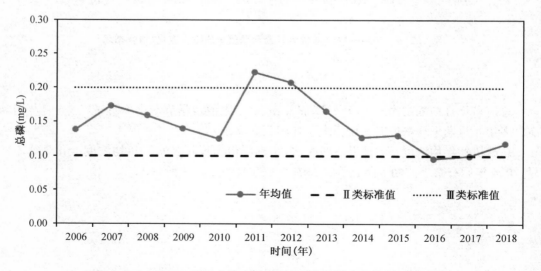

图 2.2-9　2006—2018 年徐六泾断面总磷年均浓度变化(市生态局)

2.3 长江口杭州湾水质调查评价

基于《海水水质标准》(GB 3097—1997),采用单因子评价方法,分表底层、分时间和分指标分析长江口杭州湾水质历年变化趋势。

2.3.1 地表水环境质量标准和海水水质评价标准比较

2.3.1.1 水质监测分析方法比较

水质监测数据资源分属于不同部门,其所依据的监测分析方法也有所不同。生态环境部门参照执行国家的水环境质量监测规程;海洋部门参照执行原国家海洋局《江河入海污染物总量及河口区环境质量监测技术规程》(2002 年 4 月);水文部门参照执行水利部《水环境监测规范》(SL 219—2013);污水处理厂污染物监测分析方法参照执行国家《城镇污水处理厂污染物排放标准》(GB 18918—2002)。水体的性质不同(地表水、海水)导致水质指标的监测分析方法不同,因此相同站位同一水质指标采用不同监测分析方法时,获得的水质监测数据结果存在差异性。这给河口区域水动力水质数学模型率定验证带来了一定困难。如表 2.3-1 所示。

表 2.3-1　不同水质监测数据的监测分析方法比较

水质指标	海水化学监测分析方法	地表水水质监测分析方法	污水处理厂污染物监测分析方法
COD	碱性高锰酸钾法（COD_{Mn}）	酸性高锰酸钾法（COD_{Mn}） 碱性高锰酸钾法（氯离子浓度大于 300 mg/L,（COD_{Mn}））	重铬酸盐法（COD_{Cr}）
总氮	—	碱性过硫酸钾-消解紫外分光光度法	碱性过硫酸钾-消解紫外分光光度法
总磷	—	钼酸铵分光光度法	钼酸铵分光光度法
硝酸盐-氮	锌镉还原比色法	—	—
亚硝酸盐-氮	萘乙二胺分光光度法	—	—
氨氮-氮	—	纳氏试剂分光光度法	蒸馏和滴定法
活性磷酸盐	磷钼蓝分光光度法	—	—
石油类	紫外分光光度法	红外分光光度法	红外分光光度法
砷	原子荧光法	原子荧光光度法	原子荧光光度法
汞	原子荧光法	原子荧光光度法	原子荧光光度法
铜	原子吸收分光光度法	原子吸收分光光度法	原子吸收分光光度法
铅	原子吸收分光光度法	原子吸收分光光度法	原子吸收分光光度法
镉	原子吸收分光光度法	原子吸收分光光度法	原子吸收分光光度法

2.3.1.2 水质标准限值比较

《地表水环境质量标准》(GB 3838—2002)水质指标共计 108 项,其中地表水环境质量标准基本指标 24 项,集中式生活饮用水地表水源地补充项目 5 项,集中式生活饮用水地表水源地特定项目 80 项。《海水水质标准》(GB 3097—1997)水质指标共计 35 项,与《地表水环境质量标准》的基本指标相比,两者共同的指标有水温、pH、溶解氧、COD$_{Mn}$、五日生化需氧量、汞、镉、铅、六价铬、铜、锌、硒、砷、硫化物、氟化物、挥发酚、石油类、阴离子表面活性剂、粪大肠菌群。不同的指标主要体现在营养盐指标上,《海水水质标准》是无机氮(以 N 计)、活性磷酸盐(以 P 计)和非离子氨(以 N 计),《地表水环境质量标准》是总氮(湖库,以 N 计)、总磷(以 P 计)和氨氮。

水质指标的分类标准限值中,总体上《海水水质标准》较《地表水环境质量标准》严格(溶解氧、铬和镉除外)。《海水水质标准》规定:无机氮是硝酸盐-氮、亚硝酸盐-氮和氨氮-氮的总和。由表 2.3-2 可知,海水水质标准对无机氮的浓度要求较高,地表水的氨氮Ⅱ类标准限值,相当于海水的无机氮四类标准限值。

河口海洋自然保护区的设立是为了保护河口海洋生物的栖息地环境不受人类活动的干扰,其水质应尽可能保持天然状态,但并非全部水质指标的标准要求都很高。不同类型的自然保护区因保护对象不同,适用的水质标准也可能不同。如九段沙湿地自然保护区,湿地本身对水体中的营养盐、重金属等有一定的净化作用,严格执行水质目标要求,在一定程度上存在资源上的浪费;又如中华鲟自然保护区,氮和磷浓度适当的水体,饵料也较为丰富,食物来源充足,可能更适合中华鲟的生存。

表 2.3-2　部分项目水质标准限值对比　　　　　　　　(单位:mg/L)

项目	地表水环境质量标准					海水水质标准			
	Ⅰ	Ⅱ	Ⅲ	Ⅳ	Ⅴ	一类	二类	三类	四类
溶解氧	7.5	6	5	3	2	6	5	4	3
COD$_{Mn}$	2	4	6	10	15	2	3	4	5
总氮	0.2	0.5	1.0	1.5	2.0	—	—	—	—
氨氮	0.15	0.5	1.0	1.5	2.0	—	—	—	—
无机氮	—	—	—	—	—	0.2	0.3	0.4	0.5
总磷	0.02	0.1	0.2	0.3	0.4	—	—	—	—
活性磷酸盐	—	—	—	—	—	0.015	0.03	0.03	0.045
石油类	0.05	0.05	0.05	0.5	1	0.05	0.05	0.3	0.5
汞	0.000 05	0.000 05	0.000 1	0.001	0.001	0.000 05	0.000 2	0.000 2	0.000 5
铬	0.01	0.05	0.05	0.05	0.1	0.05	0.1	0.2	0.5
镉	0.001	0.005	0.005	0.005	0.01	0.001	0.005	0.01	0.01
铅	0.01	0.01	0.05	0.05	0.1	0.001	0.005	0.01	0.05
砷	0.05	0.05	0.05	0.1	0.1	0.02	0.03	0.05	0.05

续表

项目	地表水环境质量标准					海水水质标准			
	Ⅰ	Ⅱ	Ⅲ	Ⅳ	Ⅴ	一类	二类	三类	四类
锌	0.05	1	1	2	2	0.02	0.05	0.1	0.5
铜	0.01	1	1	1	1	0.005	0.01	0.05	0.05

评价水质是为了评判水质是否满足功能区的要求，达到维护功能区水生态健康循环的目的，因此有必要根据长江口杭州湾特殊的水文泥沙特征，以及河口海湾咸淡水混合后对水环境影响程度，制定专门的水质标准限值。

2.3.2　基于海水水质标准的长江口杭州湾水质调查评价

2.3.2.1　水质指标变化

2000—2014 年，长江口杭州湾水域溶解氧、化学需氧量、砷、镉和铜表底层年均浓度稳定达到一类海水水质标准限值；铅表底层浓度稳定达到一类～二类海水水质标准限值；汞表底层浓度基本达到一类～二类海水水质标准限值，除 2000 年底层汞浓度出现异常高值，超二类海水水质标准限值；表层石油类浓度稳定达到二类～三类海水水质标准；活性磷酸盐表底层属四类～劣四类海水；无机氮表底层浓度均劣于四类海水水质标准限值。

（1）无机氮

2000—2014 年，长江口杭州湾水域无机氮表底层浓度变化趋势基本一致，总体趋于平稳，15 年均值分别为 1.35 mg/L 和 0.99 mg/L，是四类海水水质标准限值的 2.7 倍和 1.98 倍，如图 2.3-1 所示。表层无机氮波动较小，距平百分率变化范围为－4.5％～14％，如图 2.3-2 所示。

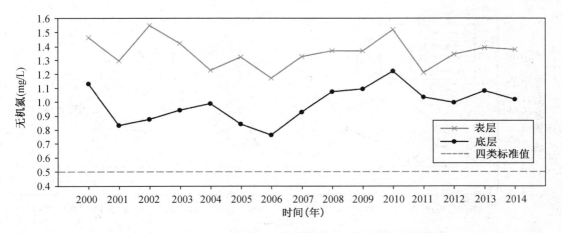

图 2.3-1　2000—2014 年长江口杭州湾水域无机氮年均浓度变化

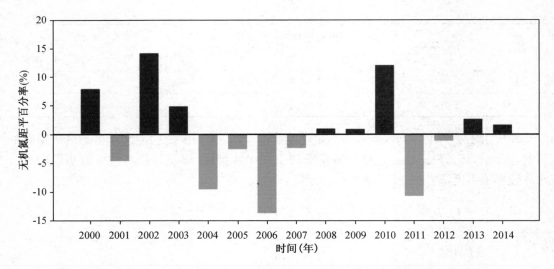

图 2.3-2 2000—2014 年长江口杭州湾水域表层无机氮浓度距平百分率变化

（2）活性磷酸盐

2000—2014 年,长江口杭州湾水域活性磷酸盐表底层浓度变化趋势基本一致,总体呈上升趋势,15 年均值分别为 0.043 mg/L 和 0.038 mg/L。2000—2007 年表底层浓度在低水平上下波动,均低于四类海水水质标准限值;2008 年明显上升,2008—2014 年活性磷酸盐浓度在高水平上下波动,如图 2.3-3 所示。表层活性磷酸盐浓度波动振幅较无机氮稍大,距平百分率 23%～−25%,如图 2.3-4 所示。

（3）表层石油类

2000—2014 年,长江口杭州湾表层石油类浓度变化总体略有下降,15 年均值为 45.13 μg/L,低于二类海水水质标准限值,如图 2.3-5 所示。表层石油类浓度波动较大,距平百分率变化范围为−46%～44%,如图 2.3-6 所示。

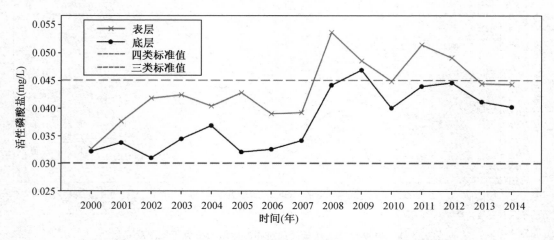

图 2.3-3 2000—2014 年长江口杭州湾水域活性磷酸盐年均浓度变化

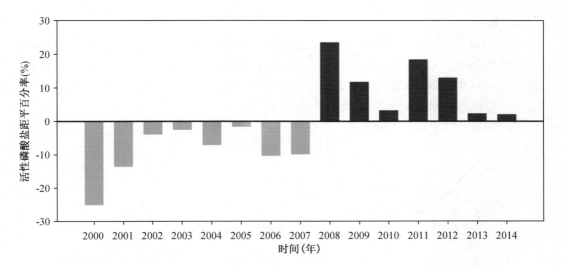

图 2.3-4　2000—2014 年长江口杭州湾水域表层活性磷酸盐氮浓度距平百分率变化

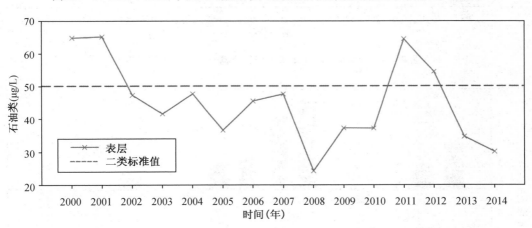

图 2.3-5　2000—2014 年长江口杭州湾水域表层石油类年均浓度变化

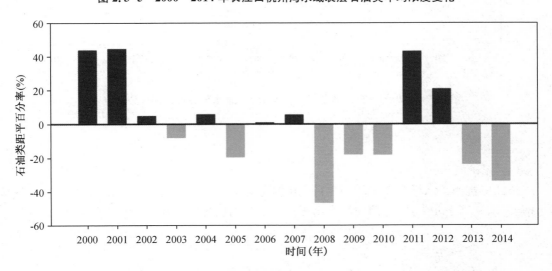

图 2.3-6　2000—2014 年长江口杭州湾水域表层石油类浓度距平百分率变化

（4）铅

2000—2014 年，长江口杭州湾铅表底层浓度变化趋势基本一致，总体呈波动下降趋势，表底层浓度差别不大，15 年年均值分别为 0.78 μg/L 和 0.79 μg/L。2000—2013 年铅属二类海水，2014 年铅浓度低于一类海水水质标准限值，如图 2.3-7 所示。表层铅浓度距平百分率变化范围为−58%～71%，如图 2.3-8 所示。

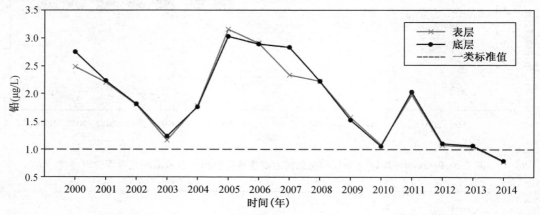

图 2.3-7　2000—2014 年长江口杭州湾水域铅年均浓度变化

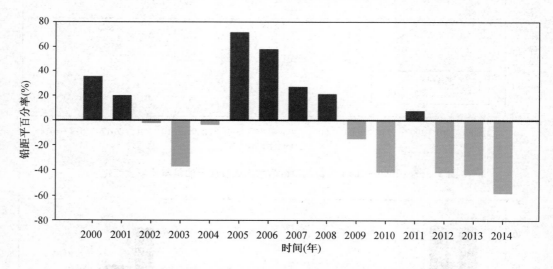

图 2.3-8　2000—2014 年长江口杭州湾水域表层铅浓度距平百分率变化

2.3.2.2　水质指标平均态分布

（1）无机氮

长江口杭州湾水域多年平均的 8 月无机氮分布如图 2.3-9 所示。杭州湾内的浓度值高于南支，南支高于北支，口内湾内浓度高于口外。口门向外海呈现出明显舌状分布。

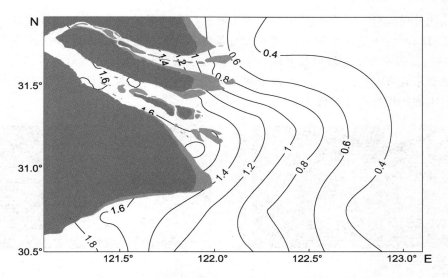

图 2.3-9　长江口杭州湾水域多年平均的 8 月无机氮浓度分布特征

（2）活性磷酸盐

长江口杭州湾多年平均的 8 月活性磷酸盐浓度分布如图 2.3-10 所示。杭州湾内的浓度值高于南支，南支高于北支，长江口南支向外海呈舌状分布，杭州湾及外海等值线呈南北走向，口内和湾内浓度远大于口外。

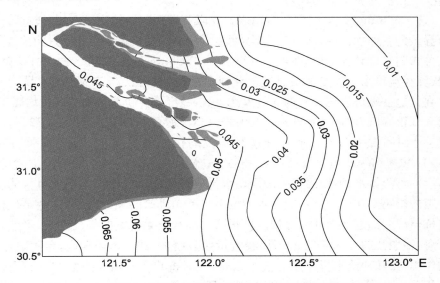

图 2.3-10　长江口杭州湾水域多年平均的 8 月活性磷酸盐浓度分布

2.3.2.3　长江来水对长江口杭州湾水质影响分析

根据 2011 年 5 月、8 月水质监测数据，分析长江来水对长江口杭州湾水质影响。

受到长江上游来水的影响，长江口内外形成了很强的冲淡水（如图 2.3-11 所示）。5 月长江口南支的南北港水域均处在 2‰等盐线以内，且等盐线大体平行于岸线。5 月长江上游来水较其他月份流量偏少,在31°N,122.5°E附近存在很强的盐度锋面,冲淡水的区域被限制在长江口门和杭州湾水域附近。随着8月长江上游来水的增加,3‰等盐线向东扩展至122°E附近,覆盖整个南北港以及九段沙上沙周边水域,低于22‰的低盐水舌沿着河口槽在近口门处朝东北方向扩展。长江上游来水量的季节变化对长江冲淡水的扩展和上海近岸水域表层水的物理性质影响较大。

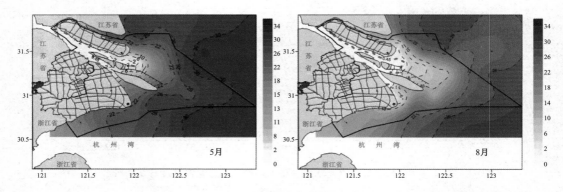

图2.3-11 2011年长江口杭州湾盐度(‰)分布

2011年5月和8月的无机氮浓度与盐度呈显著负相关关系($P<0.05$),如图2.3-12所示。营养盐与盐度的显著负相关关系表明:长江口杭州湾无机氮的分布主要由物理混合作用控制,化学过程、浮游生物活动对二者的分布影响不大;长江口杭州湾悬浮物浓度普遍较高(最高可达7 898 mg/L),水体透明度较低,光限制导致浮游植物活性相对较低,生物和化学作用所导致的营养盐消耗或转移相对不明显。从表层无机氮5月和8月的浓度分布也可以看出其分布与盐度较为类似,在近徐六泾长江入海口处形成高值区,向口外递降,变化梯度较大,长江径流带来的高氨氮被迅速氧化成硝酸盐,成为长江口杭州湾水域无机氮的主要来源。在低盐度端可看到额外的无机氮注入,低盐度端无机氮偏高的站位均属于5月,多位于浏河入江汇水区、城镇污水处理厂入海排污口下游(如石洞口、宝钢、吴淞、竹园等城镇污水处理厂,如图2.3-13所示),且这些站位均位于氨氮高值区范围,平均浓度达到0.059 mg/L,氨氮占无机氮比重高达4.45%。这说明在长江冲淡水影响较小的情况下,上海大陆沿岸的支流排水、城镇污水处理厂尾水排放对长江口杭州湾水域无机氮的空间分布产生了一定的影响。10‰~15‰盐度水域也出现了无机氮的额外注入,这些站位位于崇明北沿以及杭州湾北部近钱塘江入海口。杭州湾北部水域无机氮的额外注入,可能来源钱塘江径流入海,钱塘江的丰水期(4—9月)径流量明显增加,此时风向偏南,台湾暖流加强,加上地形的作用,长江冲淡水折向东北进入东海,此时杭州湾水域无机氮的分布受钱塘江径流的影响相对增强,受长江冲淡水的影响则减弱。

与无机氮分布不同,活性磷酸盐浓度与盐度分布相关性较弱。5月活性磷酸盐浓度与盐度呈负相关性($P<0.05$),8月没有相关性(如图2.3-14所示),主要体现在低盐水体中(长江口内),活性磷酸盐分布受盐度的影响较弱,其浓度变化较小,且均处于高值区,与厦门海域、珠江口等水域的研究结果相一致。8月,长江来水对长江口水域活性磷酸盐分布的影响程度并不突出,城镇污水处理厂入海排污、黄浦江及其他入海支流、农业和城市污水的面源污染等可能对长江口水域活性磷酸盐的分布造成较大影响。另外,长江口水域生物和

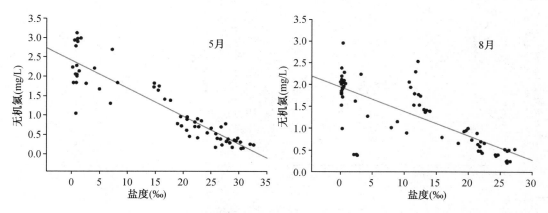

图 2.3-12　2011 年 5 月和 8 月长江口杭州湾水域无机氮浓度与盐度的相关性

化学作用也可能是影响活性磷酸盐分布的重要因素。活性磷酸盐在盐度 10‰～25‰水域中可以明显观测到正偏离理论稀释曲线现象,如图 2.3-15 所示。由于河口悬浮物的良好吸附性能,在河水和海水混合过程中,低盐度区(0～5‰)的高浓度悬浮颗粒物通常能把水域中的磷酸吸附,而在相对较高盐区(10‰～25‰),由于离子强度改变,吸附于悬浮颗粒物上的磷酸盐解吸进入水体。悬浮颗粒物这种对磷酸盐的"缓冲机制"不仅发生在长江口,在世界上其他许多重要河口,如密西西比河口、哥伦比亚河口、亚马逊河口也都存在。

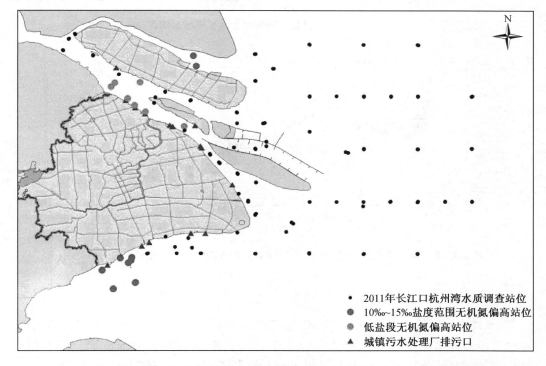

图 2.3-13　2011 年长江口杭州湾低盐和中盐(10‰～15‰)水域无机氮浓度偏高站位分布示意图

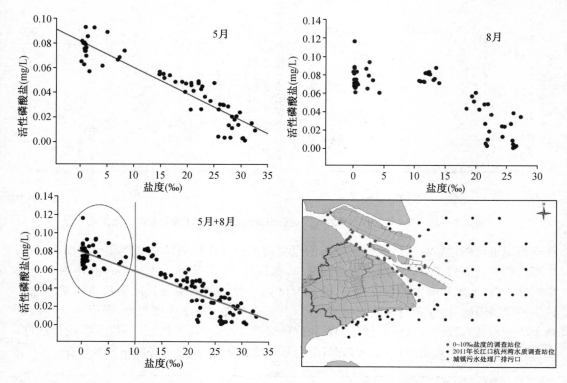

图 2.3-14 2011 年 5 月和 8 月长江口杭州湾水域活性磷酸盐浓度与盐度的相关性

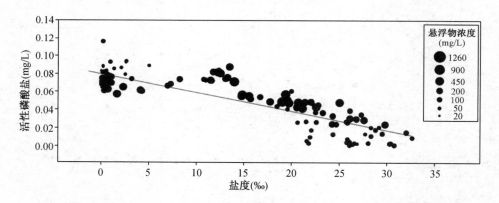

图 2.3-15 2011 年长江口杭州湾水域不同悬浮物浓度活性磷酸盐和盐度的相关性

2.3.3 基于地表水水环境质量标准的长江口水质调查评价

基于《地表水环境质量标准》(GB 3838—2002),采用单因子评价方法,分指标开展长江口水域代表断面水质历年变化趋势分析。近十几年来,长江口代表监测断面的溶解氧、COD_{Mn}、石油类、汞、铜、砷、镉年均浓度属Ⅰ~Ⅱ类水;铅、氨氮、总磷属Ⅱ~Ⅲ类水。

本书重点分析氨氮、总氮、总磷水质指标历年变化趋势分析。

2.3.3.1　氨氮

各监测断面的氨氮历年年均浓度基本属Ⅱ～Ⅲ类水（个别断面个别年份出现Ⅰ类水），总体呈波动下降趋势，多年汛期平均浓度小于非汛期。如图 2.3-16 和图 2.3-17 所示。

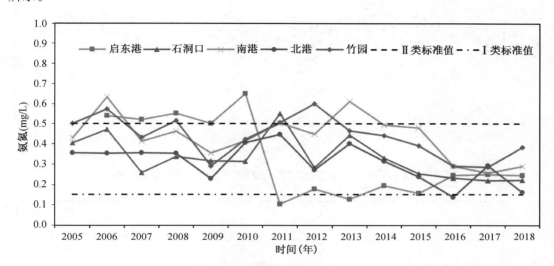

图 2.3-16　2005—2018 年长江口代表断面氨氮年均浓度变化过程线

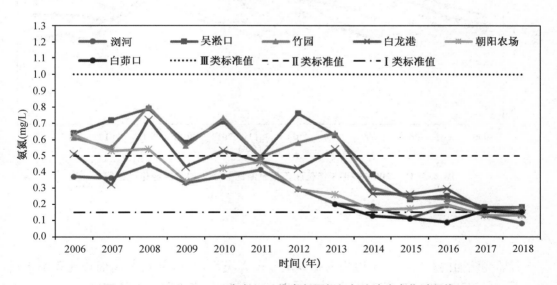

图 2.3-17　2006—2018 年长江口代表断面氨氮年均浓度变化过程线

2.3.3.2　总氮

各监测断面的总氮年均浓度整体波动不大，呈略微上升趋势，多年汛期平均浓度小于非汛期。如图 2.3-18 和图 2.3-19 所示。

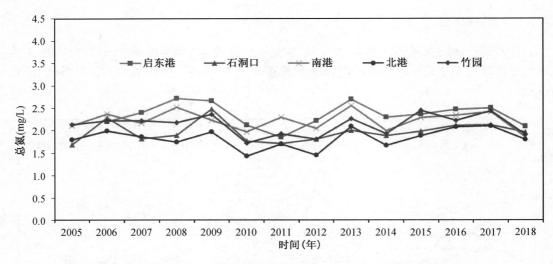

图 2.3-18 2005—2018 年长江口代表断面总氮年均浓度变化过程线

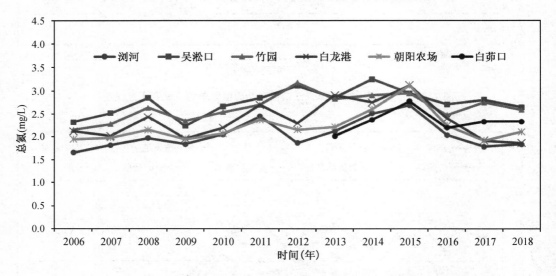

图 2.3-19 2006—2018 年长江口代表断面总氮年均浓度变化过程线

2.3.3.3 总磷

各监测断面的总磷历年年均浓度基本属Ⅱ～Ⅳ类水,2014 年后各断面均无Ⅳ类水出现。近岸代表断面年均浓度变化幅度较大,2013—2014 年出现明显下降,2014—2018 年上下小幅震荡;其余断面的年均浓度变化幅度相对不大。如图 2.3-20 和图 2.3-21 所示。

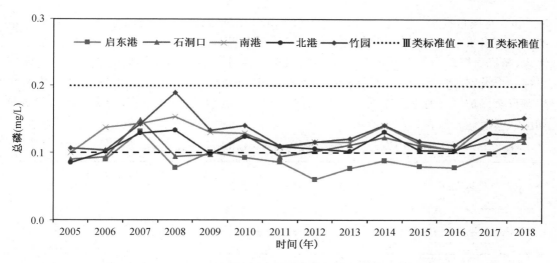

图 2.3-20　2005—2018 年长江口代表断面总磷年均浓度变化过程线

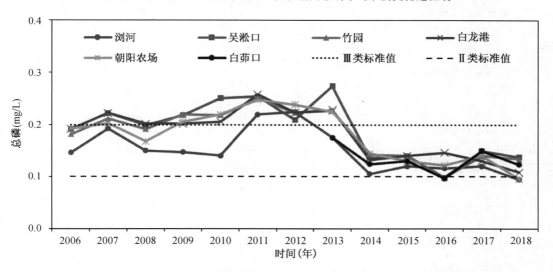

图 2.3-21　2006—2018 年长江口代表断面总磷年均浓度变化过程线

2.4　海洋(水)功能区水质调查评价

根据《上海市海洋功能区划(2011—2020 年)》和《上海市水(环境)功能区划》水质目标要求,采用综合水质标识指数法,基于 2011 年监测数据对海洋(水)功能区水质进行评价。

2.4.1　海洋功能区水质评价

2011 年上海市海洋功能区中农渔业区和港口航运区基本符合水质目标要求,崇明岛北沿农业围垦区 8 月综合水质劣于水质目标 1 个类别(属四类海水),超标指标是无机氮和活性磷酸盐。东风西沙饮用水水源保护区 5 月和 8 月属Ⅱ类水;青草沙饮用水水源地保护区

5月和8月属Ⅲ类水,超过目标水质一个类别,5月总氮、总磷、石油类超标,8月总氮和石油类超标。崇明东滩鸟类和中华鲟自然保护区50%的监测站位超水质目标一个类别,属三类海水,超标指标均为无机氮和活性磷酸盐;九段沙湿地自然保护区75%的监测站点超水质目标一个类别,属三类海水,超标指标为无机氮、活性磷酸盐、总汞和石油类;金山三岛海洋生态自然保护区5月达到水质目标要求,8月超一个类别,属三类海水,超标指标为无机氮和活性磷酸盐。如表2.4-1所示。

表2.4-1 海洋功能区综合水质标识指数法评价结果

功能区名称	水质目标要求	站位号	评价结果	
			5月	8月
崇明岛北沿农业围垦区	三类*	29	2.820	4.021
		30	2.720	3.520
崇明浅滩以东捕捞区	三类*	32	2.410	2.620
		37	2.720	2.310
		38	2.510	1.900
横沙浅滩以东捕捞区	三类*	45	2.200	2.810
		46	1.500	2.110
南汇东滩农业围垦区	三类*	22	2.720	2.710
		23	2.620	2.610
		24	2.520	2.920
北槽口外捕捞区	三类*	52	2.520	2.620
		53	1.900	2.000
		54	1.700	2.100
		55	1.800	2.310
杭州湾2号捕捞区	三类*	68	3.420	3.830
崇明岛南门至堡镇港口区	四类*	07	3.730	3.320
		09	3.720	3.520
		13	3.220	3.220
宝山罗泾港口区	四类*	10	3.620	3.320
		11	3.620	3.520
外高桥港口区	四类*	14	4.020	4.420
杭州湾港区金山奉贤港口区	四类*	65	2.720	3.220
		66	2.920	3.520
杭州湾港区金山石化港口区	四类*	69	3.120	3.220

续表

功能区名称	水质目标要求	站位号	评价结果	
			5月	8月
东风西沙饮用水水源保护区	Ⅱ类**	04	2.720	2.410
陈行饮用水水源保护区	Ⅱ类**	05	2.820	3.321
		08	2.920	3.131
青草沙饮用水水源保护区	Ⅱ类**	12	3.431	3.021
崇明东滩鸟类和中华鲟自然保护区	二类*	21	3.221	3.321
		28	3.421	2.920
		31	2.720	3.020
九段沙湿地自然保护区	二类*	16	3.941	3.631
		17	3.631	3.631
		18	3.531	3.831
		25	2.720	3.121
金山三岛海洋生态自然保护区	二类*	67	2.920	3.221

*:海水水质标准；**:地表水环境质量标准

2.4.2　水功能区水质评价

采用综合水质标识指数法和单因子评价法,对长江口水功能区水质进行评价。石洞口排污控制区、白龙港排污控制区、竹园排污控制区全年、汛期和非汛期的综合水质标识指数法和单因子法评价结果均符合水功能区水质目标要求。北港保留区的全年、汛期和非汛期的综合水质标识指数属Ⅱ类水,符合水质目标要求,但单因子评价结果属Ⅲ类水,未达到水质目标要求,氨氮和总磷是主要超标指标。如表2.4-2所示。

表 2.4-2　水功能区综合水质标识指数法评价结果

断面名称	水功能区名称	水质控制目标	综合水质标识指数		
			全年	汛期	非汛期
石洞口	长江上海石洞口排污控制区	Ⅲ	2.910	2.910	2.910
南港	长江上海白龙港排污控制区	Ⅲ	3.110	3.210	3.110
竹园	长江上海竹园排污控制区	Ⅲ	3.110	3.010	3.110
北港	保留区	Ⅱ	2.920	2.920	2.820
启东港	—	Ⅱ	2.610	2.610	2.610

2.5　小结

分析比较了《地表水环境质量标准》(GB 3838—2002)与《海水水质标准》(GB 3097—

1997)之间的差异性,并对长江口水域采用这两种标准分别进行评价;同时结合水、海洋功能区划,采用单因子评价方法或综合水质标识指数法,分别对长江口徐六泾断面、长江口水域代表断面和长江口杭州湾及其邻近海域,开展了分区域、分断面、分表底层、分指标的全面水质评价及历年变化趋势分析,取得以下三方面主要结果。

(1)国家《地表水环境质量标准》与《海水水质标准》的分析比较

一是水质监测分析方法不尽相同,根据地表水、海水的水体性质不同,对相同水质指标的监测分析方法一般也不同,导致相同区位同一水质指标采用不同监测分析方法获得的水质监测数据结果差异较大。二是水质监测指标项目不尽相同,《地表水环境质量标准》水质指标共计 109 项,其中常规水质指标 29 项;《海水水质标准》水质指标共计 35 项。两者不同的指标主要体现在营养盐指标上,《海水水质标准》用无机氮(以 N 计)、活性磷酸盐(以 P 计)和非离子氨(以 N 计)来表征;《地表水环境质量标准》用总氮(湖库,以 N 计)、总磷(以 P 计)和氨氮来表征。三是水质指标分级标准值不尽相同,总体上,《海水水质标准》较《地表水环境质量标准》更严格(溶解氧、铬和镉除外),海水水质标准对无机氮的浓度要求更高,地表水的氨氮Ⅱ类标准限值,相当于海水的无机氮四类标准限值。

(2)长江来水水质评价及历年变化情况分析

近十几年来,长江来水(徐六泾)总汞、砷、溶解氧、COD_{Mn}、COD_{Cr}、石油类、镉、五日生化需氧量年均浓度属Ⅰ~Ⅱ类水,铅基本属Ⅱ~Ⅲ类水。总汞、砷、溶解氧、COD_{Mn}、COD_{Cr}、石油类、镉、五日生化需氧量年均浓度无明显变化趋势。

氨氮多年月均浓度 0.31 mg/L、Ⅱ类水,季节变化较明显,年内相应浓度高值一般出现在 1—3 月;多年非汛期浓度大于汛期;历年平均浓度基本属Ⅱ类水(个别年份出现Ⅰ类水),2011 年前年均浓度波动幅度不大,2011 年后呈波动下降趋势。

总氮多年月均浓度是 1.89 mg/L,季节变化不明显,年内相对高值一般出现在 1—4 月;多年非汛期浓度大于汛期;年均浓度平稳波动,没有明显趋势变化。

总磷多年月均浓度是 0.10 mg/L、Ⅱ类水(上限值),季节变化不明显,年内相对高值一般出现在 1—2 月;多年非汛期浓度略大于汛期;历年年均浓度基本属Ⅱ~Ⅲ类水(个别年份出现Ⅳ类水),年际变化规律不明显,2014 年后有微小波动下降趋势。

(3)长江口杭州湾及其邻近海域水质评价及历年变化情况分析

① 基于海水水质标准:2000—2014 年,长江口杭州湾及其邻近海域无机氮、活性磷酸盐表底层年均浓度变化趋势基本一致,基本属四类~劣于四类海水;空间分布变化均为长江口内和杭州湾内大于东部口外和杭州湾外海域;8 月无机氮、活性磷酸盐浓度劣于四类海水的范围面积更大,分布在整个长江口口内和杭州湾海域。石油类、总汞表底层浓度基本属二类~三类海水。铅表底层浓度属一类~二类海水。溶解氧、COD_{Mn}、砷、镉和铜等水质指标表底层年均浓度属一类海水。无机氮、活性磷酸盐、铅表底层浓度变化趋势基本一致,其中活性磷酸盐年际波动不大,总体呈略微上升趋势;铅年际波动较大,总体呈下降趋势;无机氮和石油类变化总体趋于稳定。

农渔业区和港口航运区基本符合水质目标要求,无机氮和活性磷酸盐是主要污染超标因子。青草沙、东风西沙饮用水水源地的水质属于Ⅱ~Ⅲ类水;崇明东滩鸟类和中华鲟自然保护区属于三类海水,超标指标均为无机氮和活性磷酸盐;九段沙湿地自然保护区属于三类海水,超标指标为无机氮、活性磷酸盐、总汞和石油类;金山三岛海洋生态自然保护区属于二类～三类海水,超标指标为无机氮和活性磷酸盐。

② 基于地表水环境质量标准:近十几年来,长江口代表监测断面的溶解氧、COD_{Mn}、石油类、汞、铜、砷、镉年均浓度属Ⅰ～Ⅱ类水;铅为Ⅱ～Ⅲ类水。各监测断面的氨氮历年年均浓度基本属Ⅱ～Ⅲ类水(个别断面个别年份出现Ⅰ类水),呈波动下降趋势,多年汛期平均浓度小于非汛期。总氮年均浓度整体波动不大呈略微上升趋势,多年汛期平均浓度小于非汛期。总磷年均浓度基本属Ⅱ～Ⅳ类水,2014年后各断面均无Ⅳ类水出现;近岸代表断面年均浓度变化幅度较大,2013—2014年出现明显下降,2014—2018年小幅震荡;其余断面的年均浓度变化幅度相对不大。

采用综合水质标识指数法和单因子评价法,石洞口排污控制区、白龙港排污控制区、竹园排污控制区全年、汛期和非汛期水质评价结果均符合水功能区水质目标要求。北港保留区的全年、汛期和非汛期单因子评价结果属Ⅲ类水,未达到水质目标要求,氨氮和总磷是主要超标指标。

第三章 长江口杭州湾水污染源和来水通量分析

摸清长江口杭州湾的水污染负荷变化特征是研究长江口杭州湾水环境变化影响的基础。采用水文水质同步监测数据与河网水量水质模型模拟计算相结合的方法,分别计算分析长江来水、钱塘江和甬江来水、黄浦江出水和沿江海其他支流排水的污染物通量,以及滨江临海污水处理厂的尾水污染物排放量变化情况,分水质指标重点计算分析了 2005—2018 年长江入河口海洋的相应污染物通量变化以及 2009—2018 年滨江临海城镇污水处理厂的主要污染物排放量变化情况。

3.1 资料情况及通量计算方法

3.1.1 数据资源

3.1.1.1 长江来水徐六泾断面

徐六泾水质水量监测断面数据属于长江口水文局。通量计算指标为:氨氮、总磷、总氮、COD_{Mn},上述 4 项水质指标的监测方法和标准见第二章。

徐六泾水文站测流断面处于长江潮流界内下游,是长江口外潮波向内上溯的咽喉。根据徐六泾水文站潮流量测验整编代表线法专题研究成果,对 2005 年徐六泾站潮流量及潮量进行了试整编,2006 年起正式整编。

3.1.1.2 黄浦江出水吴淞口断面

黄浦江水量水质数据通过应用率定验证的上海市黄浦江水系河网水量水质模型模拟计算得出。不同工况和调度方式下黄浦江年净排江水量如表 3.1-1 所示。吴淞口断面位置如图 3.1-1 所示。通量计算指标有:COD_{Cr} 和氨氮。

表 3.1-1 不同工况和调度方式下黄浦江年净排江水量变化

名称	年净排江海水量(亿 m³)		
	现状常规调度	现状优化调度	规划优化调度
黄浦江	126.36	130.67	116.17

3.1.1.3 沿江海其他支流排水(除黄浦江)

上海市沿江海其他支流有 26 条,其中排入长江口的河流 16 条,排入杭州湾的河流 10 条,如图 3.1-1 所示。现状工况常规调度下,三甲港以北大部分沿江支流(除黄浦江)以引水为主,南横河、泖马河和航塘港年净排水量非常小,可忽略不计其入江海污染物通量。现状工况优化调度下,江镇河由排水为主改为引水为主,其他不变。规划工况优化调度下,江镇河由排水为主改为引水为主,南横河、泖马河和航塘港年净排水量明显增加,计算其入江海污染物通量,如表 3.1-2 所示。通量计算指标有:COD_{Cr} 和氨氮。

表 3.1-2 不同工况和调度方式下沿江海其他支流年净排江海水量

区域	河流编号	名称	年净排江海水量(亿 m³)		
			现状常规调度	现状优化调度	规划优化调度
长江口	1	墅沟	—	—	—
	2	新川沙	—	—	—
	3	老石洞	—	—	—
	4	练祁河	—	—	—
	5	新石洞	—	—	—
	6	严家港	—	—	—
	7	外高桥泵闸	—	—	—
	8	嫩江河	—	—	—
	9	五好沟	—	—	—
	10	赵家沟	—	—	—
	11	张家浜	—	—	—
	12	三甲港	—	—	—
	13	江镇河	1.47	—	—
	14	薛家泓港	2.05	3.13	3.07
	15	南横河	—	—	8.75
	16	大治河	10.27	12.51	22.32
杭州湾	17	滴水湖出海闸	0.36	2.22	1.12
	18	芦潮引河	5.28	3.51	1.78
	19	芦潮港	3.47	1.64	2.86
	20	泖马河			1.46
	21	中港	0.62	0.81	1.52
	22	南门港	1.97	0.99	0.75
	23	航塘港	—		0.87
	24	金汇港	10.72	7.84	3.67
	25	南竹港	2.26	1.14	0.87
	26	龙泉港	8.41	8.53	15.39

图 3.1-1 上海市沿江海支流口位置示意图

3.1.1.4 滨江临海污水处理厂①尾水排放

滨江临海城镇污水处理厂尾水 COD_{Cr}、氨氮、总氮和总磷排江海水量水质数据属于《上海市陆源入海污染物调查分析报告》。

截至 2018 年,上海市滨江临海污水处理厂为 18 座,包括 15 座城镇污水处理厂和 3 座工业区污水处理厂(上海化学工业区、中国石化上海石油化工股份有限公司、上海宝山钢铁股份有限公司),排污口位置如图 3.1-2 所示。其中,排入长江口水域(共 12 座):吴淞污水处理厂、石洞口污水处理厂、竹园第一污水处理厂、竹园第二污水处理厂、白龙港污水处理厂、城桥污水处理厂、长兴污水处理厂、海滨污水处理厂、堡镇污水处理厂、新河污水处理厂、陈家镇污水处理厂、上海宝山钢铁股份有限公司工业区污水处理厂;排入杭州湾水域(共 6 座):临港新城污水处理厂、奉贤东部污水处理厂、奉贤西部污水处理厂、新江污水处理厂、上海化学工业区污水处理厂、中国石化上海石油化工股份有限公司工业区污水处理厂。

通量计算指标有:COD_{Cr}、氨氮、总氮和总磷,检测分析方法如表 3.1-3 所示。

---

① 将出水直接排放到长江口、杭州湾的污水处理厂定义为滨江临海污水处理厂

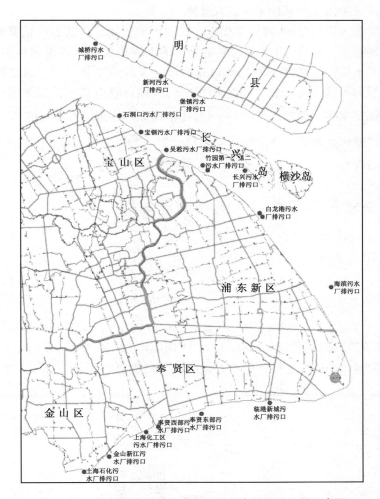

图 3.1-2 滨江临海城镇污水处理厂入海排污口位置示意图

表 3.1-3 滨江临海城镇污水处理厂尾水污染物排放检测分析方法

分析项目	测定方法	测定下限(mg/L)	方法来源
COD_{Cr}	重铬酸盐法	30	GB 11914—89
总氮	碱性过硫酸钾消解-紫外分光光度法	0.05	GB 11894—89
总磷	钼酸铵分光光度法	0.01	GB 11893—89
氨氮	蒸馏和滴定法	0.2	GB 7478—87

3.1.2 通量计算方法

长江上游来水污染物通量采用徐六泾水文站5条垂线的流量自动遥测系列数据和同期月测水质指标浓度数据。由于水质指标浓度在徐六泾断面的垂向和横向变化差异很小,可以认为徐六泾断面的污染物浓度在河宽和水深方向均匀分布,因此,长江入海污染物通量采用断面净泄流量乘以断面平均浓度进行计算。

黄浦江下游测流资料较少,难以采用水文水质同步监测计算的方法估算黄浦江入长江口的主要污染物通量。因此,应用经过率定验证的上海市黄浦江水系河网水量水质模型,模拟计算典型平水年的黄浦江下游吴淞口断面流量及水质变化过程。沿江海其他支流排主要污染物通量与黄浦江污染物通量采用相同的模拟计算方法。长江来水、黄浦江出水、沿江海其他支流排水年污染物通量$=\sum$(月净泄流量×污染物月平均浓度)。

滨江临海城镇污水处理厂尾水年污染物排放量$=\sum$(月处理污水排放量×尾水污染物月平均出水浓度)。

3.2　长江来水入河口海洋污染物通量分析

3.2.1　月际通量变化

3.2.1.1　COD_{Mn}

2005—2018 年,COD_{Mn}多年月均入海通量变化范围是 8.56 万 t(2 月)~32.28 万 t(7月)。多年汛期月均入海通量(26.57 万 t)大于非汛期(12.69 万 t)。COD_{Mn}多年月均通量季节变化较为明显,1—7 月逐渐上升,7 月最高,8—12 月逐渐下降。如图 3.2-1 所示。

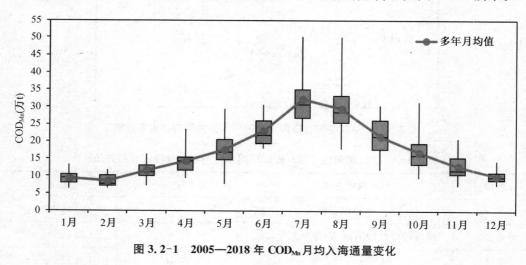

图 3.2-1　2005—2018 年 COD_{Mn} 月均入海通量变化

3.2.1.2　氨氮

2005—2018 年,氨氮多年月均入海通量变化范围是 1.26 万 t(12 月)~3.85 万 t(8月)。多年汛期月均入海通量(3.18 万 t)大于非汛期(1.78 万 t)。氨氮多年月均入海通量波动幅度较小,1—8 月缓慢波动上升,8 月最高,9—12 月逐渐下降。如图 3.2-2 所示。

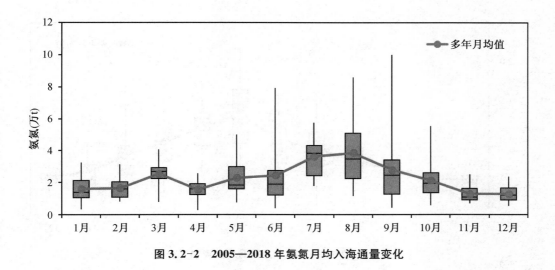

图 3.2-2 2005—2018 年氨氮月均入海通量变化

3.2.1.3 总氮

2005—2018 年,总氮多年月均入海通量变化范围是 7.55 万 t(2 月)～24.11 万 t(7 月)。多年汛期月均入海通量(19.68 万 t)大于非汛期(10.76 万 t)。总氮多年月均入海通量季节变化明显,1—7 月逐渐上升,7 月最高,8—12 月逐渐下降。如图 3.2-3 所示。

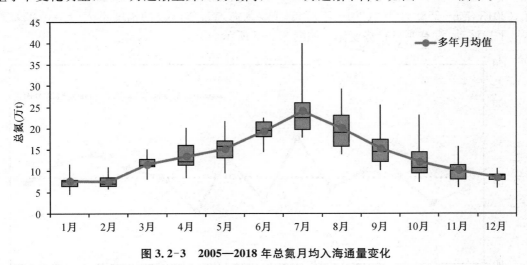

图 3.2-3 2005—2018 年总氮月均入海通量变化

3.2.1.4 总磷

2005—2018 年,总磷多年月均入海通量变化范围是 0.45 万 t(1 月)～1.31 万 t(7 月)。多年汛期月均入海通量(1.08 万 t)大于非汛期(0.61 万 t)。总磷多年月均入海通量季节变化明显,1—7 月逐渐上升,7 月最高,8—12 月逐渐下降。如图 3.2-4 所示。

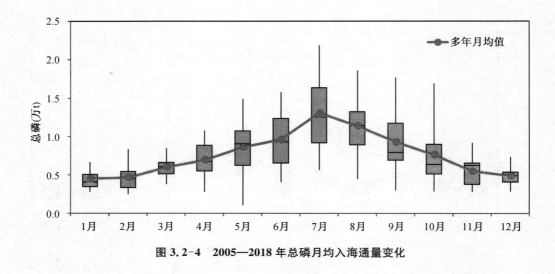

图 3.2-4   2005—2018 年总磷月均入海通量变化

3.2.2   年际通量变化

3.2.2.1 COD_{Mn}

2005—2018 年,长江来水 COD_{Mn} 多年平均入海通量为 202.71 万 t,变化范围为 165.27 万 t(2013 年)~258.61 万 t(2010 年)。COD_{Mn} 入海通量年际波动幅度不大($p > 0.05$),总体呈平稳波动,没有明显趋势变化。如图 3.2-5 所示。

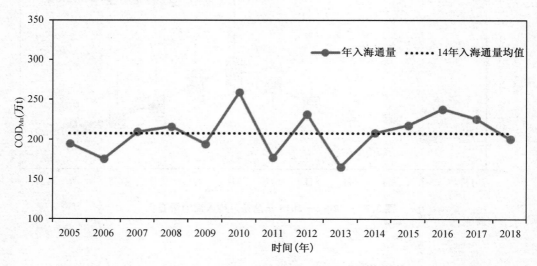

图 3.2-5   2005—2018 年长江来水 COD_{Mn} 入海年通量变化

3.2.2.2   氨氮

2005—2018 年,长江来水氨氮多年平均入海通量为 26.97 万 t,变化范围是 12.31 万 t(2016 年)~46.15 万 t(2005 年)。2005—2010 年氨氮年入海通量波动幅度相对较大,

2011—2018 年整体保持上下小幅波动(2016 年个别年份除外)。如图 3.2-6 所示。

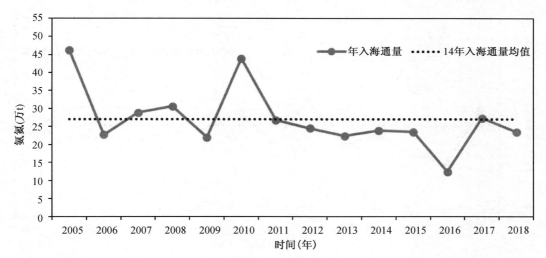

图 3.2-6 2005—2018 年长江来水氨氮入海年通量变化

3.2.2.3 总氮

2005—2018 年,长江来水总氮多年平均入海通量为 164.79 万 t,变化范围是 137.49 万 t(2011 年)~205.80 万 t(2016 年)。2005—2015 年,总氮入海通量年际波动小幅上升,2016—2018 年出现回落。如图 3.2-7 所示。

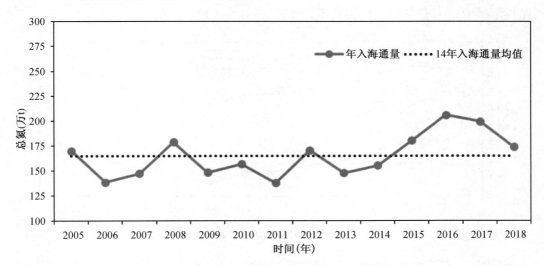

图 3.2-7 2005—2018 年长江来水总氮入海年通量变化

3.2.2.4 总磷

2005—2018 年,长江来水总磷多年平均入海通量为 9.20 万 t,变化范围是 5.48 万 t(2006 年)~11.66 万 t(2010 年)。总磷入海通量年际波动幅度不大($p>0.05$),2006—2016

年总体呈略微上升趋势,2017—2018 年出现回落。如图 3.2-8 所示。

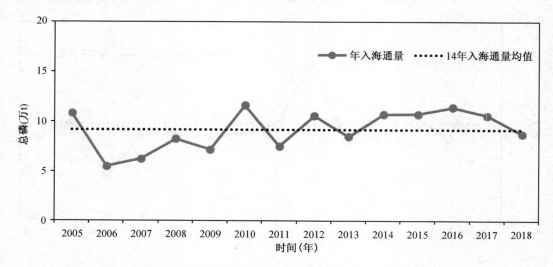

图 3.2-8　2005—2018 年长江来水总磷入海年通量变化

3.3　黄浦江出水入长江口污染物通量分析

不同工况和调度方式下,黄浦江入长江口 COD_{Cr} 和氨氮通量月际变化特征基本一致。以现状工况、水资源优化调度方式为例,COD_{Cr} 和氨氮入江通量月际变化趋势相同,1—8 月通量逐渐减少,8 月最低,9—12 月逐渐增加,如图 3.3-1 所示。

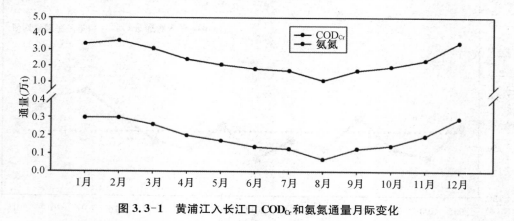

图 3.3-1　黄浦江入长江口 COD_{Cr} 和氨氮通量月际变化

现状工况、水资源常规调度下,COD_{Cr} 月均通量为 2.289 万 t,变化范围为 1.015 万 t～3.452 万 t;氨氮月均通量 0.201 万 t,变化范围为 0.073 万 t～0.311 万 t。COD_{Cr} 和氨氮年通量分别为 27.473 万 t/a 和 2.410 万 t/a。

现状工况、水资源优化调度下,COD_{Cr} 月均通量为 2.369 万 t,变化范围为 1.086 万 t～3.559 万 t;氨氮月均通量 0.192 万 t,变化范围为 0.068 万 t～0.298 万 t。COD_{Cr} 和氨氮年通量分别为 28.438 万 t/a 和 2.305 万 t/a。

规划工况、水资源优化调度下,COD_{Cr}月均通量为 2.133 万 t,变化范围为 0.780 万 t～3.489 万 t;氨氮月均通量 0.177 万 t,变化范围为 0.080 万 t～0.284 万 t。COD_{Cr}和氨氮年通量分别为 25.604 万 t/a 和 2.119 万 t/a。

根据《上海市水(环境)功能区划》,黄浦江出水水质控制标准是Ⅳ类。在现状工况、水资源优化调度下,黄浦江入长江口 COD_{Cr} 和氨氮达标年通量分别为 28.438 万 t/a 和 1.902 万 t/a;规划工况、水资源优化调度下,COD_{Cr} 和氨氮达标年通量分别为 25.604 万 t/a 和 2.095 万 t/a。

3.4 沿江海其他支流污染物通量计算分析

常规调度下,沿江海其他支流入长江口杭州湾的年污染物通量 COD_{Cr}、氨氮分别为 12.173 万 t、1.026 万 t,其中入长江口的 COD_{Cr} 和氨氮年通量分别为 2.706 万 t 和 0.225 万 t,入杭州湾的 COD_{Cr} 和氨氮为 9.467 万 t 和 0.801 万 t。常规优化调度下,沿江海其他支流入长江口杭州湾的年污染物通量 COD_{Cr} 和氨氮分别为 10.843 万 t、0.905 万 t,其中入长江口的 COD_{Cr} 和氨氮年通量分别为 2.981 万 t 和 0.250 万 t,入杭州湾的 COD_{Cr} 和氨氮为 7.863 万 t 和 0.655 万 t。规划优化调度下,沿江海其他支流入长江口杭州湾的年污染物通量 COD_{Cr} 和氨氮分别为 15.291 万 t、1.213 万 t,其中入长江口的 COD_{Cr} 和氨氮年通量分别为 6.659 万 t 和 0.521 万 t,入杭州湾的 COD_{Cr} 和氨氮为 8.632 万 t 和 0.692 万 t。如表 3.4-1 所示。

表 3.4-1 不同工况和调度方式下沿江海其他支流 COD_{Cr} 和氨氮年入江海通量表

区域	名称	沿江海其他支流年入江海通量(t)					
		COD_{Cr}			氨氮		
		现状常规	现状优化	规划优化	现状常规	现状优化	规划优化
长江口	江镇河	2 284.917	—		158.033	—	
	薛家泓港	3 847.228	5 416.915	5 314.020	252.424	344.153	216.398
	南横河			18 527.947			1 445.732
	大治河	20 931.697	24 388.970	42 747.518	1 836.347	2 152.116	3 546.946
杭州湾	滴水湖出海闸	446.514	4 322.356	1 719.316	37.351	375.024	129.610
	芦潮引河	12 911.206	9 265.109	3 818.272	1 199.248	881.457	315.549
	芦潮港	10 814.954	5 155.768	7 309.782	1 048.028	513.058	645.891
	泐马河			3 615.491			304.757
	中港	1 919.221	2 527.806	4 112.644	180.471	240.701	351.047
	南门港	6 144.253	2 896.409	2 120.915	577.999	264.494	180.018
	航塘港			2 175.247			185.833
	金汇港	22 146.854	16 921.302	7 979.276	1 906.569	1 484.427	655.794
	南竹港	6 229.239	3 214.648	2 487.656	585.104	308.388	231.219
	龙泉港	34 058.730	34 323.508	50 984.981	2 474.856	2 485.966	3 920.779

沿江海其他支流 COD_{Cr} 和氨氮年入江海通量在不同工况和调度方式下,变化趋势基本相似,如图 3.4-1 和图 3.4-2 所示。现状优化调度下 COD_{Cr} 和氨氮入江通量较现状常规调度略高;规划优化调度下,南横河和大治河排江量显著增加,特别是南横河年净排江水量较现状优化调度增加 8.75 亿 m^3,大治河增加 9.81 亿 m^3,因此 COD_{Cr} 和氨氮入江通量显著上升。现状常规、现状优化和规划优化调度方式下,COD_{Cr} 和氨氮入海通量变化幅度较小。

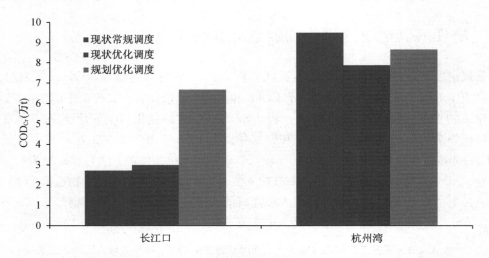

图 3.4-1　不同工况和调度方式下沿江海其他支流排入长江口和杭州湾水域 COD_{Cr} 通量变化

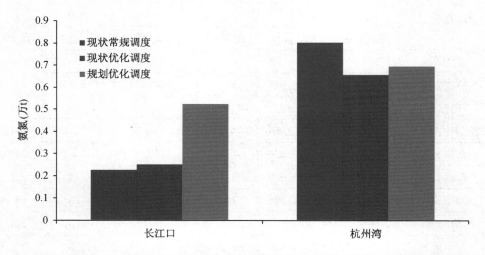

图 3.4-2　不同工况和调度方式下沿江海其他支流排入长江口和杭州湾水域氨氮通量变化

根据《上海市水(环境)功能区划》,沿江海其他支流出水水质控制标准如表 3.4-2 所示。

沿江沿海支流达标出水时,现状优化调度下,入长江口杭州湾的 COD_{Cr} 和氨氮污染物通量分别为 9.852 万 t、0.627 万 t,其中入长江口的 COD_{Cr} 和氨氮年通量分别为 2.981 万 t 和 0.215 万 t,入杭州湾的 COD_{Cr} 和氨氮为 6.871 万 t 和 0.412 万 t;规划优化调度下,

COD_{Cr} 和氨氮污染物通量分别为 14.332 万 t、0.929 万 t,其中入长江口的 COD_{Cr} 和氨氮年通量分别为 6.659 万 t 和 0.456 万 t,入杭州湾的 COD_{Cr} 和氨氮为 7.673 万 t 和 0.473 万 t。

表 3.4-2　沿江海其他支流水质控制标准表

区域	名称	水质控制标准
长江口	薛家泓港	IV
	南横河	IV
	大治河	IV
杭州湾	滴水湖出海闸	IV
	芦潮引河	IV
	芦潮港	IV
杭州湾	泐马河	V
	中港	V
	南门港	V
	航塘港	V
	金汇港	IV
	南竹港	V
	龙泉港	IV

3.5　滨江临海城镇污水处理厂尾水污染物排放量调查分析

3.5.1　历年尾水污染物排放量调查分析

3.5.1.1　COD_{Cr}

2009—2018 年,滨江临海城镇污水处理厂 COD_{Cr} 多年平均排放量为 6.69 万 t,年排放量呈波动下降趋势。滨江城镇污水处理厂排放量大于临海城镇污水处理厂,滨江城镇污水处理厂多年平均排放量是临海城镇污水处理厂的 14.0 倍。如图 3.5-1 所示。

2018 年,COD_{Cr} 年入江海排放量前四名的城镇污水处理厂分别为:竹园第一污水处理厂>白龙港污水处理厂>竹园第二污水处理厂>石洞口污水处理厂,其排放总量占全年排放总量的 85.9%。

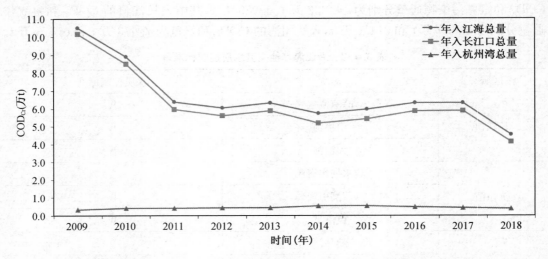

图 3.5-1　2009—2018 年滨江临海城镇污水处理厂 COD$_{Cr}$ 入江海排放量变化

3.5.1.2　氨氮

2009—2018 年,滨江临海城镇污水处理厂氨氮多年平均排放量为 1.43 万 t,年排放量呈波动下降趋势。滨江城镇污水处理厂排放量大于临海城镇污水处理厂,滨江城镇污水处理厂多年平均排放量是临海城镇污水处理厂的 35.7 倍。如图 3.5-2 所示。

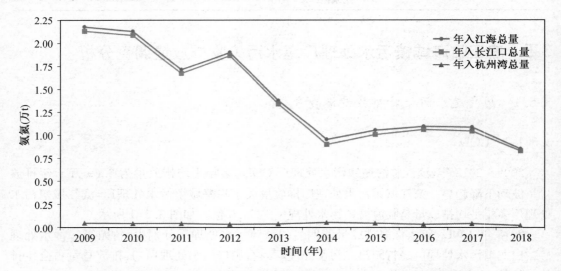

图 3.5-2　2009—2018 年滨江临海城镇污水处理厂氨氮入江海排放量变化

2018 年,氨氮年入江海排放量前四名的城镇污水处理厂分别为:竹园第一污水处理厂＞白龙港污水处理厂＞竹园第二污水处理厂＞石洞口污水处理厂,其排放总量占全年排放总量的 96.2%。

3.5.1.3 总氮

2009—2018 年,滨江临海城镇污水处理厂总氮多年平均排放量约为 2.75 万 t,年排放量呈波动下降趋势。滨江城镇污水处理厂排放量远大于临海城镇污水处理厂,滨江城镇污水处理厂多年平均排放量是临海城镇污水处理厂的 16.9 倍。如图 3.5-3 所示。

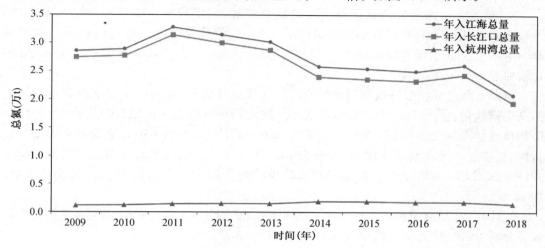

图 3.5-3 2009—2018 年滨江临海城镇污水处理厂总氮入江海排放量变化

2018 年,总氮年入江排放量前五名的城镇污水处理厂分别为:竹园第一污水处理厂＞白龙港污水处理厂＞竹园第二污水处理厂＞石洞口污水处理厂,其排放总量占全年排放总量的 88.5%。

3.5.1.4 总磷

2009—2018 年,滨江临海城镇污水处理厂总磷多年平均排放量约为 0.13 万 t,年排放量呈波动下降趋势。滨江城镇污水处理厂排放量远大于临海城镇污水处理厂,滨江城镇污水处理厂多年平均排放量是临海城镇污水处理厂的 9.3 倍。如图 3.5-4 所示。

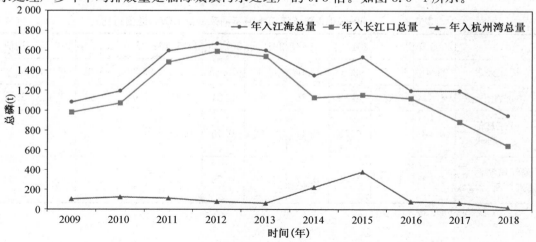

图 3.5-4 2009—2018 年滨江临海城镇污水处理厂总磷入江海排放量变化

2018年,总磷年入江海排放量前五名的城镇污水处理厂分别为:竹园第一污水处理厂>白龙港污水处理厂>竹园第二污水处理厂>石洞口污水处理厂>海滨污水处理厂,其排放总量占全年排放总量的93.0%。

3.5.2 尾水污染物排放量2035年估算

根据《上海市污水处理系统及污泥处理处置规划(2017—2035年)》(沪府〔2018〕85号),至2035年上海市的滨江临海城镇污水处理厂的设计规模约1 080万 m³/d(该数字具有一定弹性,可能会随着城市发展、人口规模等适当调整),与2018年的614.50万 m³/d 相比增加了465.5万 m³/d。

根据上海市滨江临海城镇污水处理厂的现状运行情况,本书按照以下原则预测远期污染物排放量:① 滨江临海城镇污水处理厂尾水污染物出水浓度取《城镇污水处理厂污染物排放标准》(GB 18918—2002)一级 A 标准上限值,且不高于现状平均出水浓度。故氨氮、总磷取一级 A 标准上限值,分别为5 mg/L、0.5 mg/L;COD_{Cr}、总氮取现状值分别为27.86 mg/L、12.80 mg/L。② 城镇污水处理厂的年负荷率取近10年间的最大负荷率,即95%。

经计算,2035年上海市滨江临海城镇污水处理厂尾水 COD_{Cr}、氨氮、总氮和总磷的年排放量分别为:10.43万 t、1.87万 t、4.79万 t 和0.19万 t。

3.6 COD_{Cr}和氨氮入江海通量占比统计

(1)以长江口水域污染物来源作为统计对象,统计长江来水、黄浦江出水、上海市沿江其他支流排水的污染物通量以及滨江城镇污水处理厂尾水污染物排放量占比。

2009—2018年,长江来水的 COD_{Cr} 和氨氮入江通量占比最大,变化范围分别是93.17%~95.90%和80.01%~90.43%;黄浦江出水次之,变化范围分别是2.91%~5.16%和4.75%~11.51%;滨江城镇污水处理厂排放尾水变化范围分别是0.66%~1.63%和3.15%~7.99%;沿江其它支流排水变化范围分别是0.37%~0.56%和0.52%~1.63%。如表3.6-1和表3.6-2所示。

表 3.6-1　2009—2018年长江口水域不同来源的 COD_{Cr} 通量占比　　　　　　(%)

	2009年	2010年	2011年	2012年	2013年	2014年	2015年	2016年	2017年	2018年	均值
长江来水	93.48	95.22	93.57	95.06	93.17	95.44	95.60	95.90	95.69	95.44	94.86
黄浦江出水	4.41	3.37	4.85	3.76	5.16	3.31	3.17	2.91	3.06	3.43	3.74
沿江其他支流排水	0.48	0.37	0.53	0.41	0.56	0.46	0.44	0.40	0.42	0.47	0.45
滨江城镇污水处理厂排放尾水	1.63	1.04	1.05	0.77	1.10	0.79	0.79	0.79	0.83	0.66	0.94

注:COD_{Cr}与COD_{Mn}按3∶1换算

表 3.6-2　2009—2018 年长江口水域不同来源的氨氮通量占比　　（％）

	2009 年	2010 年	2011 年	2012 年	2013 年	2014 年	2015 年	2016 年	2017 年	2018 年	均值
长江来水	82.41	90.43	86.34	84.68	85.15	89.10	88.57	80.01	89.91	89.15	86.58
黄浦江出水	8.66	4.75	7.46	7.99	8.79	6.61	6.70	11.51	5.84	6.75	7.50
沿江其他支流排水	0.94	0.52	0.81	0.87	0.95	0.93	0.95	1.63	0.82	0.95	0.94
滨江城镇污水处理厂排放尾水	7.99	4.30	5.40	6.47	5.11	3.35	3.79	6.86	3.43	3.15	4.98

（2）以长江口杭州湾水域污染物来源作为统计对象，统计长江来水、黄浦江出水、钱塘江和甬江来水、沿江海其他支流排水的污染物通量以及滨江临海城镇污水处理厂尾水污染物排放量占比。

2009—2018 年，长江来水的 COD_{Cr} 和氨氮入江海通量占比最大，变化范围分别是75.75％～90.19％和69.39％～84.73％；钱塘江和甬江来水变化范围分别是 4.91％～17.43％和3.60％～9.58％；黄浦江出水变化范围分别是2.74％～4.20％和4.36％～9.98％；滨江临海城镇污水处理厂排放尾水变化范围分别是0.65％～1.42％和2.89％～7.19％；沿江海其他支流排水变化范围分别是1.16％～1.66％和1.71％～5.10％。如表3.6-3 和表 3.6-4 所示。

表 3.6-3　2009—2018 年长江口杭州湾水域不同来源的 COD_{Cr} 通量占比　　（％）

	2009 年	2010 年	2011 年	2012 年	2013 年	2014 年	2015 年	2016 年	2017 年	2018 年	均值
长江来水	78.70	83.03	77.61	82.77	75.75	84.55	83.93	90.19	88.31	86.27	83.11
黄浦江出水	3.71	2.94	4.02	3.28	4.20	2.93	2.78	2.74	2.82	3.10	3.25
沿江海其他支流排水	1.47	1.16	1.59	1.29	1.66	1.47	1.39	1.37	1.41	1.56	1.44
滨江临海城镇污水处理厂排放尾水	1.42	0.95	0.93	0.72	0.96	0.77	0.76	0.80	0.82	0.65	0.88
钱塘江来水	13.22	10.62	12.06	10.10	15.17	9.43	9.88	3.77	5.38	7.07	9.67
甬江来水	1.48	1.30	3.79	1.84	2.26	0.84	1.25	1.14	1.25	1.35	1.65

注：COD_{Cr} 与 COD_{Mn} 按 3∶1 换算

表 3.6-4　2009—2018 年长江口杭州湾水域不同来源的氨氮通量占比　　（％）

	2009 年	2010 年	2011 年	2012 年	2013 年	2014 年	2015 年	2016 年	2017 年	2018 年	均值
长江来水	72.60	82.85	77.06	75.60	75.67	80.80	81.74	69.39	84.73	80.04	78.05
黄浦江出水	7.63	4.36	6.66	7.13	7.81	6.00	6.18	9.98	5.50	6.06	6.73
沿江海其他支流排水	3.00	1.71	2.61	2.80	3.07	3.07	3.16	5.10	2.81	3.10	3.04

	2009 年	2010 年	2011 年	2012 年	2013 年	2014 年	2015 年	2016 年	2017 年	2018 年	均值
滨江临海城镇污水处理厂排放尾水	7.19	4.01	4.94	5.87	4.66	3.22	3.66	6.13	3.36	2.89	4.59
钱塘江来水	8.24	5.69	6.81	6.85	6.75	6.18	3.82	6.89	2.84	6.66	6.07
甬江来水	1.34	1.38	1.92	1.74	2.04	0.74	1.44	2.52	0.75	1.26	1.51

3.7 小结

为摸清长江口杭州湾的水污染负荷变化特征,采用水文水质同步监测与河网水量水质模型模拟计算相结合的方法,分别计算分析长江来水、钱塘江和甬江来水、黄浦江出水和沿江海其他支流排水的污染物通量,以及滨江临海城镇污水处理厂的尾水污染物排放量变化情况,尤其是分水质指标重点计算分析了 2005—2018 年长江入河口海洋的相应污染物通量变化以及 2009—2018 年滨江临海城镇污水处理厂的主要污染物排放量变化情况。

（1）长江入河口海洋的主要污染物净泄通量变化情况

2005—2018 年,COD_{Mn}、氨氮、总氮、总磷的多年月均入海通量最大值和最小值通常出现在每年的 7、8 月和 11、12 月至翌年的 1、2 月,汛期月均入海污染物通量大于非汛期。COD_{Mn} 年入海通量变化范围为 165.27 万 t~258.61 万 t,氨氮为 12.31 万 t~46.15 万 t,总氮为 137.49 万 t~205.80 万 t,总磷为 5.48 万 t~11.66 万 t。COD_{Mn} 入海通量年际波动幅度不大,没有明显趋势变化;氨氮 2010 年以前波动幅度较大,2011—2018 年波动幅度总体不大;总氮 2005—2015 年呈波动小幅上升,2016—2018 年出现回落;总磷 2006—2016 年呈波动小幅上升趋势,2017—2018 年出现回落。

（2）黄浦江入长江口的年均污染物净泄通量模拟计算分析

应用经过率定验证的上海市黄浦江水系河网水量水质模型,针对不同工情和水情条件,统筹协调防汛安全调度、改善水质调度、保障用水调度等水资源综合调度需求,来模拟计算分析典型年的黄浦江下游吴淞口断面流量、水质变化过程及相应入长江口的年污染物净泄通量。得出现状工况水资源常规调度、现状工况水资源优化调度、规划工况水资源优化调度情况下,黄浦江入长江口的污染物通量 COD_{Cr} 和氨氮分别为 27.473 万 t/a 和 2.410 万 t/a、28.438 万 t/a 和 2.305 万 t/a、25.604 万 t/a 和 2.119 万 t/a。在现状工况和规划工况水资源优化调度条件下,黄浦江入长江口的 COD_{Cr}、氨氮达标年通量分别为 28.438 万 t/a、1.902 万 t/a 和 25.604 万 t/a、2.095 万 t/a。COD_{Cr} 和氨氮通量月际变化基本一致,1—8 月通量逐渐减少,8 月最低,9—12 月逐渐增加。

（3）沿江海其他支流的主要污染物净泄通量模拟计算分析

采用与黄浦江入长江口的年污染物净泄通量模拟计算的相同方法,分别计算不同工情、水情和水资源调度方案条件下的沿江海其他支流的主要污染物净泄通量。

① 现状常规调度下,沿江海其他支流入长江口杭州湾的年污染物通量 COD_{Cr}、氨氮分别为 12.173 万 t、1.026 万 t,其中,支流入长江口的 COD_{Cr} 和氨氮年通量分别为 2.706 万 t 和 0.225 万 t;支流入杭州湾的 COD_{Cr} 和氨氮年通量分别为 9.467 万 t 和 0.801 万 t。

② 现状优化调度下,沿江海其他支流入长江口杭州湾的年污染物通量 COD_{Cr} 和氨氮分别为 10.843 万 t、0.905 万 t,其中,支流入长江口的 COD_{Cr} 和氨氮年通量分别为 2.981 万 t 和 0.250 万 t;支流入杭州湾的 COD_{Cr} 和氨氮年通量分别为 7.863 万 t 和 0.655 万 t。

③ 规划优化调度下,沿江海其他支流入长江口杭州湾的年污染物通量 COD_{Cr} 和氨氮分别为 15.291 万 t、1.213 万 t,其中,支流入长江口的 COD_{Cr} 和氨氮年通量分别为 6.659 万 t 和 0.521 万 t;支流入杭州湾的 COD_{Cr} 和氨氮年通量分别为 8.632 万 t 和 0.692 万 t。

④ 规划优化调度下,沿江海其他支流入长江口杭州湾的达标年污染物通量 COD_{Cr} 和氨氮分别为 14.332 万 t、0.929 万 t,其中,支流入长江口的 COD_{Cr} 和氨氮年通量分别为 6.659 万 t 和 0.456 万 t;支流入杭州湾的 COD_{Cr} 和氨氮年通量分别为 7.673 万 t 和 0.473 万 t。

(4) 滨江临海城镇污水处理厂的主要污染物排放量变化情况

2009—2018 年,滨江临海城镇污水处理厂的 COD_{Cr}、氨氮、总氮和总磷多年平均排放量分别为 6.69 万 t、1.43 万 t、2.75 万 t 和 0.13 万 t,年排放量总体呈下降趋势;滨江城镇污水处理厂大于临海城镇污水处理厂,滨江城镇污水处理厂多年排放均值分别是临海城镇污水处理厂的 14.0 倍、35.7 倍、16.9 倍和 9.3 倍。2018 年,COD_{Cr}、氨氮、总氮和总磷排放量前四名的城镇污水处理厂均为:竹园第一污水处理厂>白龙港污水处理厂>竹园第二污水处理厂>石洞口污水处理厂,其排放总量占全年排放总量的 85% 以上。

根据《上海市水污染防治行动计划实施方案》和《上海市污水处理系统及污泥处理处置规划(2017—2035 年)》,估算 2035 年滨江临海城镇污水处理厂尾水 COD_{Cr}、氨氮、总氮和总磷的年排放量分别为:10.43 万 t、1.87 万 t、4.79 万 t 和 0.19 万 t。

(5) 分区域、分指标、分来源分别统计入长江口杭州湾的污染物通量占比

以长江口水域主要污染物来源作为统计对象,统计 2009—2018 年长江来水、黄浦江出水、沿江其他支流排水的污染物通量以及滨江城镇污水处理厂尾水污染物排放量多年平均占比分别为:COD_{Cr},94.86%、3.74%、0.45%、0.94%;氨氮,86.58%、7.50%、0.94%、4.98%。长江口影响因素排序为:长江来水>黄浦江出水>滨江城镇污水处理厂排放尾水>沿江其他支流排水。

以长江口杭州湾水域主要污染物来源作为统计对象,统计长江来水、黄浦江出水、钱塘江和甬江来水、沿江海其他支流排水的污染物通量以及滨江临海城镇污水处理厂尾水污染物排放量多年平均占比分别为:COD_{Cr},83.11%、3.25%、11.32%、1.44% 和 0.88%,长江口杭州湾影响因素排序为长江来水>钱塘江和甬江来水>黄浦江出水>沿江海其他支流排水>滨江临海城镇污水处理厂排放尾水;氨氮,78.05%、6.73%、7.58%、3.04%、4.59%,长江口杭州湾影响因素排序为长江来水>钱塘江和甬江来水>黄浦江出水>滨江临海城镇污水处理厂排放尾水>沿江海其他支流排水。

第四章　河口海洋水动力水质基础调查数据库建设

河口海洋水动力水质基础调查数据库是江海联动水动力水质数值模拟技术及水环境影响研究的重要基础,基于上海市河口海洋水文、水质及污染源调查分析,以建立数字河口海洋为目标,制定数据库标准,优化数据库结构,统一数据编码,利用 GIS 技术,建立相应专题数据库,实现对数据的安全高效利用、充实更新维护以及与水动力水质数值模型的无缝链接,构建集数据编辑、空间运算、信息显示一体化、数字化、可视化的数据平台,可为河口海洋水动力水质模型研究提供首要数据支撑。

4.1　建设目标

以国家、市等相关行业部门的信息化技术规范标准和数据库标准为指导,以支撑上海市水务海洋事业可持续发展为目标,结合本市水务海洋规划设计研究的实际和发展需求,编制相应的专题数据库建设标准,以规范和指导专题数据库的建设,实现水文、水动力、水质和污染源等数据的标准化、规范化与数字化管理,提高水动力水质数据的查询、检索和建模用模的效率,助力江海信息资源整合、动态更新维护和安全高效利用。

4.2　建设原则

(1) 突出业务需求导向

以业务工作对数据库的需求为导向,以全面提升信息化服务水平和业务工作效率为重心,以 GIS 技术的深度应用为驱动,加强河口海洋水动力水质基础调查数据库的标准化建设与安全高效利用,加强业务数据库的动态更新与规范管理,助推水务海洋专业间的信息循环流动与业务协同提质增效。

(2) 遵循相关规范标准

从业务工作与成果应用需求出发,严格执行国家、地方及行业相关信息化标准规范,与相关行业部门的数据库建设标准相对接,与长江口杭州湾及其邻近海域水动力水质模型数据库标准相对接,注重业务对象数据的时间与空间、现状与规划、图层与属性统筹协调,注重数据库的兼容性、可扩展性、安全性及实用性,按照河口海洋水动力水质基础调查数据库专业化、标准化、信息化、智能化的建设要求,进行全面顶层设计。

（3）注重安全高效利用

把握信息化边建边用、边用边改的螺旋式上升发展规律，以对大数据的挖掘、处理、整合和集成为基础，以加快实现信息资源的安全高效综合利用为核心，正确处理好信息安全高效利用与事业可持续发展之间的关系，着力整合资源，着力集聚智慧，着力融合技术，按照先易后难、急用先建、循序渐进、逐步完善的建设原则，分类别、分专业、分对象合理设计数据库的清单名录、属性字段和标识符号，促进信息技术、数据利用与业务工作的协同联动发展。

（4）加强统筹协调对接

按照优势互补、无缝链接、集约利用的原则，正确处理好数据库结构继承与发展、多源异构数据互联互通与整合利用以及数据库平台建设统一标准与发展事业的关系，加强与水务海洋信息化现状综合数据库以及相关行业管理事务数据库的有机衔接，高标准、高质量建设河口海洋水动力水质基础调查数据库。

4.3　建设标准

4.3.1　数据库结构

河口海洋水动力水质基础调查数据库涉及大量来自不同部门数据源的数据，包含不同类型的空间信息数据和属性信息数据，如图 4.3-1 所示。系统数据管理解决多源异构数据的集成、图形数据与属性数据的关联、数据接口转换等问题；系统的数据更新维护功能为河口海洋水动力水质模型提供最新的岸线、水深地形、水动力水质等相关信息；系统的地图操作功能为用户提供河口海洋水动力水质的动态变化显示功能。为适应河口海洋水动力水质基础调查数据库管理信息化、专业化、标准化的需求，研究设置现状基础、业务专题两类数据，建立数据清单名录、属性字段及标识符号 3 种标准，实现图形显示、数据统计、信息查询、绘图输出 4 项功能。

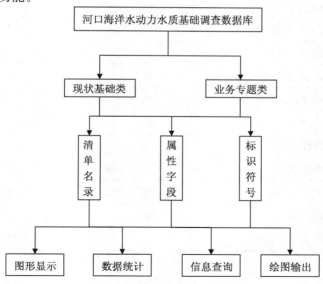

图 4.3-1　河口海洋水动力水质基础调查数据库结构图

4.3.2 数据库建设标准

河口海洋水动力水质基础调查数据库设置了现状基础、业务专题两类数据。现状基础类数据,主要根据业务需求提出的图层清单名录及获取方式,通过信息平台互联互通建设,实现安全、开放、共享获取。现状基础类数据需求分析重点是在现有行业数据库的基础上,梳理明确图层清单名录及使用方式,形成基础类数据需求分析报告。业务专题类数据,主要根据行业相关技术规范标准、导则及细则等,明确对象空间图层清单名录、属性字段和标识符号。业务专题类数据需求分析重点是在现有行业相关技术规范标准、导则和细则基础上,结合行业规划、科研业务和综合管理需求,梳理明确对象数据库清单名录、属性字段和标识符号,统筹汇总形成相应专题数据库标准。

4.3.2.1 现状基础类数据标准

(1) 清单名录

现状基础类数据对象共计 16 个,其中点状空间对象、线状空间对象、面状空间对象分别为 5、6、5 个。如表 4.3-1 所示。

表 4.3-1　现状基础类数据对象清单名录

序号	对象集中文名称	空间对象集	对象集英文名称
1	海洋_高程点	点	H_ALTITUDE
2	海洋_水文水质站	点	H_RECON
3	海洋_气象站	点	H_METE
4	海洋_入海排污口	点	H_SEWAGE
5	海洋_入海河流	点	H_SEARIVER
6	海洋_海岸线	线	H_COAST
7	海洋_丁坝	线	H_VDIKE
8	海洋_顺坝	线	H_TDIKE
9	海洋_格坝	线	H_IDIKE
10	海洋_海底管线	线	H_PIPELINE
11	海洋_桥梁隧道	线	H_BRIDGETUNNEL
12	海洋_码头	面	H_WHARF
13	海洋_锚地	面	H_ANCHORAGE
14	海洋_航道	面	H_CHANNEL
15	海洋_倾倒区	面	H_DUMP
16	海洋_海上风电场	面	H_WINDPOWER

(2) 属性字段

16 个现状基础类数据对象分别对应一张属性表,如表 4.3-2～表 4.3-17 所示。对象属性信息一般按照名称、方位、类型、规模、型式（形式）、时间、状态、其他等要素排序设置。

表 4.3-2　高程点属性字段表

海洋_高程点

属性字段分层	字段中文名称	字段英文名称	字段类型及长度	备注
名称	高程点_名称	ALTITUDE_NAME	字符型(30)	
方位	高程点_X坐标	ALTITUDE_X	字符型(30)	
	高程点_Y坐标	ALTITUDE_Y	字符型(30)	
类型	高程点_基面	ALTITUDE_BASELEVEL	字符型(30)	高程点测量的基面
规模	高程点_高程值	ALTITUDE_NUMERICAL	实型(4,2)	单位:m
时间	高程点_测量时间	ALTITUDE_TIME	时间型	

表 4.3-3　水文水质站属性字段表

海洋_水文水质站

属性字段分层	字段中文名称	字段英文名称	字段类型及长度	备注
名称	水文水质站_名称	RECON_NAME	字符型(30)	
方位	水文水质站_经度	RECON_ESLO	字符型(30)	
	水文水质站_纬度	RECON_NTLA	字符型(30)	
类型	水文水质站_类型	RECON_TYPE	整型(1)	1—水文站,2—潮位站,3—水质站,4—水文水质站,5—其他
规模	水文水质站_水位	RECON_TDZ	实型(4,2)	单位:m
	水文水质站_流量	RECON_Q	实型(12,2)	单位:m^3/s
	水文水质站_流速	RECON_V	实型(4,2)	单位:m/s
	水文水质站_流向	RECON_FLOWDIREC	字符型(10)	
	水文水质站_含沙量	RECON_CS	实型(9,2)	单位:kg/s
	水文水质站_水温	RECON_TEMP	实型(5,2)	单位:℃
	水文水质站_PH	RECON_PH	实型(2,1)	无量纲
	水文水质站_盐度	RECON_CL	实型(6)	单位:mg/L
	水文水质站_溶解氧	RECON_DO	实型(6,2)	单位:mg/L
	水文水质站_高锰酸盐指数	RECON_CODMN	实型(6,2)	单位:mg/L
	水文水质站_化学需氧量	RECON_CODCR	实型(6,2)	COD,单位:mg/L
	水文水质站_五日生化需氧量	$RECON\_BOD_5$	实型(6,2)	BOD_5,单位:mg/L
	水文水质站_氨氮	$RECON\_NH_3\text{-}N$	实型(6,2)	$NH_3\text{-}N$,单位:mg/L

属性字段分层	字段中文名称	字段英文名称	字段类型及长度	备注
		海洋_水文水质站		
规模	水文水质站_总磷	RECON_TP	实型(6,2)	以 P 计,单位:mg/L
	水文水质站_总氮	RECON_TN	实型(6,2)	单位:mg/L
	水文水质站_铜	RECON_Cu	实型(6,2)	单位:mg/L
	水文水质站_锌	RECON_Zn	实型(6,2)	单位:mg/L
	水文水质站_氟化物	RECON_F	实型(6,2)	以 F 计,单位:mg/L
	水文水质站_硒	RECON_Se	实型(6,2)	单位:mg/L
	水文水质站_砷	RECON_As	实型(6,2)	单位:mg/L
	水文水质站_汞	RECON_Hg	实型(6,2)	单位:mg/L
	水文水质站_镉	RECON_Cd	实型(6,2)	单位:mg/L
	水文水质站_铬(六价)	RECON_Cr	实型(6,2)	单位:mg/L
	水文水质站_铅	RECON_Pb	实型(6,2)	单位:mg/L
	水文水质站_氰化物	RECON_CN	实型(6,2)	单位:mg/L
	水文水质站_挥发酚	RECON_PHENOL	实型(6,2)	单位:mg/L
	水文水质站_石油类	RECON_OIL	实型(6,2)	单位:mg/L
	水文水质站_阴离子表面活性剂	RECON_SURF	实型(6,2)	单位:mg/L
	水文水质站_硫化物	RECON_S	实型(6,2)	单位:mg/L
	水文水质站_粪大肠菌群	RECON_COLIFORM	实型(10)	单位:个/L
	水文水质站_硫酸盐	RECON_SO	实型(6,2)	以 SO_4^{2-} 计,单位:mg/L
	水文水质站_氯化物	RECON_CL	实型(6,2)	以 Cl^- 计,单位:mg/L
	水文水质站_硝酸盐	RECON_NO	实型(6,2)	以 N 计,单位:mg/L
	水文水质站_铁	RECON_Fe	实型(6,2)	单位:mg/L
	水文水质站_锰	RECON_Mn	实型(6,2)	单位:mg/L
	水文水质站_非常规指标检出项数量	RECON_UNCON_DETE_NUMB	实型(3)	非常规指标检出项的数量
	水文水质站_非常规指标检出项名称	RECON_UNCON_DETE_NAME	字符型(300)	列出非常规指标检出项的名称
	水文水质站_非常规指标未检出项数量	RECON_UNCON_NODETE_NUMB	实型(3)	非常规指标未检出项的数量
	水文水质站_非常规指标未检出项名称	RECON_UNCON_NODETE_NAME	字符型(300)	列出非常规指标未检出项的名称

海洋_水文水质站

属性字段分层	字段中文名称	字段英文名称	字段类型及长度	备注
规模	水文水质站_非常规指标达标率	RECON_UNCON_STAND	实型(2,2)	百分数
	水文水质站_非常规指标占标率	RECON_UNCON_PER	实型(2,2)	百分数
	水文水质站_非常规指标超标率	RECON_UNCON_EXC	实型(2,2)	百分数
时间	水文水质站_测量时间	RECON_MEASURE_TIME	时间型	
	水文水质站_设站时间	RECON_ESSTYM	日期型	
	水文水质站_撤站时间	RECON_WSTTYM	日期型	
状态	水文水质站_管理单位	RECON_DEPARTMENT	字符型(30)	
其他				

表 4.3-4 气象站属性字段表

海洋_气象站

属性字段分层	字段中文名称	字段英文名称	字段类型及长度	备注
名称	气象站_名称	METE_NAME	字符型(30)	
方位	气象站_经度	METE_ESLO	字符型(30)	
	气象站_纬度	METE_NTLA	字符型(30)	
规模	气象站_温度	METE_TEMP	实型(6,2)	单位:℃
	气象站_雨量	METE_RAIN	实型(6,2)	单位:mm
	气象站_风速	METE_WIND_VELO	实型(6,2)	单位:m/s
	气象站_风向	METE_WIND_DIREC	字符型(30)	
	气象站_气压	METE_PRE	实型(6,2)	单位:Pa
时间	气象站_测量时间	METE_MEASURE_TIME	时间型	
	气象站_设站时间	METE_ESSTYM	日期型	
	气象站_撤站时间	METE_WSTTYM	日期型	

表 4.3-5　入江海排污口属性字段表

海洋_入江海排污口

属性字段分层	字段中文名称	字段英文名称	字段类型及长度	备注
名称	入海排污口_名称	SEWAGE_NAME	字符型(30)	
方位	入海排污口_位置	SEWAGE_POSITION	字符型(30)	排污口所属污水处理厂
类型	入海排污口_排放方式	SEWAGE_DISCHARGE_WAY	字符型(30)	污水处理厂排放方式
	入海排污口_排放标准	SEWAGE_DISCHARGE_STANDARD	字符型(30)	污水处理厂排放标准
规模	入海排污口_水量	SEWAGE_AMOUNT	实型(10,2)	单位:m^3
	入海排污口_BOD_5	SEWAGE_BOD_5	实型(6,2)	单位:mg/L
	入海排污口_SS	SEWAGE_SS	实型(6,2)	单位:mg/L
	入海排污口_COD_{Cr}	SEWAGE_COD_{Cr}	实型(6,2)	单位:mg/L
	入海排污口_NH_3	SEWAGE_NH_3	实型(6,2)	单位:mg/L
	入海排污口_TN	SEWAGE_TN	实型(6,2)	单位:mg/L
	入海排污口_TP	SEWAGE_TP	实型(6,2)	单位:mg/L
时间	入海排污口_监测时间	SEWAGE_MONITOR_TIME	时间型	
	入海排污口_设立时间	SEWAGE_CONS_TIME	时间型	

表 4.3-6　入海河流属性字段表

海洋_入海河流

属性字段分层	字段中文名称	字段英文名称	字段类型及长度	备注
名称	入海河流_名称	SEARIVER_NAME	字符型(30)	
方位	入海河流_地理位置	SEARIVER_POSITION	字符型(300)	河流位置描述
类型	入海河流_泵闸类型	SEARIVER_GATE_TYPE	字符型(30)	河流闸类型
规模	入海河流_水闸规模	SEARIVER_GATE_SIZE	字符型(30)	水闸规模
	入海河流_泵站规模	SEARIVER_PUMP_SIZE	字符型(30)	泵站规模
	入海河流_等级	SEARIVER_GRADE	字符型(30)	
	入海河流_流量	SEARIVER_Q	实型(10,2)	单位:m^3
	入海河流_水温	RECON_TEMP	实型(5,2)	单位:℃
	入海河流_PH	RECON_PH	实型(2,1)	无量纲
	入海河流_溶解氧	RECON_DO	实型(6,2)	单位:mg/L
	入海河流_高锰酸盐指数	RECON_COD_MN	实型(6,2)	单位:mg/L

海洋_入海河流				
属性字段分层	字段中文名称	字段英文名称	字段类型及长度	备注
规模	入海河流_化学需氧量	RECON_COD_Cr	实型(6,2)	COD_{Cr},单位:mg/L
	水文水质站_五日生化需氧量	RECON_BOD5	实型(6,2)	BOD_5,单位:mg/L
	入海河流_氨氮	RECON_NH3-N	实型(6,2)	NH_3-N,单位:mg/L
	入海河流_总磷	RECON_TP	实型(6,2)	以P计,单位:mg/L
	入海河流_总氮	RECON_TN	实型(6,2)	单位:mg/L
	入海河流_铜	RECON_Cu	实型(6,2)	单位:mg/L
	入海河流_锌	RECON_Zn	实型(6,2)	单位:mg/L
	入海河流_氟化物	RECON_F	实型(6,2)	以F计,单位:mg/L
	入海河流_硒	RECON_Se	实型(6,2)	单位:mg/L
	入海河流_砷	RECON_As	实型(6,2)	单位:mg/L
	入海河流_汞	RECON_Hg	实型(6,2)	单位:mg/L
	入海河流_镉	RECON_Cd	实型(6,2)	单位:mg/L
	入海河流_铬(六价)	RECON_Cr	实型(6,2)	单位:mg/L
	入海河流_铅	RECON_Pb	实型(6,2)	单位:mg/L
	入海河流_氰化物	RECON_CN	实型(6,2)	单位:mg/L
	入海河流_挥发酚	RECON_PHENOL	实型(6,2)	单位:mg/L
	入海河流_石油类	RECON_OIL	实型(6,2)	单位:mg/L
	入海河流_阴离子表面活性剂	RECON_SURF	实型(6,2)	单位:mg/L
	入海河流_硫化物	RECON_S	实型(6,2)	单位:mg/L
	入海河流_粪大肠菌群	RECON_COLIFORM	实型(10)	单位:个/L
	入海河流_硫酸盐	RECON_SO	实型(6,2)	以SO_4^{2-}计,单位:mg/L
	入海河流_氯化物	RECON_CL	实型(6,2)	以Cl^-计,单位:mg/L
	入海河流_硝酸盐	RECON_NO	实型(6,2)	以N计,单位:mg/L
	入海河流_铁	RECON_Fe	实型(6,2)	单位:mg/L
	入海河流_锰	RECON_Mn	实型(6,2)	单位:mg/L
时间	入海河流_监测时间	SEARIVER_MONITOR_TIME	时间型	

表 4.3-7　海岸线属性字段表

海洋_海岸线

属性字段分层	字段中文名称	字段英文名称	字段类型及长度	备注
名称	海岸线_名称	COAST_NAME	字符型(30)	
方位	海岸线_地理位置	COAST_POSITION	字符型(300)	所在位置描述
	海岸线_坐标范围	COAST_RANGE	字符型(300)	起点、终点
规模	海岸线_长度	COAST_LENGTH	实型(10,2)	单位:km
时间	海岸线_测量时间	COAST_TIME	日期型	

表 4.3-8　丁坝属性字段表

海洋_丁坝

属性字段分层	字段中文名称	字段英文名称	字段类型及长度	备注
名称	丁坝_名称	VDIKE_NAME	字符型(30)	
方位	丁坝_行政隶属	VDIKE_DIST	字符型(10)	丁坝所在区县
	丁坝_所在桩号	VDIKE_CODE	字符型(10)	堤防桩号
规模	丁坝_长度	VDIKE_LENGTH	实型(10,2)	单位:m
	丁坝_坝根顶高程	VDIKE_ALT_BP	实型(4,2)	单位:m
	丁坝_坝头顶高程	VDIKE_ALT_EP	实型(4,2)	单位:m
	丁坝_坡比	VDIKE_RATIO_SLO	字符型(10)	
型式(形式)	丁坝_坝面结构	VDIKE_STRUCTURE	字符型(30)	
时间	丁坝_建造时间	VDIKE_TIME_BLD	日期型	
	丁坝_改造时间	VDIKE_TIME_RBD	日期型	
状态	丁坝_现状情况	VDIKE_CONDITION	字符型(30)	

表 4.3-9　顺坝属性字段表

海洋_顺坝

属性字段分层	字段中文名称	字段英文名称	字段类型及长度	备注
名称	顺坝_名称	TDIKE_NAME	字符型(30)	
方位	顺坝_行政隶属	TDIKE_DIST	字符型(10)	顺坝所在区县
	顺坝_起桩号	TDIKE_MILES_B	字符型(10)	
	顺坝_讫桩号	TDIKE_MILES_E	字符型(10)	

海洋_顺坝

属性字段分层	字段中文名称	字段英文名称	字段类型及长度	备注
规模	顺坝_长度	·TDIKE_LENGTH	实型(10,2)	单位:m
	顺坝_坝顶高程	TDIKE_ALT_BP	实型(4,2)	单位:m
	顺坝_坝基础高程	TDIKE_ALT_EP	实型(4,2)	单位:m
	顺坝_内坡比	TDIKE_RATIO_ISLO	字符型(10)	
	顺坝_外坡比	TDIKE_RATIO_OSLO	字符型(10)	
型式(形式)	顺坝_坝面结构	TDIKE_STRUCTURE	字符型(30)	
时间	顺坝_建造时间	TDIKE_TIME_BLD	日期型	
	顺坝_改造时间	TDIKE_TIME_RBD	日期型	
状态	顺坝_现状情况	TDIKE_CONDITION	字符型(30)	

表 4.3-10　格坝属性字段表

海洋_格坝

属性字段分层	字段中文名称	字段英文名称	字段类型及长度	备注
名称	格坝_名称	IDIKE_NAME	字符型(30)	
方位	格坝_行政隶属	IDIKE_DIST	字符型(10)	格坝所在区县
	格坝_连接顺坝	IDIKE_TDIKE	字符型(20)	格坝连接顺坝名称
	格坝_所在桩号	IDIKE_CODE	字符型(10)	堤防桩号
规模	格坝_长度	IDIKE_LENGTH	实型(10,2)	单位:m
	格坝_坝根顶高程	IDIKE_ALT_BP	实型(4,2)	单位:m
	格坝_坝头顶高程	IDIKE_ALT_EP	实型(4,2)	单位:m
	格坝_坡比	IDIKE_RATIO_SLO	字符型(10)	
型式(形式)	格坝_坝面结构	IDIKE_STRUCTURE	字符型(30)	
时间	格坝_建造时间	IDIKE_TIME_BLD	日期型	
	格坝_改造时间	IDIKE_TIME_RBD	日期型	
状态	格坝_现状情况	IDIKE_CONDITION	字符型(30)	

表 4.3-11 海底管线属性字段表

	海洋_海底管线			
属性字段分层	字段中文名称	字段英文名称	字段类型及长度	备注
名称	海底管线_名称	PIPELINE_NAME	字符型(30)	
方位	海底管线_地理位置	PIPELINE_POSITION	字符型(300)	坐标点
	海底管线_登陆点 X 坐标	PIPELINE_X	实型(10,2)	
	海底管线_登陆点 Y 坐标	PIPELINE_Y	实型(10,2)	
类型	海底管线_类型	PIPELINE_TYPE	整型(1)	1—光缆，2—电缆，3—天然气管，4—原油管，5—其他
规模	海底管线_长度	PIPELINE_LENGTH	实型(10,2)	单位:km
	海底管线_管径	PIPELINE_DIAMEYER	实型(6,2)	单位:m
	海底管线_管顶高程	PIPELINE_ALTITUDE	实型(6,2)	单位:m
	海底管线_保护范围	PIPELINE_RANGE	实型(6,2)	单位:m,管线两侧保护范围总宽度
时间	海底管线_铺设时间	PIPELINE_TIME	日期型	

表 4.3-12 桥梁隧道属性字段表

	海洋_桥梁隧道			
属性字段分层	字段中文名称	字段英文名称	字段类型及长度	备注
名称	桥梁隧道_名称	BRIDGETUNNEL_NAME	字符型(30)	
方位	桥梁隧道_地理位置	BRIDGETUNNEL_POSITION	字符型(300)	坐标点
	桥梁_主通航孔位置	BRIDGETUNNEL_CHANNEL_POSITION	字符型(30)	
类型	桥梁隧道_类型	BRIDGETUNNEL_TYPE	整型(1)	1—桥梁，2—隧道
规模	桥梁隧道_长度	BRIDGETUNNEL_LENGTH	实型(8,2)	单位:km
	桥梁隧道_宽度	BRIDGETUNNEL_WIDTH	实型(6,2)	单位:m
	桥梁隧道_底高程	BRIDGETUNNEL_BALTITUDE	实型(6,2)	单位:m
	桥梁隧道_顶高程	BRIDGETUNNEL_TALTITUDE	实型(6,2)	单位:m
	桥梁_主通航孔通航能力	BRIDGETUNNEL_CHANNEL_ABILITY	字符型(30)	
	桥梁隧道_保护范围	BRIDGETUNNEL_PROTECTION_RANGE	字符型(30)	
时间	桥梁隧道_建设时间	BRIDGETUNNEL_TIME	日期型	

表 4.3-13　码头属性字段表

海洋_码头

属性字段分层	字段中文名称	字段英文名称	字段类型及长度	备注
名称	码头_名称	WHARF_NAME	字符型(30)	
方位	码头_地理位置	WHARF_POSITION	字符型(300)	坐标点
类型	码头_类型	WHARF_TYPE	整型(2)	1—集装箱,2—散货,3—杂货,4—滚装,5—危险品,6—其他
规模	码头_宽度	WHARF_WIDTH	实型(8,2)	单位:m
	码头_引桥长度	WHARF_BRIDGE_LENGTH	实型(8,2)	单位:m
	码头_前沿维护水深	WHARF_DEPTH	实型(8,2)	单位:m
形式	码头_形状	WHARF_SHAPE	字符型(20)	F、L、T形等
时间	码头_建设时间	WHARF_COMPL_TIME	日期型	
	码头_使用期限	WHARF_USE_TERM	日期型	
状态	码头_管理单位	WHARF_DEPARTMENT	字符型(30)	

表 4.3-14　锚地属性字段表

海洋_锚地

属性字段分层	字段中文名称	字段英文名称	字段类型及长度	备注
名称	锚地_名称	ANCHORAGE_NAME	字符型(30)	
方位	锚地_地理位置	ANCHORAGE_POSITION	字符型(300)	坐标点
类型	锚地_类型(按功能分)	ANCHORAGE_TYPE_FUNCTION	整型(2)	1—待泊锚地,2—作业锚地,3—避风锚地,4—检疫锚地,5—应急锚地
	锚地_类型(按船舶分)	ANCHORAGE_TYPE_SHIP	整型(2)	1—小型船舶锚地,2—中型船舶锚地,3—大型船舶锚地,4—超大型船舶锚地
规模	锚地_面积	ANCHORAGE_AREA	实型(6,2)	单位:km²
状态	锚地_管理单位	ANCHORAGE_DEPARTMENT	字符型(30)	

表 4.3-15 航道属性字段表

海洋_航道

属性字段分层	字段中文名称	字段英文名称	字段类型及长度	备注
名称	航道_名称	CHANNEL_NAME	字符型(30)	
方位	航道_地理位置	CHANNEL_POSITION	字符型(300)	坐标范围,坐标点
规模	航道_等级	CHANNEL_CLASS	字符型(30)	
	航道_维护水深	CHANNEL_DEPTH	实型(8,2)	单位:m
	航道_宽度	CHANNEL_WIDTH	实型(8,2)	单位:m
	航道_保护范围	CHANNEL_RANGE	实型(8,2)	单位:m
状态	航道_管理单位	CHANNEL_DEPARTMENT	字符型(30)	

表 4.3-16 倾倒区属性字段表

海洋_倾倒区

属性字段分层	字段中文名称	字段英文名称	字段类型及长度	备注
名称	倾倒区_名称	DUMP_NAME	字符型(30)	
方位	倾倒区_地理位置	DUMP_POSITION	字符型(300)	坐标范围,坐标点
类型	倾倒区_类型(按时间分)	DUMP_TYPE_TIME	整型(2)	1—海洋倾倒区,2—临时性海洋倾倒区,3—其他
	倾倒区_类型(按倾倒物分)	DUMP_TYPE_METE	整型(2)	1—疏浚物倾倒区,2—建筑垃圾倾倒区,3—骨灰倾倒区,4—放油区,5—其他
规模	倾倒区_面积	DUMP_AREA	实型(8,2)	单位:m²
时间	倾倒区_设立时间	DUMP_ESSTYM	日期型	
状态	倾倒区_管理单位	DUMP_DEPARTMENT	字符型(30)	

表 4.3-17 海上风电场属性字段表

海洋_海上风电场

属性字段分层	字段中文名称	字段英文名称	字段类型及长度	备注
名称	海上风电场_名称	WINDPOWER_NAME	字符型(30)	
方位	海上风电场_地理位置	WINDPOWER_POSITION	字符型(300)	坐标点

海洋_海上风电场				
属性字段分层	字段中文名称	字段英文名称	字段类型及长度	备注
规模	海上风电场_装机规模	WINDPOWER_SIZE	实型(6,2)	单位：万 kW
	海上风电场_用海面积	WINDPOWER_AREA	实型(6,2)	单位：m^2
	海上风电场_风机数量	WINDPOWER_NUMBER	整型(8)	
	海上风电场_单机功率	WINDPOWER_POWER_SINGLE	实型(8,2)	单位：kW
	海上风电场_风机纵向间距	WINDPOWER_DIST_LONG	实型(6,2)	单位：m
	海上风电场_风机横向间距	WINDPOWER_DIST_CROS	实型(6,2)	单位：m
时间	海上风电场_建设时间	WINDPOWER_COMPL_TIME	日期型	
	海上风电场_使用期限	WINDPOWER_USE_TERM	日期型	
状态	海上风电场_管理单位	WINDPOWER_DEPARTMENT	字符型(30)	

（3）标识符号

海洋现状基础类数据对象标识符号共计 23 个，如表 4.3-18 所示。

表 4.3-18　海洋现状基础类数据对象标识符号

序号	对象集分类	对象名称	类型名称	符号	现状 颜色 RGB	备注
1	点状对象	海洋_高程点			(0,0,0)	符号直径 1.0
2		海洋_水文水质站			(255,0,0)	填充等腰倒三角形
3		海洋_气象站			(0,0,0)	
4		海洋_入海排污口			(255,0,0)	
5		海洋_入海河流			(0,255,0)	
6	线状对象	海洋_海岸线			(0,0,0)	线划宽度 0.2
7		海洋_丁坝			(0,0,0)	
8		海洋_顺坝			(0,0,0)	

续表

序号	对象集分类	对象名称	类型名称	符号	现状 颜色 RGB	备注
9	线状对象	海洋_格坝		H	(0,0,0)	
10		海洋_海底管线			(0,0,0)	
11		海洋_桥梁隧道		══ ══	(0,0,0)	
12		海洋_等深线		——	(0,0,255)	线划宽度 0.1
13	面状对象	海洋_等深线海区	海洋_等深线 0～2 m 海区		(235,246,253)	
14			海洋_等深线 2～5 m 海区		(192,226,250)	
15			海洋_等深线 5～10 m 海区		(156,210,246)	
16			海洋_等深线 10～20 m 海区		(124,197,243)	
17			海洋_等深线 20～30 m 海区		(89,187,239)	
18			海洋_等深线 30～50 m 海区		(51,177,236)	
19			海洋_等深线大 于 50 m 海区		(5,169,233)	
20		海洋_航道锚地			(0,0,0)	
21		海洋_倾倒区		⊠	(0,0,0)	
22		海洋_滩涂	现状滩涂		(0,0,0)	按滩涂形状描绘的多边形,内部填充黑色圆点
23		海洋_海上风电场			(0,132,168)	

4.3.2.2 业务专题类数据标准

(1) 清单名录

业务专题类对象共计 7 个,其中线状空间对象 1 个、面状空间对象 6 个。如表 4.3-19

所示。规划数据主要包括海洋功能区划、海塘规划、海洋环境保护规划、海岛规划等规划研究数据。

表 4.3-19　业务专题类数据对象

序号	对象集中文名称	空间对象集	对象集英文名称
1	海洋_海塘	线	H_SEAWALL
2	海洋_滩涂	面	H_SHOALS
3	海洋_海岛	面	H_ISLAND
4	海洋_海洋功能区	面	H_FUNCTION
5	海洋_采砂分区	面	H_EXPLOITATION
6	海洋_海洋环境分级控制区	面	H_ENVIRONMENT
7	海洋_海岸保护和利用	面	H_COASTPLAN

（2）属性字段

7 个业务专题类对象分别对应一张属性表，如表 4.3-20～4.3-26 所示。对象属性信息一般按照名称、方位、类型、规模、型式（形式）、时间、状态、其他等要素排序设置。

表 4.3-20　海塘属性字段表

海洋_海塘

属性字段分层	序号	字段中文名称	字段英文名称	字段类型及长度	备注
名称	1	海塘_名称（＊）	SEAWALL_NAME	字符型(30)	
方位	2	海塘_行政隶属	SEAWALL_DIST	字符型(10)	海塘所在区县
	3	海塘_起桩号	SEAWALL_MILES_B	字符型(10)	整千米数＋米数。如：1＋500 表示 1.5 km
	4	海塘_讫桩号	SEAWALL_MILES_E	字符型(10)	整千米数＋米数。如：3＋500 表示 3.5 km
规模	5	海塘_长度（＊）	SEAWALL_LENGTH	实型(10,2)	单位：m
	6	海塘_内坡比	SEAWALL_RATIO_ISLO	字符型(10)	
	7	海塘_外坡比	SEAWALL_RATIO_OSLO	字符型(10)	
	8	海塘_近堤滩高程	SEAWALL_ALT_BNK	实型(4,2)	单位：m
	9	海塘_底坎面高程	SEAWALL_ALT_BOT	实型(4,2)	单位：m
	10	海塘_护坡顶高程	SEAWALL_ALT_RPK	实型(4,2)	单位：m
	11	海塘_防浪墙顶高程	SEAWALL_ALT_FWPK	实型(4,2)	单位：m
	12	海塘_内坡脚高程	SEAWALL_ALT_IVEG	实型(4,2)	单位：m
	13	海塘_内青坎宽度	SEAWALL_WID_IVEG	实型(4,2)	单位：m
	14	海塘_堤顶路面高程	SEAWALL_ALT_ROAD	实型(4,2)	单位：m

海洋_海塘

属性字段分层	序号	字段中文名称	字段英文名称	字段类型及长度	备注
规模	15	海塘_堤顶路面宽度	SEAWALL_WID_ROAD	实型(4,2)	单位:m
	16	海塘_设计防御标准	SEAWALL_CRIT_DSN	字符型(20)	
	17	海塘_规划防御标准(＊)	SEAWALL_PLAN_DSN	字符型(20)	
型式(形式)	18	海塘_护坡结构形式	SEAWALL_TYPE_REVE	字符型(20)	
时间	19	海塘_建造时间	SEAWALL_TIME_BLD	日期型	
	20	规划水平年(＊)	PLAN_YEAR	字符型(30)	
状态	21	海塘_状态	SEAWALL_STATE	整型(1)	1—现状,2—规划
其他	22	海塘_批复文号	SEAWALL_APPR_REF	字符型(100)	
	23	海塘_批复名称	SEAWALL _APPR_NAME	字符型(100)	

注:"字段中文名称"中带"＊"的为业务专题类数据新增属性字段,未带"＊"的为专业基础类数据属性字段,下同。

表4.3-21　滩涂属性字段表

海洋_滩涂

属性字段分层	序号	字段中文名称	字段英文名称	字段类型及长度	备注
名称	1	滩涂_名称(＊)	SHOALS_NAME	字符型(30)	
	2	促淤区_名称(＊)	SILT_NAME	字符型(30)	
	3	圈围区_名称(＊)	ENCLOSE_NAME	字符型(30)	
方位	4	滩涂_所属区县	SHOALS_DIST	字符型(30)	
	5	促淤区_区域范围(＊)	SILT_RANGE	字符型(300)	坐标范围
	6	圈围区_区域范围(＊)	ENCLOSE_RANGE	字符型(300)	坐标范围
类型	7	滩涂_特征地物	SHOALS_FEATURE	整型(1)	1—沙洲,2—边滩,3—芦苇地,4—丝草地,5—其他
	8	促淤类型(＊)	SILT_TYPE	字符型(30)	1—工程促淤,2—生物促淤
规模	9	滩涂_－5m线以上面积	SHOALS_AREA_－5	实型(6,2)	单位:km²
	10	滩涂_－2m线以上面积	SHOALS_AREA_－2	实型(6,2)	单位:km²
	11	滩涂_0m线以上面积	SHOALS_AREA_0	实型(6,2)	单位:km²
	12	滩涂_2m线以上面积	SHOALS_AREA_2	实型(6,2)	单位:km²
	13	滩涂_3m线以上面积	SHOALS_AREA_3	实型(6,2)	单位:km²

续表

海洋_滩涂

属性字段分层	序号	字段中文名称	字段英文名称	字段类型及长度	备注
规模	14	促淤区_面积（＊）	SILT_AREA	实型(6,2)	单位:km²
	15	圈围区_面积（＊）	ENCLOSE_AREA	实型(6,2)	单位:km²
时间	16	滩涂_测量时间	SHOALS_TIME	日期型	
	17	规划水平年（＊）	PLAN_YEAR	字符型(30)	
状态	18	滩涂_平均高程	SHOALS_ALT_AVE	实型(4,2)	单位:m
	19	滩涂_最高高程	SHOALS_ALT_MAX	实型(4,2)	单位:m
	20	滩涂_最低高程	SHOALS_ALT_MIN	实型(4,2)	单位:m
其他	21	滩涂_批复文号	SHOALS_APPR_REF	字符型(100)	
	22	滩涂_批复名称	SHOALS_APPR_NAME	字符型(100)	

表 4.3-22　海岛属性字段表

海洋_海岛

属性字段分层	序号	字段中文名称	字段英文名称	字段类型及长度	备注
名称	1	海岛_名称（＊）	ISLAND_NAME	字符型(30)	
方位	2	海岛_行政隶属	ISLAND_DIST	字符型(30)	
	3	海岛_边界线	ISLAND_BOUND	字符型(300)	坐标点
	4	海岛_中心点 X 坐标	ISLAND_X	实型(10,2)	
	5	海岛_中心点 Y 坐标	ISLAND_Y	实型(10,2)	
类型	6	海岛_类型（＊）	ISLAND_TYPE	整型(1)	1—有居民海岛,2—无居民海岛
	7	海岛_规划分类（＊）	ISLAND_PLANTYPE	实型(2)	1—领海基点所在海岛,2—国防用途海岛,3—河口、海洋自然保护区内海岛,4—保留类海岛,5—农林牧渔业用岛,6—公共服务用岛
规模	8	海岛_面积	ISLAND_AREA	实型(6,2)	单位:km²
	9	海岛_岸线长度	ISLAND_SHORELINE_LENGTH	实型(8,2)	单位:km
	10	海岛_人口	ISLAND_POPULATION	实型(8)	仅有居民海岛填写
时间	11	规划水平年（＊）	PLAN_YEAR	字符型(30)	

海洋_海岛

属性字段分层	序号	字段中文名称	字段英文名称	字段类型及长度	备注
状态	12	海岛及其周边海域自然属性(*)	ISLAND_NATURAL_ATTRIBTUE	字符型(500)	
	13	海岛_保护和利用现状(*)	ISLAND_PROTECTION_STAUS	字符型(500)	
	14	海岛_规划内容(*)	ISLAND_PLANNING	字符型(500)	
其他	15	海岛_批复文号	ISLAND_APPR_REF	字符型(100)	
	16	海岛_批复名称	ISLAND_APPR_NAME	字符型(100)	

表 4.3-23　海洋功能区属性字段表

海洋_海洋功能区

属性字段分层	序号	字段中文名称	字段英文名称	字段类型及长度	备注
名称	1	海洋功能区_名称(*)	FUNCTION_NAME	字符型(30)	
方位	2	海洋功能区_地区(*)	FUNCTION_DIST	字符型(10)	所在行政区域
	3	海洋功能区_地理范围(*)	FUNCTION_RANGE	字符型(300)	位置描述及坐标范围,参考登记表
类型	4	海洋功能区_功能区类型(*)	FUNCTION_TYPE	实型(2)	1—农渔业区,2—港口航运区,3—工业与城镇用海区,4—矿产与能源区,5—旅游休闲娱乐区,6—河口海洋保护区,7—特殊利用区,8—保留区
规模	5	海洋功能区_面积(*)	FUNCTION_AREA	实型(6,2)	单位:km²
	6	海洋功能区_岸段长度(*)	FUNCTION_SHORELINE_LENGTH	实型(8,2)	单位:km
时间	7	区划水平年(*)	PLAN_YEAR	字符型(30)	
状态	8	海洋功能区_海域使用管理(*)	FUNCTION_MANAGEMENT	字符型(100)	海域使用管理要求,参考登记表
	9	海洋功能区_海洋环境保护(*)	FUNCTION_PROTECTION	字符型(100)	海洋环境保护要求,参考登记表
其他	10	海洋功能区_批复文号	FUNCTION_APPR_REF	字符型(100)	
	11	海洋功能区_批复名称	FUNCTION_APPR_NAME	字符型(100)	

表 4.3-24 采砂分区属性字段表

海洋_采砂分区

属性字段分层	序号	字段中文名称	字段英文名称	字段类型及长度	备注
名称	1	禁采区_名称(＊)	PROHIBITED_NAME	字符型(30)	
	2	可采区_名称(＊)	PERMIT_NAME	字符型(30)	
方位	3	禁采区_坐标范围(＊)	PROHIBITED_RANGE	字符型(300)	
	4	可采区_坐标范围(＊)	PERMIT_RANGE	字符型(300)	
规模	5	禁采区_面积(＊)	PROHIBITED_AREA	实型(6,2)	单位:km²
	6	可采区_面积(＊)	PERMIT_RANGE	实型(6,2)	单位:km²
时间	7	区划水平年(＊)	PLAN_YEAR	字符型(30)	
其他	8	采砂分区_批复文号	FUNCTION_APPR_REF	字符型(100)	
	9	采砂分区_批复名称	FUNCTION_APPR_NAME	字符型(100)	

表 4.3-25 海洋环境分级控制区属性字段表

海洋_环境分级控制区

属性字段分层	序号	字段中文名称	字段英文名称	字段类型及长度	备注
名称	1	海洋环境分级控制区_名称(＊)	ENVIRONMENT_NAME	字符型(30)	
方位	2	海洋环境分级控制区_地理范围(＊)	ENVIRONMENT_RANGE	字符型(300)	位置描述及坐标范围,参考登记表
	3	海洋环境分级控制区_海域名称(＊)	ENVIRONMENT_SEA_NAME	字符型(30)	
类型	4	海洋环境分级控制区_类型(＊)	ENVIRONMENT_TYPE	实型(2)	1—饮用水水源重点保护区,2—临海基点重点保护区,3—河口海洋重点保护区,4—渔业环境控制利用区,5—旅游环境控制利用区,6—农渔业综合治理区,7—港口综合治理区,8—海洋倾废综合治理区,9—海洋工程综合治理区,10—工业与城镇用海综合治理区,11—入海河口监督监控区,12—排污口监督监控区,13—保留区,14—航道预防保留区,15—锚地预防保留区

续表

海洋_环境分级控制区

属性字段分层	序号	字段中文名称	字段英文名称	字段类型及长度	备注
规模	5	海洋环境分级控制区_面积(＊)	ENVIRONMENT_AREA	实型(6,2)	单位:km^2
时间	6	规划水平年(＊)	PLAN_YEAR	字符型(30)	
状态	7	海洋环境分级控制区_质量目标(＊)	ENVIRONMENT_GOAL	字符型(300)	
	8	海洋环境分级控制区_管理要求(＊)	ENVIRONMENT_REQUIREMENT	字符型(500)	
其他	9	海洋环境分级控制区_批复文号	ENVIRONMENT_APPR_REF	字符型(100)	
	10	海洋环境分级控制区_批复名称	ENVIRONMENT_APPR_NAME	字符型(100)	

表 4.3-26　海岸保护和利用属性字段表

海洋_海岸保护和利用

属性字段分层	序号	字段中文名称	字段英文名称	字段类型及长度	备注
名称	1	规划海岸_名称(＊)	COASTPLAN_NAME	字符型(30)	
方位	2	规划海岸_地理位置(＊)	COASTPLAN_POSITION	字符型(300)	所在位置描述
	3	规划海岸_坐标范围(＊)	COASTPLAN_RANGE	字符型(300)	起点~终点坐标
类型	4	规划海岸_岸段类型(＊)	COASTPLAN_TYPE	整型(1)	1—建设岸段,2—围垦岸段,3—港口岸段,4—渔业岸段,5—旅游岸段,6—保护岸段,7—其他岸段
规模	5	规划海岸_长度(＊)	COASTPLAN_LENGTH	实型(10,2)	单位:km
	6	规划海岸_面积(＊)	COASTPLAN_AREA	实型(10,2)	单位:km^2
时间	7	规划水平年(＊)	PLAN_YEAR	字符型(30)	
状态	8	海岸_利用现状及存在问题(＊)	COASTPLAN_STATUS_PROBLEM	字符型(500)	
	9	规划海岸_保护目标和开发建议(＊)	COASTPLAN_PROTECTION_DEVELOPMENT	字符型(500)	
	10	规划海岸_保护与管理措施(＊)	COASTPLAN_PROTECTION_ADMINISTRATION	字符型(500)	
其他	11	规划海岸_批复文号	COASTPLAN_APPR_REF	字符型(100)	
	12	规划海岸_批复名称	COASTPLAN_APPR_NAME	字符型(100)	

（3）标识符号

海洋业务专题类数据对象标识符号共计 43 个，如表 4.3-27 所示。

表 4.3-27　海洋专业对象标识符号表

序号	对象集分类	对象名称	类型名称	符号	规划颜色 RGB	备注
1	线状对象	海洋_海塘		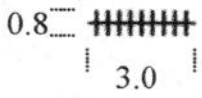		
2	面状对象	海洋_滩涂	促淤区	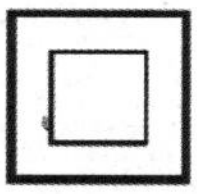	(0,0,0)	
3			圈围区		(0,0,0)	
4		海洋_海岛	海洋_有居民海岛		(125,40,212)	
5			海洋_无居民海岛		(152,231,49)	
6			领海基点所在海岛		(186,92,35)	
7			国防用途海岛		(169,206,152)	
8			河口海洋自然保护区内海岛		(3,216,246)	
9			保留类海岛		(202,60,158)	
10			农林牧渔业用岛		(90,121,30)	
11			公共服务用岛		(233,163,161)	
12		海洋_海洋功能区	农渔业区		(0,217,255)	
13			港口航运区		(166,249,255)	
14			工业与城镇建设区		(221,85,38)	

序号	对象集分类	对象名称	类型名称	符号	规划颜色 RGB	备注
15		海洋_海洋功能区	矿产与能源区		(255,187,0)	
16			旅游娱乐区		(255,166,166)	
17			海洋保护区		(167,255,166)	
18			特殊利用区		(109,97,158)	
19			保留区		(0,119,255)	
20		海洋_采砂分区	禁采区		(255,0,0)	
21			可采区		(0,0,255)	
22	面状对象	海洋_海洋环境保护	饮用水水源重点保护区		(144,193,36)	
23			领海基点重点保护区		(0,90,84)	
24			河口海洋重点保护区		(189,255,159)	
25			渔业环境控制利用区		(0,205,255)	
26			旅游环境控制利用区		(24,131,198)	
27			农渔业综合治理区		(127,198,216)	
28			港口综合治理区		(180,126,190)	
29			海洋倾废综合治理区		(125,66,150)	
30			海洋工程综合治理区		(249,242,147)	
31			工业与城镇用海综合治理区		(253,197,129)	
32			入海河口监督控制区		(183,43,65)	
33			排污口监督控制区		(240,130,0)	
34			保留区		(247,212,212)	

续表

序号	对象集分类	对象名称	类型名称	符号	规划颜色RGB	备注
35	面状对象	海洋_海洋环境保护	航道预防保留区		(124,179,246)	
36			锚地预防保留区		(195,223,201)	
37		海洋_海岸保护和利用	建设岸段		(255,167,127)	
38			港口岸段		(190,255,232)	
39			围垦岸段		(255,195,145)	
40			渔业岸段		(115,178,255)	
41			旅游岸段		(255,190,190)	
42			保护岸段		(204,255,204)	
43			其他岸段		(153,179,77)	

4.4　建设内容

4.4.1　现状基础类数据

4.4.1.1　基础数据

基础数据主要包括陆地、岛屿、省界、骨干河道、湖泊、码头、导堤等地理信息图层。如表 4.4-1 和图 4.4-1～图 4.4-3 所示。

表 4.4-1　地理信息图层属性

序号	图层	类型	属性字段
1	陆地	面	省份、区县、面积
2	岛屿	面	名称、面积
3	省界	线	名称、长度
4	骨干河道	面	名称、长度
5	湖泊	面	名称、面积
6	码头	线	名称
7	导堤	线	名称、长度

续表

序号	图层	类型	属性字段
8	地形	点	地理坐标、水深、年份、基面、资料来源
9	岸线	线	年份、长度

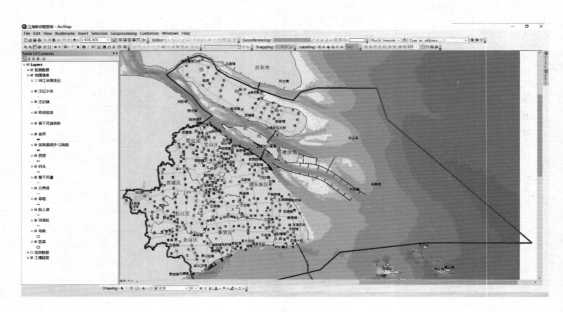

图 4.4-1　地理信息图层

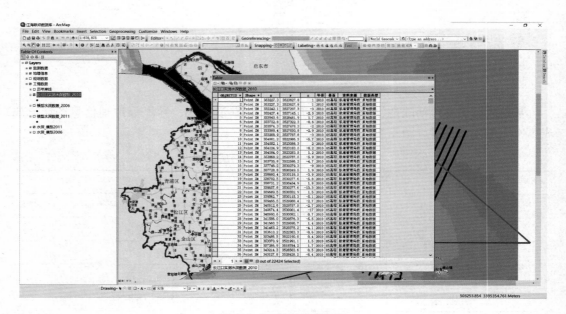

图 4.4-2　地形数据图层

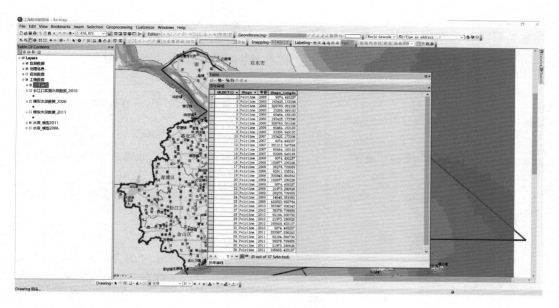

图 4.4-3　历年岸线数据图层

4.4.1.2　监测数据

监测数据主要包括常规监测数据、在线监测数据、专项监测数据和应急监测数据四种类型，如表 4.4-2 和图 4.4-4～图 4.4-11 所示。上海市水务（海洋）信息中心提供了数据库内网下载端口，可选择下载信息中心数据库的气象水文海洋数据。如图 4.4-12 所示。

表 4.4-2　监测数据图层属性

序号	类别	图层	类型	属性字段
1	常规监测数据	常规水位监测站点数据	点	站号、站名、地理位置、时间、水位、基面
		常规流速监测站点数据	点	站号、站名、地理位置、时间、流速
		常规水质监测站位数据	点	站号、站名、地理位置、时间、采样层、盐度、悬浮物、溶解氧、COD_{Mn}、PO_4-P、NO_3-N、NO_2-N、NH_4-N、TN、TP、Oil、Hg、Cu、Zn、Cr、Pb、Cd、As
		常规水质监测断面数据	点	断面名称、垂线编号、层面编号、采样时间、溶解氧、氨氮、高锰酸盐指数、总砷、总汞、镉、铅、铜、总氮、总磷、石油类

续表

序号	类别	图层	类型	属性字段
2	在线监测数据	在线水位监测站点数据	点	站号、站名、地理位置、时间、水位、基面
		在线流速监测站点数据	点	站号、站名、地理位置、时间、流速
		在线水质监测站位数据	点	站号、站名、地理位置、时间、采样层、盐度、悬浮物、溶解氧、COD_{Mn}、PO_4-P、NO_3-N、NO_2-N、NH_4-N、TN、TP、Oil、Hg、Cu、Zn、Cr、Pb、Cd、As
		城镇污水处理厂基本信息	点	污水处理厂名称、设计规模、处理工艺、排放标准、出水排放去处、排放方式
		污水处理厂逐月时间序列数据	点	污水厂名称、时间、运行天数、水量总数、电量、BOD_5、SS、COD_{Cr}、NH_3、TN、TP 等
3	专项监测数据	专项监测水位数据	点	站号、站名、地理位置、时间、水位、基面、数据来源
		专项监测流速数据	点	站号、站名、地理位置、时间、水深、表层流速流向、0.2H 流速流向、0.4H 流速流向、0.6H 流速流向、0.8H 流速流向、底层流速流向、垂线平均流速流向
		专项监测水质数据	点	站号、站名、地理位置、时间、采样层、盐度、悬浮物、溶解氧、COD_{Mn}、PO_4-P、NO_3-N、NO_2-N、NH_4-N、TN、TP、Oil、Hg、Cu、Zn、Cr、Pb、Cd、As
4	应急监测数据	应急监测水位数据	点	测点、地理位置、时间、水位、基面
		应急监测流速数据	点	站号、站名、地理位置、时间、流速
		应急监测水质数据	点	测点、地理位置、时间、应急监测水质数据

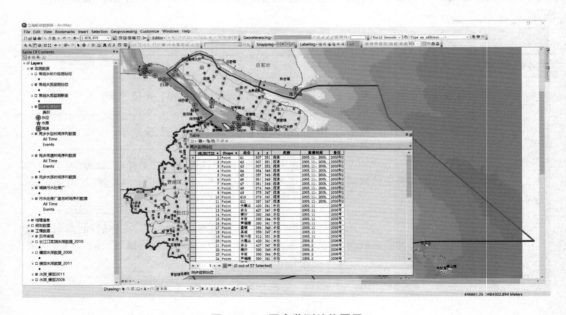

图 4.4-4　同步监测站位图层

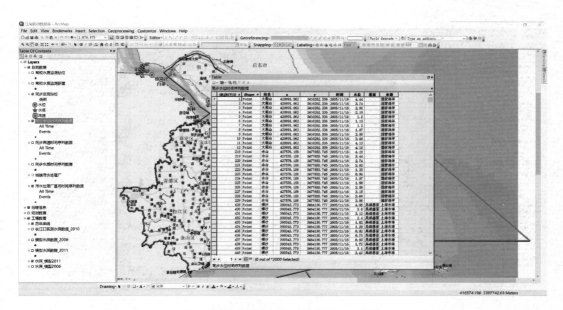

图 4.4-5　同步水位时间序列数据图层

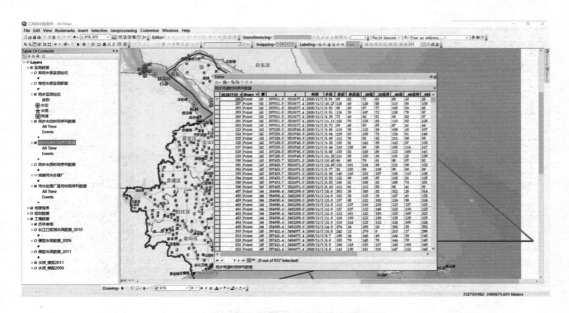

图 4.4-6　同步流速时间序列数据图层

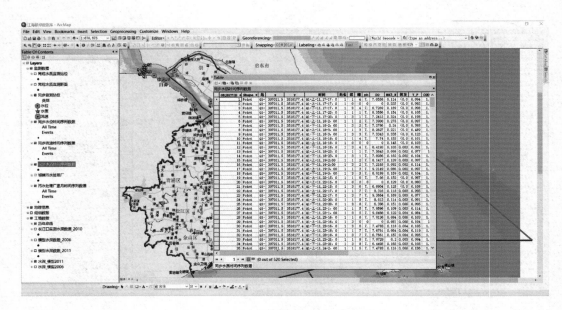

图 4.4-7　同步水质时间序列数据图层

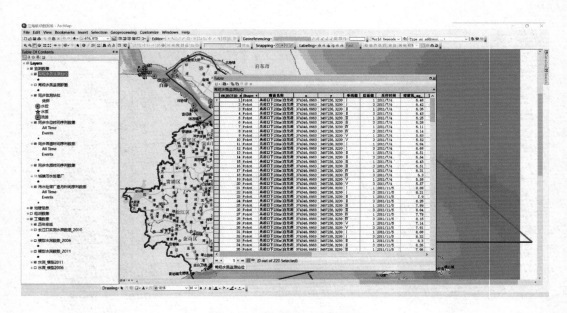

图 4.4-8　水质监测站位图层

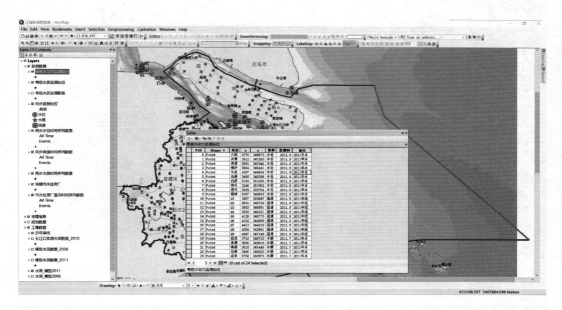

图 4.4-9　水动力监测站位图层

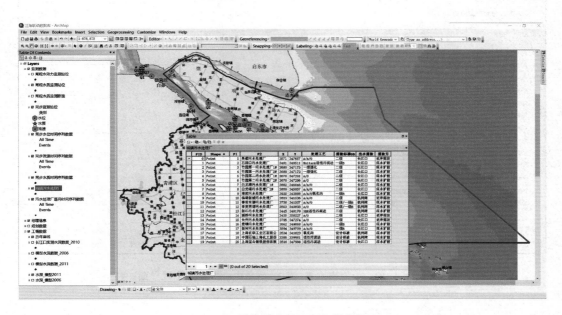

图 4.4-10　城镇污水处理厂规模数据图层

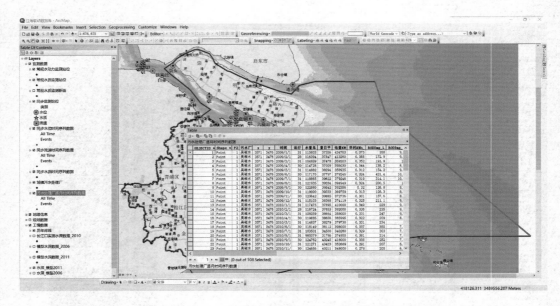

图 4.4-11　城镇污水处理厂逐月水质数据图层

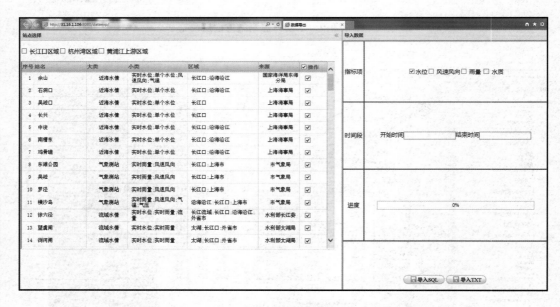

图 4.4-12　上海市水务(海洋)信息中心数据库下载界面

4.4.1.3　用海项目数据

用海项目数据主要包括已确权用海项目的海域使用情况数据,包括项目名称、海域使用类型、用海方式、宗海面积、宗海界址图等。如表 4.4-3 和图 4.4-13 所示。

表 4.4-3　用海项目图层属性

序号	图层	类型	属性字段
1	用海项目	面	序号、项目名称、项目性质、海域使用权人、用海位置、宗海面积、用海类型、用海方式、用海截止期限、海域使用权证书编号（不动产权证书编号）、宗海界址坐标、宗海界址图

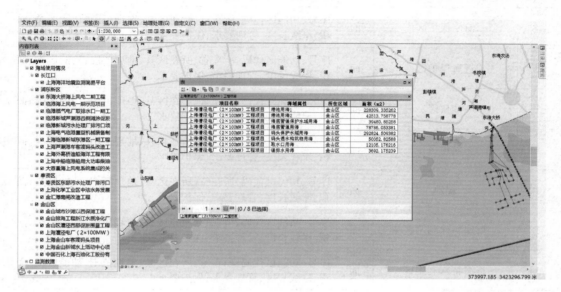

图 4.4-13　用海项目数据

4.4.2　业务专题类数据

　　业务专题类数据主要包括海洋功能区划、海塘规划、海岛规划、海洋环境保护规划等规划研究数据。如表 4.4-4～4.4-7 和图 4.4-14 所示。

表 4.4-4　海洋功能区划数据图层属性

序号	图层	类型	属性字段
1	海洋渔港	面	序号、功能区代码、所在省、所在区县、地理范围、功能区类、面积、岸线长度、管理要求、保护要求
2	海岸围垦区	面	序号、功能区代码、所在省、所在区县、地理范围、功能区类、面积、岸线长度、管理要求、保护要求
3	近海捕捞区	面	序号、功能区代码、所在省、所在区县、地理范围、功能区类、面积、岸线长度、管理要求、保护要求
4	近海养殖区	面	序号、功能区代码、所在省、所在区县、地理范围、功能区类、面积、岸线长度、管理要求、保护要求
5	海岸工业与城镇用海区	面	序号、功能区代码、所在省、所在区县、地理范围、功能区类、面积、岸线长度、管理要求、保护要求

序号	图层	类型	属性字段
6	近海矿产与能源区	面	序号、功能区代码、所在省、所在区县、地理范围、功能区类、面积、岸线长度、管理要求、保护要求
7	海岸旅游休闲娱乐区	面	序号、功能区代码、所在省、所在区县、地理范围、功能区类、面积、岸线长度、管理要求、保护要求
8	海岸保护区	面	序号、功能区代码、所在省、所在区县、地理范围、功能区类、面积、岸线长度、管理要求、保护要求
9	近海保护区	面	序号、功能区代码、所在省、所在区县、地理范围、功能区类、面积、岸线长度、管理要求、保护要求
10	港口区	面	序号、功能区代码、所在省、所在区县、地理范围、功能区类、面积、岸线长度、管理要求、保护要求
11	航运区	面	序号、功能区代码、所在省、所在区县、地理范围、功能区类、面积、岸线长度、管理要求、保护要求
12	锚地	面	序号、功能区代码、所在省、所在区县、地理范围、功能区类、面积、岸线长度、管理要求、保护要求
13	海岸特殊利用区	面	序号、功能区代码、所在省、所在区县、地理范围、功能区类、面积、岸线长度、管理要求、保护要求
14	近海特殊利用区	面	序号、功能区代码、所在省、所在区县、地理范围、功能区类、面积、岸线长度、管理要求、保护要求
15	海岸保留区	面	序号、功能区代码、所在省、所在区县、地理范围、功能区类、面积、岸线长度、管理要求、保护要求
16	近海保留区	面	序号、功能区代码、所在省、所在区县、地理范围、功能区类、面积、岸线长度、管理要求、保护要求

表 4.4-5　海岛规划数据图层属性

序号	图层	类型	属性字段
1	有居民海岛	面	序号、岛名、行政隶属、人口、地理位置、面积(km^2)、岸线长度(km)、海岛及其周边海域自然属性、保护和利用现状、行政级别、规划内容
2	无居民海岛	面	序号、岛名、海岛分类、行政隶属、地理位置、面积(m^2)、岸线长度(m)、海岛及其周边海域自然属性、保护和利用现状、规划内容
3	低潮高地	面	序号、名称、行政隶属、地理位置

表 4.4-6　海塘规划数据图层属性

序号	图层	类型	属性字段
1	现状主海塘	线	序号、名称、规划标准、长度、起始点 X 坐标、起始点 Y 坐标、结束点 X 坐标、结束点 Y 坐标

序号	图层	类型	属性字段
2	现状一线海塘	线	序号、名称、规划标准、长度、起始点 X 坐标、起始点 Y 坐标、结束点 X 坐标、结束点 Y 坐标
3	规划主海塘	线	序号、名称、规划标准、长度、起始点 X 坐标、起始点 Y 坐标、结束点 X 坐标、结束点 Y 坐标
4	规划一线海塘	线	序号、名称、规划标准、长度、起始点 X 坐标、起始点 Y 坐标、结束点 X 坐标、结束点 Y 坐标
5	海塘保护范围	面	序号、名称、面积

表 4.4-7　海洋环境保护规划数据图层属性

序号	图层	类型	属性字段
1	海洋环境分类控制区	面	序号、名称、分类控制区名称、保护目标

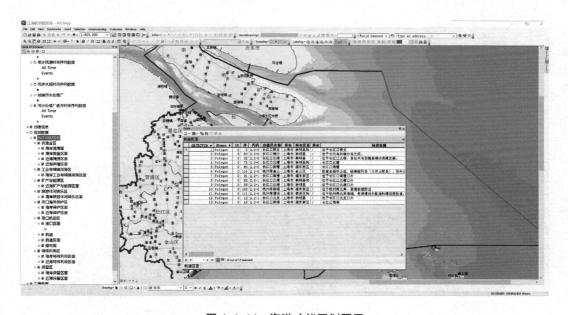

图 4.4-14　海洋功能区划图层

4.4.3　数据库基本功能

4.4.3.1　图形显示

图形显示主要是基于地理信息图层,对数据库中有关水深、水位、流速、水质等空间数据进行直观显示、操作、查询等,实现基本的 GIS 功能。可根据具体项目需求加载必要的陆地、岛屿、岸线、省界、骨干河道、湖泊、码头、导堤等基础地理信息图层,以及模型地形数据、历年岸线数据、城镇污水处理厂数据、水文监测站位的水位和流速数据等专题图层。

4.4.3.2 数据统计

数据统计是基于基础调查数据库,根据需要对相关数据进行分类、分区、分时或分项等统计计算,如对收集的监测数据统计时间分布等相关信息。如图 4.4-15～图 4.4-17 所示。

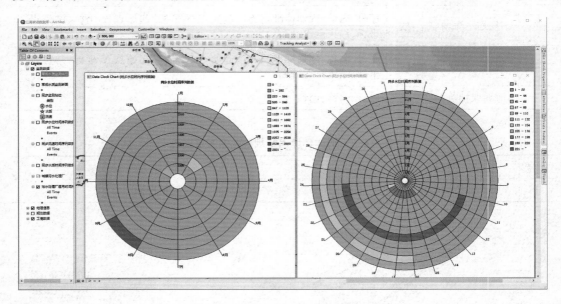

图 4.4-15　水位数据时间分布统计图

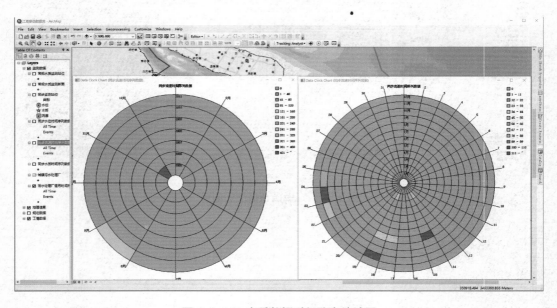

图 4.4-16　水质数据时间分布统计图

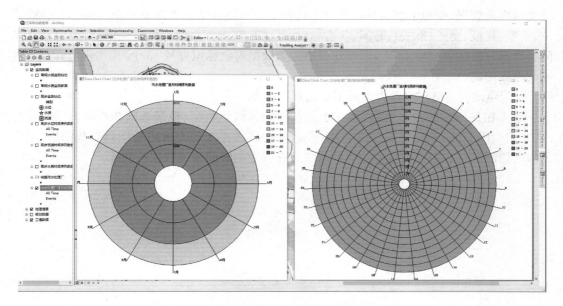

图 4.4-17　污水处理厂水质数据时间分布统计图

4.4.3.3　信息查询

信息查询是基于基础调查数据库,根据需要对相关数据进行分类、分区、分时、分项等有条件地快速查询。如:快捷查询不同年份的地形数据、岸线数据,不同城镇污水处理厂的排污情况数据,各个站点不同时段的水位或流速或水质数据等信息。

4.4.3.4　绘图输出

绘图输出是基于基础调查数据库,将绘制成的各种专题图按需要选择输出。根据需要选择输出全要素地图或者分层专题地图,如行政区划图、模型范围图、统计结果图、水质指标等值线图等等。

4.5　小结

为规范河口海洋水动力水质基础调查数据库建设,加快实现江海联动水动力水质数学模型数据资源整合和安全高效利用,不断提高水动力水质数据查询利用以及建模用模的效率,采用调研分析与顶层设计相结合的方法,研究制定江海联动水动力水质基础调查数据库标准;结合项目开放协作研究和调查收集基础数据共享需求,研发用户通过内网访问局信息中心数据库选择获取数据的接口和界面,利用 GIS 技术,建立相应专题数据库,为建立河口海洋水动力水质模型提供了重要的基础数据支撑。

（1）制定河口海洋水动力水质基础调查数据库建设标准

以国家、市等相关行业部门的信息化技术规范标准和数据库标准为指导,以支撑上海市水务海洋事业可持续发展为目标,按照遵循相关规范标准、突出业务需求导向、注重安全高效利用和加强统筹协调对接的原则,制定了数据库建设标准。设置现状基础类、业务专题类两大类数据,梳理了现状基础类数据对象 16 个,业务专题类对象 7 个,并按照名称、方位、类型、规模、型式(形式)、时间、状态、其他等要素细化各数据对象属性信息;设定现状基础类数据对象标识符号 23 个,海洋业务专题类数据对象标识符号 43 个,用以规范和指导专题数据库的建设。

(2) 建设河口海洋水动力水质基础调查数据库

基于相关所需的水下地形、水文水质和污染源监测数据,根据基础调查数据库建设标准,利用 GIS 技术,建立了基于 ArcGIS 平台的河口海洋水动力水质基础调查数据库,实现了内网访问局信息中心数据库选择获取水文在线监测时间系列数据的功能。

第五章　长江口杭州湾主要水质参数实验研究

水质参数研究是建立江海联动水动力水质模型的关键技术之一，直接影响到各项水质指标模拟的准确度。本章根据长江口杭州湾水文和水环境特点，分区位、分功能选择具有代表性的 7 个点位进行采样，在分析机理及影响因素的基础上，采用系统分解和综合分析相结合，野外实测和室内模拟实验相结合的方法，探讨长江口杭州湾水体中主要污染物的迁移、转化及自净规律，研究长江口杭州湾主要污染物 COD_{Mn}、溶解态和颗粒态 P、N 等转化或衰减系数合理取值范围，为确定水质模型关键技术参数提供了重要基础依据。

5.1　主要水质参数实验方案

5.1.1　采样点位和频次

5.1.1.1　静水实验采样点位和频次

为进行污染物降解系数的静水实验研究，分别在 2012 年的平、丰、枯水期长江口杭州湾代表水域进行了采集水样，具体时间如表 5.1-1 所示。

表 5.1-1　静水实验采样频次

水期	平水期	丰水期	枯水期
时间	2012 年 4 月 15 日 （小潮）	2012 年 9 月 16 日 （大潮）	2012 年 12 月 16 日 （中潮）

采集 6 个点位共 9 个水样，如表 5.1-2 和图 5.1-1 所示，其中长兴岛近岸水域 3# 点位，采集大潮涨急、落急、涨憩、落憩 4 个时刻的水样。

表 5.1-2　静水实验采样点位

编号	点位	地理位置	经纬度
1#	徐六泾	通常汽渡码头	31°45′49.04″N、120°51′01.29″E
2#	石洞口	石洞口车客渡码头	31°28′06.01″N、121°25′00.10″E
3#	长兴岛	车客渡码头	31°21′50.68″N、121°47′14.20″E

编号	点位	地理位置	经纬度
4#	竹园	上海航道局基地码头	31°20′55.92″N、121°37′37.54″E
5#	南汇嘴	芦潮港码头	30°50′37.17″N、121°50′33.56″E
6#	碧海金沙	碧海金沙游艇俱乐部外闸门	30°46′11.66″N、121°27′30.09″E

由 2 组采样人员同时开展采样工作,1#、2#、4#、5#、6# 点为一组 A,3# 点位为另一组 B,A 组采样人员尽量安排在落潮周期内采集完 1#、2#、4#、5#、6# 点位的水样,B 组严格按照涨急、落急、涨憩、落憩 4 个时刻采集 3# 点位的水样。现场采集 0.5 m 表层水,每一点共计 80 L 左右,现场记录采样时间、天气状况、风速、风向、气温、水温、溶解氧、透明度和现场观察的水体状况,并形成现场情况记录。当天所采水样带回实验室,6 个点位的 9 个水样同时开始进行实验。

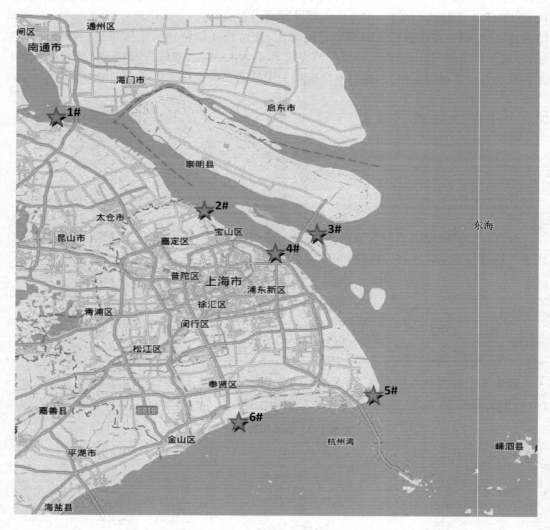

图 5.1-1 长江口杭州湾污染物降解系数静水实验采样点位图

5.1.1.2 动水实验采样点位和频次

为进行污染物降解系数的动水实验研究,选取 4 个点位进行采样,具体位置和采样时间如表 5.1-3、图 5.1-2 所示。

表 5.1-3 动水实验采样点位和采样时间

编号	点位	地理位置	经纬度	采样时间	平均流速(m/s)
1#	东风西沙	东风西沙取水口	31°43′07.82″N、121°15′09.78″E	2016 年 10 月 12 日	0.58
2#	竹园	上海航道局基地码头	31°20′55.92″N、121°37′37.54″E	2016 年 8 月 1 日	0.89
3#	南汇嘴	芦潮港码头	30°50′37.17″N、121°50′33.56″E	2016 年 5 月 23 日	0.93
4#	碧海金沙	碧海金沙游艇俱乐部外闸门	30°46′11.66″N、121°27′30.09″E	2017 年 7 月 17 日	0.78

图 5.1-2 长江口杭州湾污染物降解系数动水实验采样点位图

现场采集 0.5 m 表层水,每一点共计 200 L 左右,现场记录,采样当天时间、天气状况、风速、风向、气温、水温、溶解氧、透明度、现场观察的水体状况,并形成现场情况记录。当天所采水样带回实验室,1 个点位的动水、静水同时开始进行实验。同时通过长江口水动力模型计算出该采样时间和采样点位的平均流速,根据河段水流的水力相似理论、相似条件等,通过深度比尺和流速比尺,对水槽中水流速度进行计算和控制,达到动水水槽中的流速能反映实际情况。

5.1.2 研究方法

污染物进入水环境以后,存在 3 种主要的运动:随环境介质的推流迁移、污染物的扩散以及污染物的转化与衰减,污染物的生物降解、沉降和其他物化过程统一概括为污染物的综合降解系数。根据对水体主要污染物降解系数研究的调研,水质模型参数的研究方法有多种,如理论公式、经验公式估算,野外现场实测、实验室模拟实验,计算机模拟估值等。本书采用野外现场实测和实验室模拟实验相结合的研究方法。

5.1.2.1 实验方法

(1)静水实验

采样后,立刻将水样送至实验室进行模拟实验,同时取一定体积的水样测定其氨氮、硝酸盐氮、亚硝酸盐氮、总氮、总磷、溶解性总磷、溶解性磷酸盐、COD_{Mn}、SS、TOC、IC 作为初始浓度。此后在每天的同一时间利用玻璃容器虹吸实验容器内中下段固定深度的水样,进行氨氮、硝酸盐氮、亚硝酸盐氮、总氮、总磷、溶解性总磷、溶解性磷酸盐、COD_{Mn}、SS、TOC、IC 的实验室监测分析,根据连续的取样监测分析结果,计算得出实验水体中各参数的沉降系数或降解系数。实验照片如图 5.1-3 所示。

图 5.1-3　静水容器图

对于实验持续时间的确定,一方面参考有关细颗粒泥沙沉降过程和水质指标降解过程的相关研究成果,如季民等[26-27]的研究结果表明,在 10 ℃的实验过程中,将 COD_{Mn} 降解周期延长至9 d,发现有机物降解持续到第6 d时,降解速度开始减缓,到第8 d后,基本上趋于稳定;另一方面及时统计分析每天的时间数据,观察各项监测指标结果是否趋于稳定,如果实验数据趋于稳定,证明降解过程完成。

(2) 动水实验

① 采样后,立刻将水样送至实验室进行实验,动水水槽和静水实验容器内同时放入相同高度的水样,动水水槽开始动水实验,动水水槽内流速为根据实际流速换算的槽内流速,静水实验容器内开始静水实验。在同一时间取一定体积的水样测定其氨氮、硝酸盐氮、亚硝酸盐氮、总氮、总磷、溶解性总磷、溶解性磷酸盐、COD_{Mn}、SS 作为初始浓度。

② 此后在每天的同一时间利用玻璃容器虹吸实验水槽和容器内中下段固定深度的水样,进行氨氮、硝酸盐氮、亚硝酸盐氮、总氮、总磷、溶解性总磷、溶解性磷酸盐、COD_{Mn}、SS 等的实验室分析。在实验过程中,每天取样同时用 YSI-58 溶解氧仪,记录实验水体的水温、溶解氧等数据。

③ 通过连续的取样分析监测结果,由数据分析计算得出实验水体中各参数的沉降系数或降解系数。实验照片见图5.1-4。

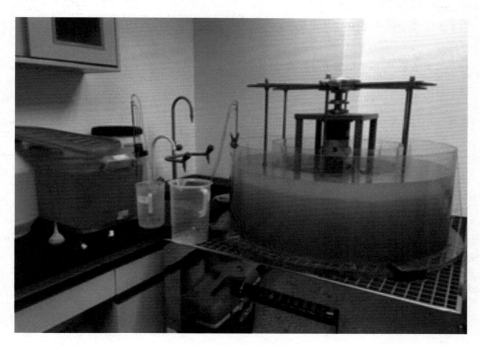

图 5.1-4 污染物降解系数动静水结合实验图

(3) 注意事项

实验过程中需注意的细节:第一,静水实验部分,为避免一切的干扰和搅动,固定一个玻璃管于实验箱内,玻璃管的取水口位于箱底上6 cm,利用虹吸原理完成每次的取样,尽量避免对于水体的搅动;第二,实验关注的是降解系数,为避免其他人员和实验对于本实验的影响,静水对照实验的每个实验箱上需加盖盖子;第三,为避免水样中藻类大量繁殖,在箱体侧面蒙上黑色塑胶口袋,但没有覆盖整个表面造成黑箱情况。

5.1.2.2 水质分析方法

水质指标分析方法和检出限如表 5.1-4 所示。

表 5.1-4 水质分析方法与检出限

类别	检测因子	分析方法	标准	最低检出限(mg/L)
理化指标	悬浮物	重量法	GB/T 11901—1989	4
营养盐指标	氨氮	纳氏试剂分光光度法	HJ/T 535—2009	0.025
	总氮	碱性过硫酸钾消解紫外分光光度法	HJ 636—2012	0.05
	硝酸盐氮	离子色谱法	HJ/T 84—2001	0.02
	亚硝酸盐氮	离子色谱法	HJ/T 84—2001	0.01
	总磷	钼酸铵分光光度法	GB 11893—1989	0.01
	溶解性总磷	钼酸铵分光光度法	《水和废水监测分析方法》(第四版)国家环保总局,2002 年,3.7.3	0.01
	磷酸盐	钼酸铵分光光度法	《水和废水监测分析方法》(第四版)国家环保总局,2002 年,3.7.3	0.01
有机指标	COD_{Mn}	快速消解分光光度法	GB/T 11892—1989	0.5
	TOC	总有机碳分析仪法	HJ 501—2009	0.1
	IC	总有机碳分析仪法	GB 13193—91	0.1

5.2 长江口杭州湾主要污染物形态组成

根据 2012 年水质监测数据分析各水质指标的时空分布特征,反映不同时段和空间内各水质指标的形态组成。

5.2.1 氮、磷营养盐的形态组成

5.2.1.1 氮的形态组成

将长江口杭州湾 6 个采样点 3 个时间段内所有的数据整体进行平均,得到氮的形态构成,如图 5.2-1 所示。长江口杭州湾的总氮中约 86% 的氮以无机氮的形式存在;无机氮中氨氮和亚硝酸盐氮的浓度较低,硝酸盐氮的浓度较高,约占无机氮的 89%,总氮的 77%。受排污口影响的附近水域点位氨氮占比较高;硝酸盐氮从长江口到杭州湾有逐步减少的趋势,长江口平均为 80%,杭州湾平均为 71%,如图 5.2-2 所示。原因主要有以下几个方面:一是上游来水中硝酸盐浓度较高;二是由于受水体浊度的影响,长江口杭州湾浮游生物量较低,因而硝酸盐的迁移机制与生物活性关系不大;三是长江口杭州湾溶解氧浓度较高,氮营养盐的转化过程主要涉及氨氮的硝化反应过程。

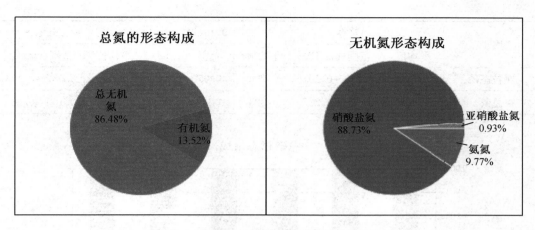

图 5.2-1　长江口杭州湾氮的形态组成总体比例

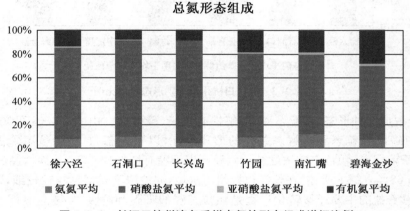

图 5.2-2　长江口杭州湾各采样点氮的形态组成详细比例

5.2.1.2　磷的形态组成

　　按不同的水期(平、丰、枯),分析长江口杭州湾所有监测点位各形态磷,包括磷酸盐、溶解性有机磷、溶解性总磷、颗粒态磷和总磷的浓度范围及平均值,如表 5.2-1 所示。由表可知,溶解性有机磷夏季最高冬季最低,因为溶解性有机磷是生物活动的产物;而磷酸盐呈现相反的规律,夏季较低冬季高,浮游生物在释放出有机磷的同时又要消耗大量的磷酸盐;颗粒态磷夏季最高,主要是因为夏季长江来水量、来沙量、污染物通量与初级生产力均较高。

表 5.2-1　不同形态磷的监测值

因子	2012.4.15(春)		2012.9.16(夏)		2012.12.16(冬)	
	平均值	范围(mg/L)	平均值	范围(mg/L)	平均值	范围(mg/L)
磷酸盐	0.042	0.005～0.059	0.053	0.022～0.075	0.083	0.073～0.093
溶解性有机磷	0.028	0.012～0.057	0.034	0.008～0.083	0.015	0.008～0.029
溶解性总磷	0.070	0.058～0.085	0.087	0.062～0.12	0.098	0.081～0.114

续表

因子	2012.4.15(春)		2012.9.16(夏)		2012.12.16(冬)	
	平均值	范围(mg/L)	平均值	范围(mg/L)	平均值	范围(mg/L)
颗粒态磷	0.070	0.036～0.101	0.136	0.05～0.185	0.130	0.087～0.173
总磷	0.140	0.098～0.237	0.223	0.119～0.363	0.229	0.190～0.266

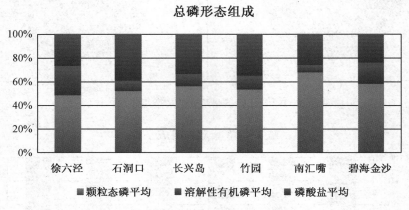

图 5.2-3　长江口杭州湾总磷形态组成比例

总磷分解成三种形态,颗粒态磷、溶解性有机磷、磷酸盐。由图 5.2-3 可知,长江口杭州湾水域中磷以颗粒态和溶解态共存的形式存在,以颗粒态为主,颗粒态磷占到总磷的56.9%,高于溶解态;颗粒态磷浓度从徐六泾到南汇嘴有增加的趋势,从徐六泾的 48% 增加到南汇嘴的 68%。综上所述,在长江口杭州湾水域,泥沙浓度丰富且粒径较细,颗粒态磷浓度较高,磷营养盐的主要迁移转化过程是颗粒态磷的吸附和解吸,伴随着悬浮物的沉降和再悬浮过程。

5.2.2　悬浮物与水质指标的相关性分析

悬浮物的浓度高低和迁移过程对各营养盐的转化过程的影响程度可以通过悬浮物与各主要水质参数的相关分析得出,以悬浮物为横坐标,其他水质指标为纵坐标,对其他的水质指标与悬浮物进行相关分析。如果该水质指标和悬浮物有良好的线性关系,则表示该指标和悬浮物相关关系好,该水质指标降解的过程受到悬浮物沉降的显著影响。

5.2.2.1　含氮指标

所有含氮指标,与悬浮物没有明显的相关关系,表明含氮指标的迁移转化受悬浮物的影响较小。如图 5.2-4 所示。

5.2.2.2　含磷指标

含磷指标中,磷酸盐和溶解性总磷与悬浮物没有明显的相关关系。总磷相对磷酸盐和溶解性总磷与悬浮物的相关关系较强。总磷的降解过程一定程度上受悬浮物沉降的影响。如图 5.2-5 所示。

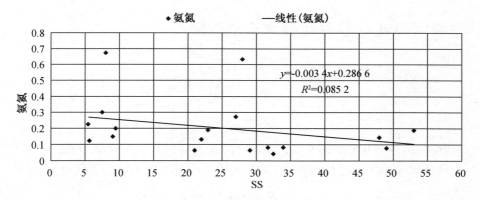

图 5.2-4 悬浮物与氨氮相关性分析

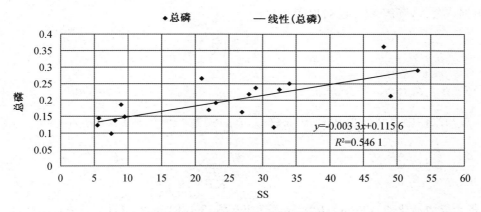

图 5.2-5 悬浮物与总磷相关性分析

5.2.2.3 含碳指标

所有含碳有机物指标,高锰酸盐指数和 TOC 与悬浮物有明显的相关关系。高锰酸盐指数、TOC 的迁移转化过程受到悬浮物沉降的影响。如图 5.2-6 所示。

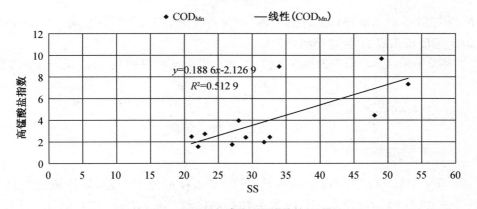

图 5.2-6 悬浮物与高锰酸盐指数相关性分析

5.3 主要污染物降解系数静水实验研究

5.3.1 降解系数的反应动力学模式

5.3.1.1 一级动力学模式

根据目前国内外公开发表的有关污染物降解系数研究的文献调研分析,主要污染物的降解过程,悬浮物、COD_{Mn}、氨氮、无机氮、磷都符合一级反应动力学的变化趋势。

$$S = S_0 e^{-k \cdot t}$$

式中:S_0 为水样某一水质指标的初始浓度,k 为降解系数,t 为降解时间。

根据该公式,降解系数 K 可以表达为:

$$K = \frac{1}{t} \ln\left(\frac{S_0}{S}\right)$$

5.3.1.2 水温的校正

水温与水体中有机物降解速率常数 K 值的关系一般引用经典的 Arrhenius 方程式表示:

$$\frac{\mathrm{d}\ln K_T}{\mathrm{d}T} = \frac{E}{RT^2}$$

式中:E 为反应活化能,kJ/mol;R 为气体反应常数,8 314 J/K·mol;T 为绝对温度,K_T 为温度 T(℃)时的反应速率常数(d^{-1})。

Arrhenius 方程式是生化动力学的重要公式,它揭示污染物反应速率常数对温度的依赖关系,一定温度范围内,N、P 的降解系数 K_T 与温度的关系可根据 Arrhenius 经验公式表示为:

$$K_T = K_{20} \theta^{(T-20)}$$

式中:K_T 为温度 T 时水质指标的降解系数(d^{-1});K_{20} 为温度 20 ℃时水质指标的降解系数(d^{-1});θ 为温度校正因子,无量纲经验常数。

根据实验结果,以 20 ℃作为标准温度,由此求得 θ,从而得到 K_T 与温度 T(℃)的经验关系式。

5.3.2 悬浮物沉降系数

5.3.2.1 悬浮物沉降模拟

2012 年 4 月 15 日监测值,整体偏低,可能与采样期处于小潮,泥沙浓度较低有关。2012 年 9 月 16 日和 2012 年 12 月 16 日悬浮物均值较接近,在 30～35 mg/L 之间。如表 5.3-1 所示。

表 5.3-1　悬浮物浓度监测值

因子	2012.4.15 平水期(小潮)		2012.9.16 丰水期(大潮)		2012.12.16 枯水期(中潮)	
	平均值	范围(mg/L)	平均值	范围(mg/L)	平均值	范围(mg/L)
悬浮物	7.52	5～9	35.1	22～53	31.3	21～48

　　根据文献调研和实验结果,悬浮物的沉降过程符合一级反应动力学模式。悬浮物的沉降分为快速沉降期和慢速沉降期,在快速沉降期中大颗粒悬浮物沉降过程占据主导,悬浮物的快速沉降期基本上一天就能完成。2012 年 4 月 15 日的悬浮物监测值较低,几乎观测不到快速沉降的过程。所以在处理 2012 年 4 月 15 日水样数据的时候,认为其主要过程为慢速沉降过程。如图 5.3-1 至 5.3-6 所示。

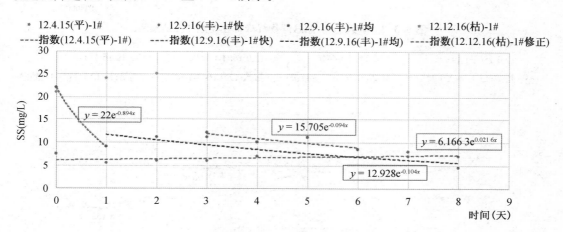

图 5.3-1　徐六泾悬浮物沉降特性模拟计算结果图

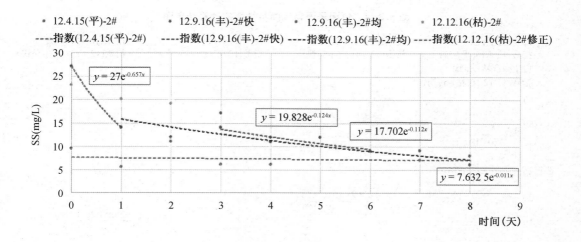

图 5.3-2　石洞口悬浮物沉降特性模拟计算结果图

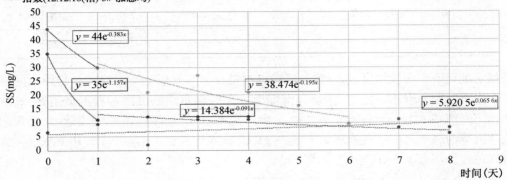

图 5.3-3　长兴岛-涨憩悬浮物沉降特性模拟计算结果图

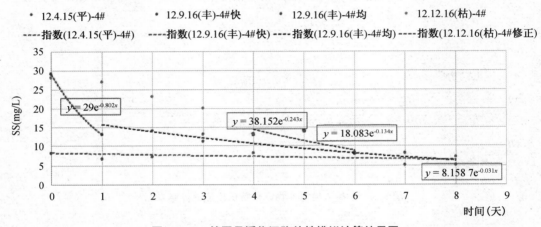

图 5.3-4　竹园悬浮物沉降特性模拟计算结果图

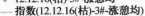

图 5.3-5　南汇嘴悬浮物沉降特性模拟计算结果图

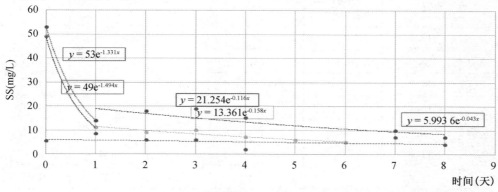

图 5.3-6　碧海金沙悬浮物沉降特性模拟计算结果图

5.3.2.2　悬浮物沉降系数分析

通过实验数据对比和沉降系数模拟计算分析,悬浮物的数据在第 6～8 天下降到最低,此后数据变化较小,可以认为悬浮物一般在 6～8 天内完成了整个沉降过程,悬浮物的快速沉降过程一般发生在第一天内,而后是慢速沉降期;如果悬浮物浓度不高,快速沉降过程不明显,整个过程都可以认为是慢速沉降期,可用一个总的慢速沉降系数描述整个沉降过程。

快速沉降期沉降系数普遍较高,因为实验室的容器情况和现场有很大的差别,实验室为 26 cm 深的静止容器,而现场水体水深远远大于这个数值,且为流动的水体;所以在利用数据和沉降系数公式计算时,需要做一定的修正。如表 5.3-2 所示。

表 5.3-2　悬浮物沉降系数实验结果统计表

点位	实验条件		快速沉降期沉降系数（d^{-1}）	快速沉降期沉降速率（cm/d）	慢速沉降期沉降系数（d^{-1}）	慢速沉降期沉降速率（cm/d）
	水温（℃）	悬浮物初始浓度（mg/L）				
徐六泾	17.2	7.5			0.01	0.22
	22.9	22	0.89	23.24	0.10	2.57
	11.4	21			0.15	3.92
石洞口	17.5	9.5			0.02	0.56
	23.2	27	0.66	17.08	0.12	3.15
	11.4	23			0.16	4.07
长兴岛-涨憩	16.7	6.5			0.02	0.64
	23.5	33	1.16	30.09	0.09	2.25
	11.5	44	0.38	9.96	0.23	5.98

续表

点位	实验条件		快速沉降期沉降系数（d⁻¹）	快速沉降期沉降速率（cm/d）	慢速沉降期沉降系数（d⁻¹）	慢速沉降期沉降速率（cm/d）
	水温（℃）	悬浮物初始浓度（mg/L）				
长兴岛-落急	16.7	5			0.02	0.61
	23.5	33	0.86	22.29	0.10	2.57
	11.2	30	0.41	10.54	0.17	4.45
长兴岛-落憩	16.4	5			0.17	4.30
	23.5	29	0.97	25.20	0.08	1.95
	11.5	29			0.19	5.03
长兴岛-涨急	16.3	6			0.05	1.31
	23.6	30	1.1	28.56	0.09	2.22
	11.8	27	0.2	5.32	0.19	4.95
竹园	17.4	8			0.02	0.43
	23.2	29	0.80	20.86	0.14	3.55
	11.5	28			0.21	5.43
南汇嘴	16.9	9			0.07	1.91
	23.1	48	1.16	30.24	0.14	3.73
	11.2	34	0.75	19.60	0.18	4.68
碧海金沙	16.4	5.5			0.04	1.03
	23.1	53	1.33	34.61	0.10	2.57
	11.1	49	1.49	38.84	0.16	4.10

慢速沉降期中,在水温 22.9～23.6 ℃下,悬浮物初始浓度为 22～53 mg/L,悬浮物沉降速率为 1.95～3.73 cm/d,均值为 2.90 cm/d;在水温 16.4～17.5 ℃下,悬浮物初始浓度为 5～9.5 mg/L,悬浮物沉降速率为 0.22～4.45 cm/d,均值为 1.22 cm/d;在水温 11.1～11.8 ℃下,悬浮物初始浓度为 21～49 mg/L,悬浮物沉降速率为 3.92～5.98 cm/d,均值为 4.73 cm/d。如表 5.3-2 和表 5.3-3 所示。

表 5.3-3　悬浮物沉降系数和速率实验结果统计表

实验条件	水温（℃）			均值
	11.4	16.8	23.3	
快速沉降系数均值(d⁻¹)	0.65		0.99	0.82
快速沉降速率均值(cm/d)	16.85		25.80	21.32
慢速沉降系数均值(d⁻¹)	0.182	0.05	0.107	0.11
慢速沉降速率均值(cm/d)	4.73	1.22	2.73	2.90

根据蒋国俊等[99]实验室模拟实验研究显示,水温是具有阈值型的影响因素,阈值范围超过 25 ℃。根据实验结果,水温在 11.1～23.6 ℃范围内,对悬浮物沉降没有影响。如表 5.3-2 和 5.3-3 所示。长兴岛四个时刻的悬浮物沉降系数差别不大。杭州湾内南汇嘴和碧海金沙的沉降系数明显高于长江口的四个点位,如表 5.3-4 所示。

表 5.3-4　各点悬浮物沉降系数和速率均值

点位	快速沉降期沉降系数(d⁻¹)	快速沉降期沉降速率(cm/d)	慢速沉降期沉降系数(d⁻¹)	慢速沉降期沉降速率(cm/d)
长江口内均值	0.77	19.97	0.11	2.86
杭州湾均值	1.18	30.82	0.12	3.00

5.3.3　含氮污染物降解系数

根据悬浮物与含氮指标的相关性分析,所有含氮指标,与悬浮物没有明显的相关关系。含氮指标的迁移转化受悬浮物沉降的影响很小。所以含氮指标主要考虑生物和化学过程主导的硝化和反硝化过程。

5.3.3.1　氨氮降解系数

（1）氨氮降解模拟

长江口杭州湾水体溶解氧充足,氨氮降解过程主要是硝化反应过程。氨氮的静态降解实验符合一级反应动力学模式,氨氮降解系数的模拟计算结果采用平均综合降解系数来表示。如图 5.3-7～图 5.3-12 所示。

（2）氨氮降解系数分析

通过实验数据对比和降解系数模拟计算得出:氨氮的浓度在第 8 天下降到最低,此后数据变化较小,可以认为氨氮一般在 8 天内完成了整个降解过程,此时用一个总的平均降解系数描述整个降解过程。

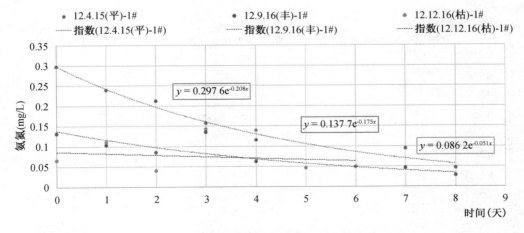

图 5.3-7　徐六泾氨氮降解特性模拟计算结果图

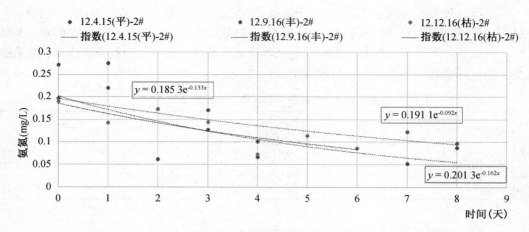

图 5.3-8　石洞口氨氮降解特性模拟计算结果图

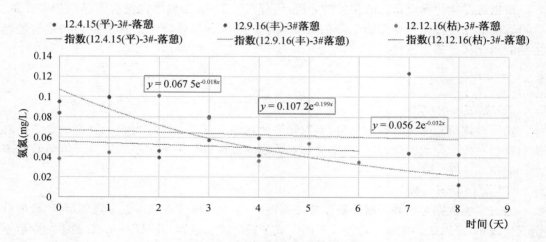

图 5.3-9　长兴岛-落憩氨氮降解特性模拟计算结果图

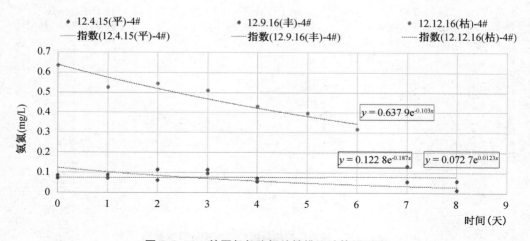

图 5.3-10　竹园氨氮降解特性模拟计算结果图

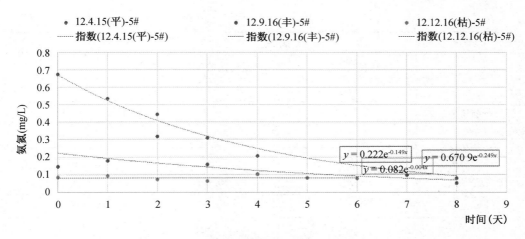

图 5.3-11 南汇嘴氨氮降解特性模拟计算结果图

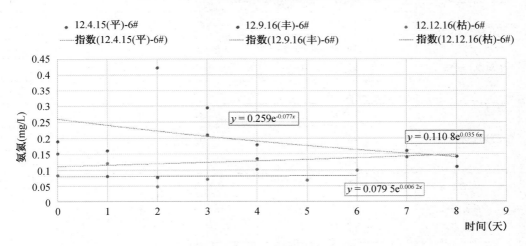

图 5.3-12 碧海金沙氨氮降解特性模拟计算结果图

水温是影响氨氮降解系数的主要因素,在水温 22.9~23.6 ℃下,氨氮降解系数为 0.13~0.43 d^{-1},均值为 0.22 d^{-1};在水温 16.3~17.5 ℃下,氨氮降解系数为 0.04~0.27 d^{-1},均值为 0.13 d^{-1};在水温 11.1~11.8 ℃下,氨氮降解系数为 0.01~0.13 d^{-1},均值为 0.05 d^{-1}。长兴岛各时刻的水样降解系数差异不大,如表 5.3-5 所示。长江口内徐六泾、石洞口、长兴岛、竹园 4 个点位的氨氮降解系数高于杭州湾水域南汇嘴和碧海金沙两个点位的氨氮降解系数,如表 5.3-6 所示。水温变化对氨氮综合降解系数的影响大于空间变化的影响。

表 5.3-5 氨氮降解系数实验结果汇总统计表

点位	实验条件		氨氮综合降解系数（d^{-1}）
	水温（℃）	氨氮初始浓度（mg/L）	
徐六泾	17.2	0.297	0.23
	22.9	0.130	0.19
	11.4	0.07	0.05

点位	实验条件		氨氮综合降解系数(d⁻¹)
	水温(℃)	氨氮初始浓度(mg/L)	
石洞口	17.5	0.197	0.09
	23.2	0.27	0.14
	11.4	0.189	0.13
长兴岛-涨憩	16.7	0.217	0.16
	23.5	0.083	0.24
	11.5	0.062	0.06
长兴岛-落急	16.7	0.101	0.10
	23.5	0.259	0.43
	11.2	0.031	0.04
长兴岛-落憩	16.4	0.084	0.08
	23.5	0.095	0.25
	11.5	0.038	0.01
长兴岛-涨急	16.3	0.084	0.04
	23.6	0.109	0.27
	11.8	0.043	0.02
竹园	17.4	0.673	0.27
	23.2	0.070	0.22
	11.5	0.633	0.12
南汇嘴	16.9	0.150	0.01
	23.1	0.144	0.13
	11.2	0.084	0.01
碧海金沙	16.4	0.224	0.16
	23.1	0.189	0.07
	11.1	0.082	0.04

表 5.3-6 各点氨氮综合降解系数均值

点位	氨氮综合降解系数(d⁻¹)
长江口内均值	0.15
杭州湾均值	0.07

（3）氨氮降解系数温度校正

根据氨氮综合降解系数实验结果，水温对于氨氮降解系数影响较大，考虑到实验测定条件与实际水环境的差异,各点均值总结规律更具科学性,对降解系数随水温的变化做如下校正,如表 5.3-7 所示。

表 5.3-7　氨氮降解系数实验结果统计表

实验条件	水温(℃)		
	11.4	16.8	23.3
综合降解系数均值(d⁻¹)	0.05	0.13	0.22

温度与氨氮反应速率常数 K_T 的关系可以表示为

$$K_T = K_{20}\theta^{(T-20)}$$

K_T 为温度 T 时水质指标的降解系数(d⁻¹);K_{20} 为温度 20 ℃时水质指标的降解系数(d⁻¹);θ 为温度校正因子,无量纲经验常数,根据实验数据计算取 θ 为 1.105。

温度与氨氮降解系数关系式可表达为:

$$K_T = 0.1694 \cdot 1.105^{(T-20)}$$

5.3.3.2　硝酸盐氮实验结果

长江口杭州湾水域溶解氧充足,硝酸盐氮几乎不发生生化降解,硝酸盐氮的增加主要来自氨氮和亚硝酸盐氮的硝化作用,根据长江口杭州湾氮的形态组成分析,氨氮和亚硝酸盐氮占总氮的比例较低,所以反映到实验的结果上,硝酸盐氮的浓度随时间呈现微幅上升的趋势。如图 5.3-13～图 5.3-15 所示。

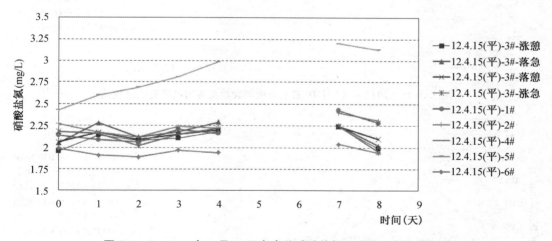

图 5.3-13　2012 年 4 月 15 日各点位硝酸盐氮实验结果变化过程图

5.3.3.3　亚硝酸盐氮实验结果

根据对氨氮和硝酸盐氮降解的分析,亚硝酸盐氮是整个硝化和反硝化过程的中间产物,由于亚硝酸盐氮的浓度较低,所以实验结果不能观察出明显的规律,如图 5.3-16～图 5.3-18 所示。长江口杭州湾水域中氮的各种形态在水体中的转化主要是硝化过程,亚硝酸盐氮的大部分水样数据实验前后变化不大,个别浓度相对较高的数据,实验结束后有一定的下降。

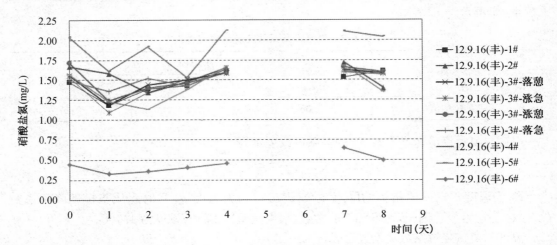

图 5.3-14　2012 年 9 月 16 日各点位硝酸盐氮实验结果变化过程图

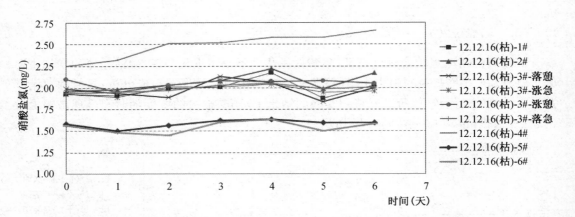

图 5.3-15　2012 年 12 月 16 日各点位硝酸盐氮实验结果变化过程图

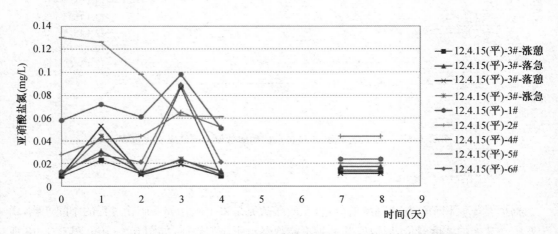

图 5.3-16　2012 年 4 月 15 日各点位亚硝酸盐氮实验结果变化过程图

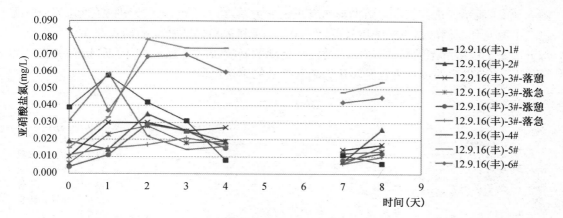

图 5.3-17　2012 年 9 月 16 日各点位亚硝酸盐氮实验结果变化过程图

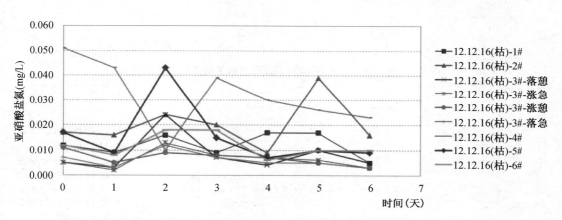

图 5.3-18　2012 年 12 月 16 日各点位亚硝酸盐氮实验结果变化过程图

5.3.3.4　总氮实验结果

总氮的浓度前后总体变化不大,说明总氮实验过程中几乎没有降解的过程,如图 5.3-19～

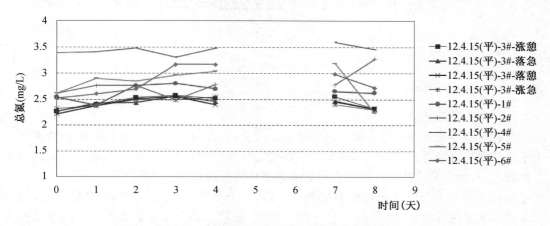

图 5.3-19　2012 年 4 月 15 日各点位总氮实验结果变化过程图

图 5.3-21 所示。这和长江口氮的形态有很大的关系,约 86% 的氮以无机氮的形式存在;无机氮中氨氮和亚硝酸盐氮的浓度较低,约 90% 的无机氮以硝酸盐氮的形式存在。所以绝大部分的氮都以溶解态的形式存在,不受泥沙运动的影响,在生物活动不活跃、溶解氧充足的环境下,主要发生的过程为氨氮转化为硝酸盐氮的硝化过程。

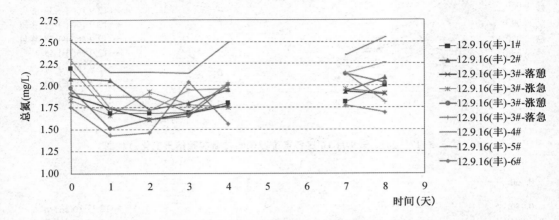

图 5.3-20　2012 年 9 月 16 日各点位总氮实验结果变化过程图

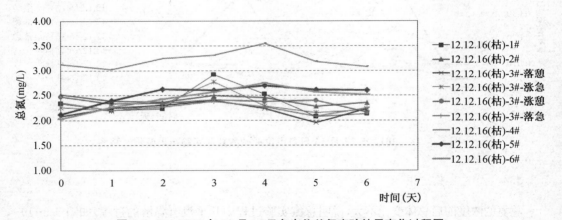

图 5.3-21　2012 年 12 月 16 日各点位总氮实验结果变化过程图

5.3.4　含磷污染物降解系数

5.3.4.1　总磷降解系数

（1）总磷降解模拟

通过对悬浮物和各种形态磷监测值的相关性分析,悬浮物和总磷有相对较好的正相关关系。悬浮物沉降过程将大大影响总磷中颗粒态磷的降解过程,而颗粒态磷又是总磷的主要组成部分,所以悬浮物沉降过程也将影响总磷的降解过程。

总磷在降解期间呈现出较明显的两个阶段,一个是第一天内完成的快速降解期,另一个是其后的慢速降解期,如图 5.3-22～图 5.3-27 所示。部分不能观察出明显两个阶段的总磷实验数据,可以认为在总磷浓度过低的状态下,该点位水样的快速降解期不明晰,整个降解过程以生化降解为主导。

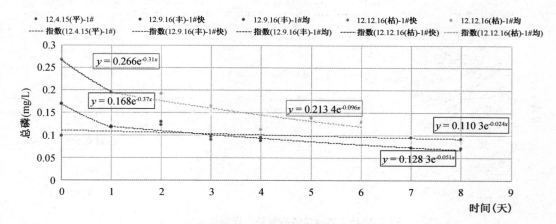

图 5.3-22 徐六泾总磷降解特性模拟计算结果图

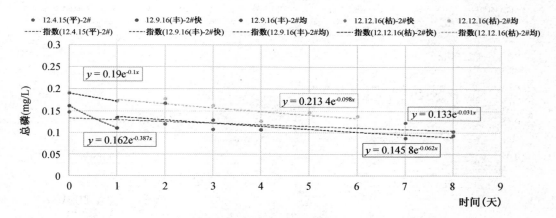

图 5.3-23 石洞口总磷降解特性模拟计算结果图

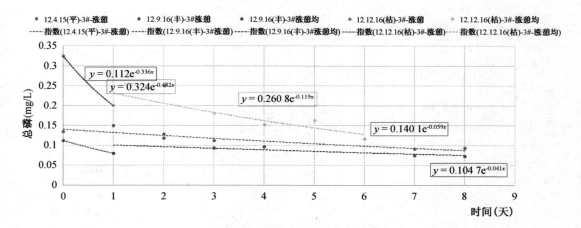

图 5.3-24 长兴岛-涨憩总磷降解特性模拟计算结果图

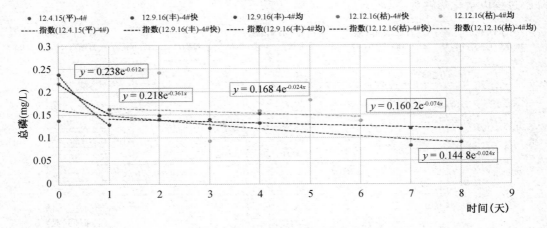

图 5.3-25　竹园总磷降解特性模拟计算结果图

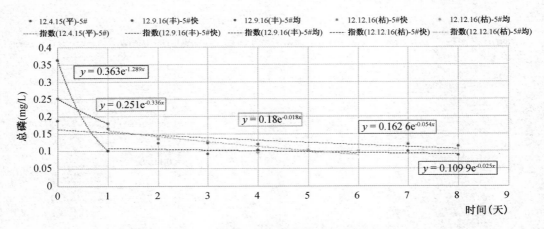

图 5.3-26　南汇嘴总磷降解特性模拟计算结果图

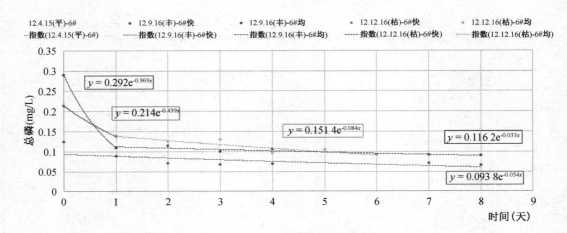

图 5.3-27　碧海金沙总磷降解特性模拟计算结果图

（2）总磷降解系数分析

总磷的沉降规律与悬浮物基本一致。总磷的快速沉降过程一般发生在第一天内，而后是慢速沉降期；如果总磷浓度不高，快速沉降过程不明显，整个过程都可以认为是慢速沉降期，可用一个总的降解系数代表生化降解过程，来描述整个降解过程。如表5.3-8所示。

表 5.3-8　总磷降解系数实验结果汇总统计表

点位	实验条件		快速沉降期总磷降解系数(d^{-1})	慢速沉降期总磷降解系数(d^{-1})
	水温(℃)	总磷初始浓度(mg/L)		
徐六泾	17.2	0.098		0.01
	22.9	0.168	0.37	0.11
	11.4	0.266	0.31	0.08
石洞口	17.5	0.148		0.05
	23.2	0.162	0.39	0.02
	11.4	0.190	0.10	0.05
长兴岛-涨憩	16.7	0.135		0.05
	23.5	0.112	0.34	0.01
	11.5	0.324	0.48	0.11
长兴岛-落急	16.7	0.142		0.06
	23.5	0.138	0.38	0.01
	11.2	0.223	0.19	0.08
长兴岛-落憩	16.4	0.160		0.07
	23.5	0.108	0.26	0.03
	11.5	0.187	0.23	0.04
长兴岛-涨急	16.3	0.138		0.05
	23.6	0.116	0.30	0.03
	11.8	0.195		0.08
竹园	17.4	0.138		0.05
	23.2	0.238	0.61	0.01
	11.5	0.218	0.36	0.02
南汇嘴	16.9	0.186	0.13	0.05
	23.1	0.363	1.29	0.02
	11.2	0.251	0.34	0.12
碧海金沙	16.4	0.124	0.34	0.04
	23.1	0.290	0.97	0.03
	11.1	0.214	0.44	0.08

由表可知,物理沉降主导的快速降解期降解系数普遍较高,平均降解系数为 $0.41\ \mathrm{d}^{-1}$;由生化反应主导的慢速降解期降解系数普遍较低,平均降解系数为 $0.05\ \mathrm{d}^{-1}$。长兴岛各时刻水样的总磷静态降解系数差异不大;空间变化对总磷降解系数有一定影响,长江口内各点的总磷降解系数低于杭州湾内各点;水温对总磷降解系数的影响没有明显的变化,如表 5.3-9 和表 5.3-10 所示。总磷降解在快速降解期,总磷浓度越高降解系数越高,慢速降解(生化降解)期降解系数都较小,在实际应用中建议采用慢速降解期的平均降解系数。

表 5.3-9　总磷 TP 降解系数和速率均值

点位	TP 快速降解期降解系数(d^{-1})	TP 慢速降解期降解系数(d^{-1})
长江口内均值	0.33	0.05
杭州湾均值	0.59	0.06

表 5.3-10　总磷 TP 降解系数实验结果统计表

实验条件	水温(℃)			总磷 TP 降解系数均值
	11.4	16.8	23.3	
快速降解系数均值(d^{-1})	0.306	0.235	0.546	0.41
快速沉降速率均值(cm/d)	7.98	6.10	14.19	10.72
慢速降解系数均值(d^{-1})	0.073	0.048	0.03	0.05

5.3.4.2　磷酸盐实验结果

根据悬浮物与各水质指标的相关性分析,磷酸盐的迁移转化基本不受泥沙的影响,溶解态磷酸盐的主要转化过程为生化反应,磷酸盐浓度随时间呈现微幅上升的趋势,如图 5.3-28～图 5.3-30 所示。

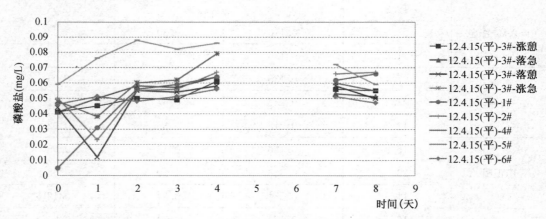

图 5.3-28　2012 年 4 月 15 日各点位磷酸盐实验结果变化过程图

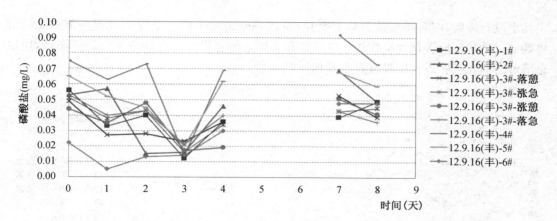

图 5.3-29　2012 年 9 月 16 日各点位磷酸盐实验结果变化过程图

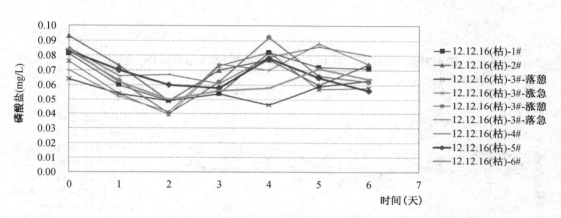

图 5.3-30　2012 年 12 月 16 日各点位磷酸盐实验结果变化过程图

5.3.4.3　总溶解态磷实验结果

根据悬浮物与各水质指标的相关性分析,总溶解态磷的转化不受泥沙的影响。总溶解态磷的浓度随时间变化不大,如图 5.3-31～图 5.3-33 所示。说明总溶解态磷在实验过程

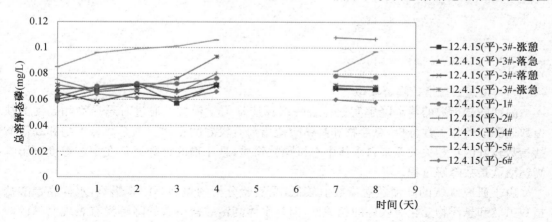

图 5.3-31　2012 年 4 月 15 日各点位总溶解态磷实验结果变化过程图

中几乎没有降解,结合磷酸盐的数据变化,可以判断磷发生的主要反应过程是溶解态的有机磷通过生化反应转化为磷酸盐。磷酸盐和溶解态的有机磷一起构成了总溶解态磷,所以总溶解态磷在实验进程中没有发生变化。

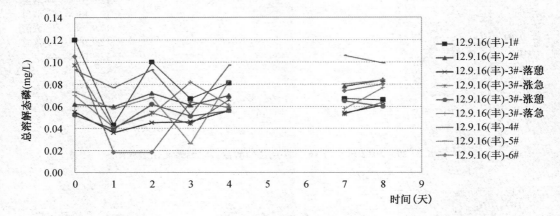

图 5.3-32　2012 年 9 月 16 日各点位总溶解态磷实验结果变化过程图

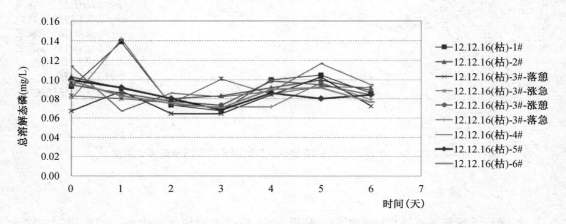

图 5.3-33　2012 年 12 月 16 日各点位总溶解态磷实验结果变化过程图

5.3.5　含碳污染物降解系数

5.3.5.1　高锰酸盐指数降解系数

(1)高锰酸盐指数降解模拟

高锰酸盐指数的静态降解实验符合一级反应动力学模式。通过对悬浮物和高锰酸盐指数监测值的相关性分析,悬浮物和高锰酸盐指数有较好的正相关关系。悬浮物和高锰酸盐指数较好的正相关关系来自水体中有机颗粒物质,悬浮物的沉降过程在一定程度上影响高锰酸盐指数降解过程。

由于研究水域的高锰酸盐指数值较低,受实验分析的误差等因素影响,水样高锰酸盐指数虽然和悬浮物变化有较好的相关性,但是水体高锰酸盐指数的降解没有表现明显的两个降解阶段,所以用高锰酸盐指数综合降解系数来描述其降解全过程较为合理,该过程包含了物理沉降和生化降解两个过程。如图 5.3-34～图 5.3-39 所示。

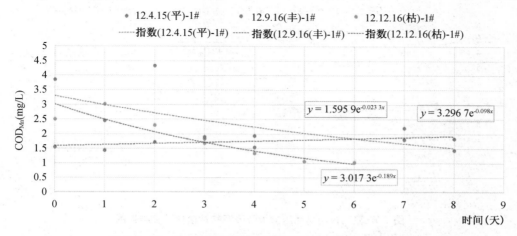

图 5.3-34　徐六泾高锰酸盐指数降解特性模拟计算结果图

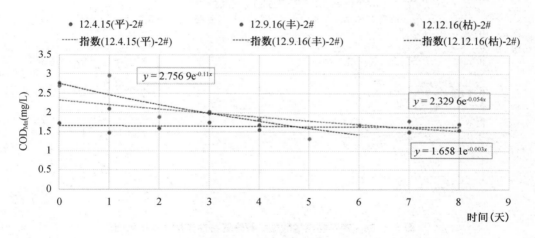

图 5.3-35　石洞口高锰酸盐指数降解特性模拟计算结果图

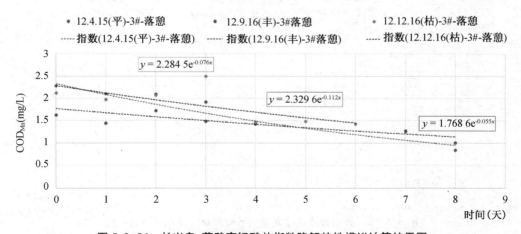

图 5.3-36　长兴岛-落憩高锰酸盐指数降解特性模拟计算结果图

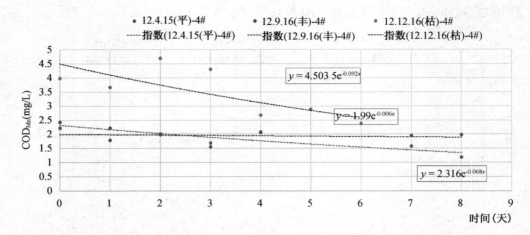

图 5.3-37　竹园高锰酸盐指数降解特性模拟计算结果图

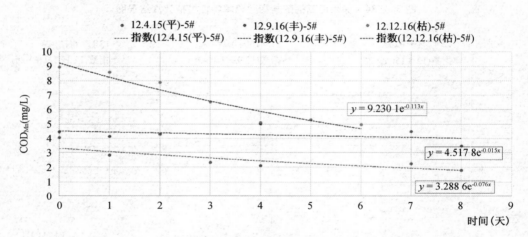

图 5.3-38　南汇嘴高锰酸盐指数降解特性模拟计算结果图

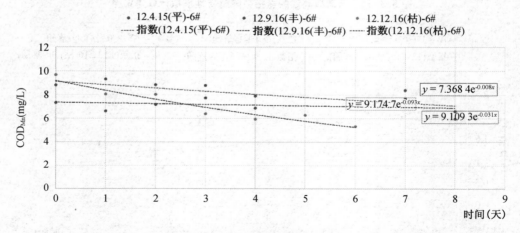

图 5.3-39　碧海金沙高锰酸盐指数降解特性模拟计算结果图

（2）高锰酸盐指数降解系数分析

通过实验数据对比和降解系数模拟计算可知,高锰酸盐指数的数据在第8天下降到最低,此后数据变化很小,可以认为高锰酸盐指数一般在8天内完成了整个降解过程,可用综合降解系数描述整个降解过程。如表5.3-11所示。

表 5.3-11　高锰酸盐指数 COD_{Mn} 降解系数实验结果汇总统计表

点位	实验条件		COD_{Mn}综合降解系数(d^{-1})
	水温(℃)	COD_{Mn}初始浓度(mg/L)	
徐六泾	17.2	3.85	0.12
	22.9	1.90	0.01
	11.4	2.50	0.15
石洞口	17.5	2.76	0.07
	23.2	1.72	0.02
	11.4	2.70	0.08
长兴岛-涨憩	16.7	2.86	0.18
	23.5	2.31	0.03
	11.5	2.76	0.12
长兴岛-落急	16.7	3.37	0.13
	23.5	2.33	0.06
	11.2	2.41	0.10
长兴岛-落憩	16.4	2.28	0.12
	23.5	1.62	0.06
	11.5	2.12	0.07
长兴岛-涨急	16.3	2.22	0.08
	23.6	1.9	0.07
	11.8	2.31	0.06
竹园	17.4	2.22	0.08
	23.2	2.42	0.03
	11.5	3.98	0.09
南汇嘴	16.9	4.04	0.10
	23.1	4.47	0.03
	11.2	8.94	0.10
碧海金沙	16.4	8.78	0.04
	23.1	7.32	0.03
	11.1	9.66	0.10

长兴岛各时刻水样的高锰酸盐指数的降解系数差异不大;各个点位之间的高锰酸盐指数降解系数没有明显差异,空间变化不明显;水温对高锰酸盐指数的降解系数的影响变化也没有规律;如表 5.3-11 和 5.3-12 所示。长江口杭州湾水域高锰酸盐指数的降解系数在实际应用中可考虑采用其均值。

表 5.3-12　高锰酸盐指数降解系数实验结果汇总统计表

实验条件	水温(℃)			均值
	11.4	16.8	23.3	
COD_{Mn}综合降解系数均值(d^{-1})	0.097	0.102	0.038	0.079

5.3.5.2　总有机碳降解系数

（1）总有机碳降解模拟

长江口杭州湾悬浮物中,有机性颗粒的颗粒数占总颗粒数的 $60\%\sim75\%$,粗颗粒物质主要为有机物质（生物残体、小型藻类、无机-有机物集合体）,细颗粒物质主要为黏土矿物、有机物附着（包括细菌）和具有有机裹层的黏土矿物或集合体。

通过对悬浮物和总有机碳监测值的相关性分析,悬浮物和总有机碳有较好的正相关关系。悬浮物的沉降过程对总有机碳中颗粒态有机碳的降解过程有较大影响,而颗粒态有机碳又是总有机碳的主要组成部分,所以悬浮物的沉降过程对总有机碳的降解过程有较大影响,对总有机碳的降解系数的模拟可以参考悬浮物的方式。TOC 的监测结果准确地反映了颗粒有机物的迁移转化过程,以物理沉降为主的快速沉降阶段和生化降解为主的慢速降解过程非常清晰,如图 5.3-40～图 5.3-45 所示。

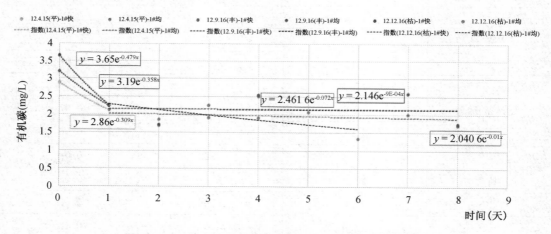

图 5.3-40　徐六泾总有机碳降解特性实验模拟计算结果图

（2）总有机碳降解系数分析

利用总有机碳的所有监测数据和降解系数的实验数据进行总有机碳降解系数计算分析。通过实验数据对比和降解系数实验模拟计算,除个别数据 4～5 天完成整个降解过程外,总有机碳的大部分数据在第 8 天下降到最低,此后浓度保持稳定。总有机碳有非常清晰的发生在第一天内的快速降解过程,以及共计 4～8 天的慢速降解过程,如表 5.3-13 所示。

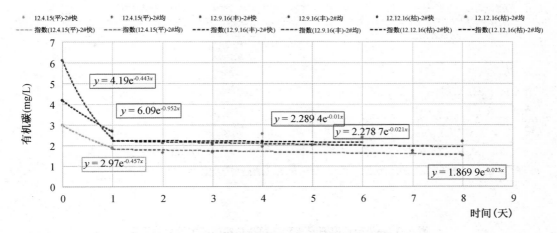

图 5.3-41 石洞口总有机碳降解特性实验模拟计算结果图

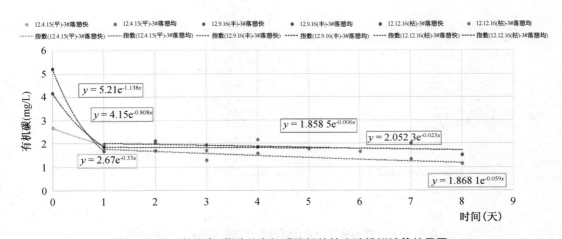

图 5.3-42 长兴岛-落憩总有机碳降解特性实验模拟计算结果图

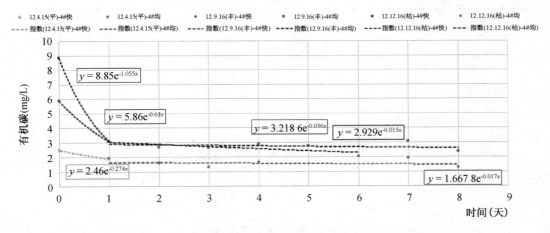

图 5.3-43 竹园总有机碳降解特性实验模拟计算结果图

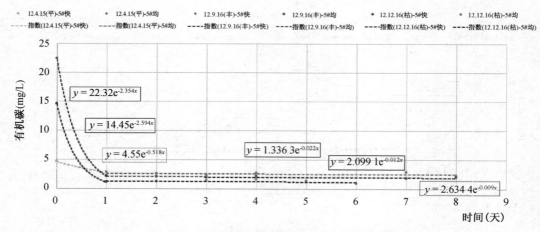

图 5.3-44 南汇嘴总有机碳降解特性实验模拟计算结果图

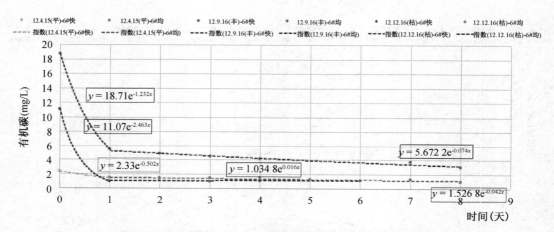

图 5.3-45 碧海金沙总有机碳降解特性实验模拟计算结果图

表 5.3-13 TOC 降解系数实验结果汇总统计表

点位	实验条件		TOC 快速降解期降解系数（d⁻¹）	TOC 慢速降解期降解系数（d⁻¹）
	水温（℃）	TOC 初始浓度（mg/L）		
徐六泾	17.2	2.86	0.31	0.03
	22.9	3.19	0.36	0.04
	11.4	3.65	0.48	0.11
石洞口	17.5	2.97	0.46	0.03
	23.2	6.09	0.95	0.01
	11.4	2.69	0.44	0.02
长兴岛-涨憩	16.7	2.29	0.33	0.03
	23.5	3.24	0.37	0.07
	11.5	9.17	1.57	0.11

续表

点位	实验条件		TOC 快速降解期降解系数(d⁻¹)	TOC 慢速降解期降解系数(d⁻¹)
	水温(℃)	TOC 初始浓度(mg/L)		
长兴岛-落急	16.7	2.05	0.24	0.07
	23.5	3.63	0.61	0.02
	11.2	5.44	1.28	0.02
长兴岛-落憩	16.4	2.67	0.33	0.07
	23.5	4.15	0.81	0.03
	11.5	5.12	1.14	0.002
长兴岛-涨急	16.3	2.46	0.27	0.06
	23.6	5.18	0.93	0.05
	11.8	4.74	0.96	0.06
竹园	17.4	2.46	0.27	0.06
	23.2	5.86	0.65	0.04
	11.5	8.85	1.06	0.09
南汇嘴	16.9	4.55	0.52	0.03
	23.1	22.32	2.35	0.01
	11.2	14.45	2.59	0.04
碧海金沙	16.4	2.33	0.50	0.06
	23.1	18.71	1.23	0.09
	11.1	11.07	2.46	0.06

长兴岛各时刻水样的 TOC 降解系数差异不大,潮汐动力变化对 TOC 静态降解系数影响不大,如表 5.3-13 所示。杭州湾内各点位的 TOC 降解系数明显高于长江口的四个点位,特别是在由物理沉降主导的快速降解期,TOC 初始浓度越高,降解系数越大,如表 5.3-14 所示。各温度条件下 TOC 降解系数接近,水温对于 TOC 的生化降解过程影响变化没有规律,如表 5.3-15 所示。

表 5.3-14　长江口杭州湾水域 TOC 降解系数均值

点位	TOC 快速降解期降解系数(d⁻¹)	TOC 慢速降解期降解系数(d⁻¹)
长江口内均值	0.66	0.05
杭州湾均值	1.61	0.05

表 5.3-15　TOC 降解系数和沉降速率实验结果统计表

实验条件	水温(℃)			均值
	11.4	16.8	23.3	
快速降解系数均值(d⁻¹)	1.33	0.36	0.92	0.87
快速沉降速率均值(cm/d)	34.62	9.34	23.88	22.61
慢速降解系数均值(d⁻¹)	0.06	0.05	0.04	0.05

5.4 主要污染物降解系数动水实验研究

根据长江口杭州湾主要污染物降解系数静水实验研究结果,对比分析长兴岛涨急、落急、涨憩、落憩 4 个时刻水样的降解系数,各水质指标 4 个时刻的静态降解系数差异不大,说明潮动力变化对区域水环境和主要污染物降解系数的影响,仅通过静态降解实验研究还不够完善和充分,静态降解实验不能完全反映部分污染物在实际水流中的降解过程。为此,本书进行了主要污染物降解系数动水实验,研究了动水情况下的主要污染物降解系数。

5.4.1 南汇嘴主要污染物降解系数

南汇嘴悬浮物、高锰酸盐指数、氨氮、总磷降解特性模拟如图 5.4-1~图 5.4-4 所示。

根据主要污染物降解(沉降)特性模拟结果统计各项指标的降解(沉降)系数,如表 5.4-1 所示。

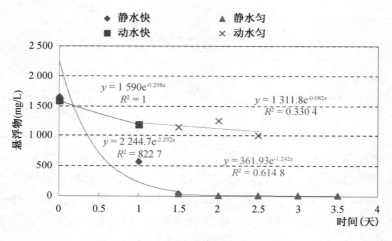

图 5.4-1 南汇嘴悬浮物沉降特性模拟

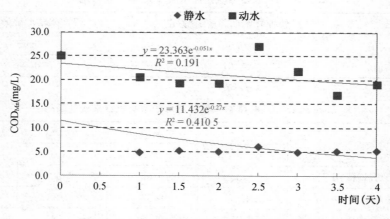

图 5.4-2 南汇嘴高锰酸盐指数降解特性模拟

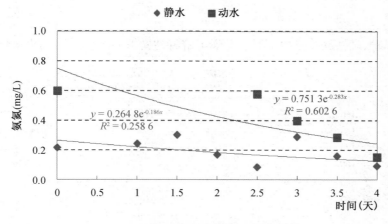

图 5.4-3　南汇嘴氨氮降解特性模拟

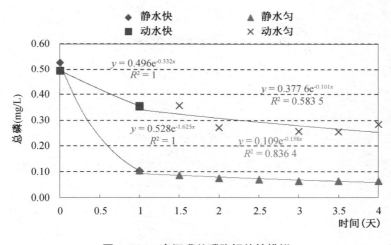

图 5.4-4　南汇嘴总磷降解特性模拟

表 5.4-1　南汇嘴主要污染物降解(沉降)速率

指标	降解速率(d^{-1})	
	动水	静水
悬浮物(沉降速率 m/d)	0.298(快)0.082(匀)	2.292(快)1.242(匀)
高锰酸盐指数	0.051	0.270
氨氮	0.283	0.186
总磷	0.332(快)0.102(匀)	1.625(快)0.158(匀)

悬浮物沉降系数动水快速沉降期 0.298 m/d,动水匀速沉降期 0.082 m/d,静水快速沉降期 2.292 m/d,静水匀速沉降期 1.242 m/d;高锰酸盐指数降解系数动水为 0.051 d^{-1},静水为 0.270 d^{-1};氨氮降解系数动水为 0.283 d^{-1},静水为 0.186 d^{-1};总磷降解系数动水快速降解期 0.332 d^{-1},动水匀速降解期 0.102 d^{-1},静水快速降解期 1.625 d^{-1},静水匀速降解期 0.158 d^{-1}。

5.4.2 竹园主要污染物降解系数

竹园悬浮物、高锰酸盐指数、氨氮、总磷降解特性模拟如图 5.4-5～图 5.4-8 所示。

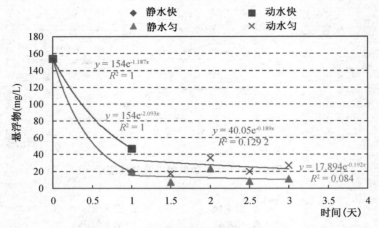

图 5.4-5 竹园悬浮物沉降特性模拟

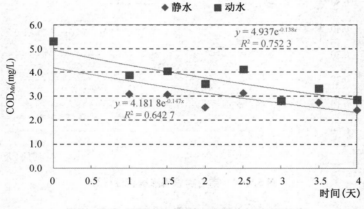

图 5.4-6 竹园高锰酸盐指数降解特性模拟

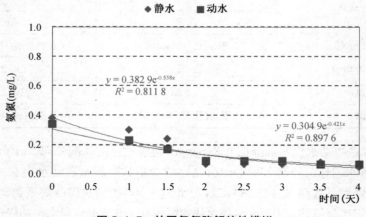

图 5.4-7 竹园氨氮降解特性模拟

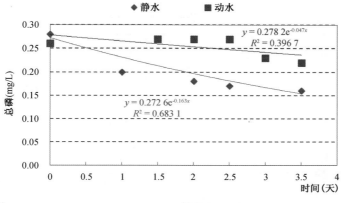

图 5.4-8 竹园总磷降解特性模拟

竹园主要污染物降解（沉降）系数统计如表 5.4-2 所示。

表 5.4-2 竹园主要污染物降解（沉降）速率

指标	降解速率（d^{-1}）	
	动水	静水
悬浮物（沉降速率 m/d）	1.187（快）0.189（匀）	2.093（快）0.192（匀）
高锰酸盐指数	0.138	0.147
氨氮	0.421	0.538
总磷	0.047	0.163

悬浮物沉降系数动水快速沉降期 1.187 m/d，动水匀速沉降期 0.189 m/d，静水快速沉降期 2.093 m/d，静水匀速沉降期 0.192 m/d；高锰酸盐指数降解系数动水为 0.138 d^{-1}，静水为 0.147 d^{-1}；氨氮降解系数动水为 0.421 d^{-1}，静水为 0.538 d^{-1}；总磷降解系数动水为 0.047 d^{-1}，静水为 0.163 d^{-1}。

5.4.3 东风西沙主要污染物降解系数

东风西沙悬浮物、高锰酸盐指数、氨氮、总磷降解特性模拟如图 5.4-9～图 5.4-12 所示。

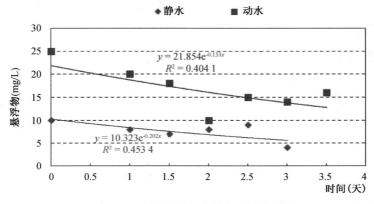

图 5.4-9 东风西沙悬浮物沉降特性模拟

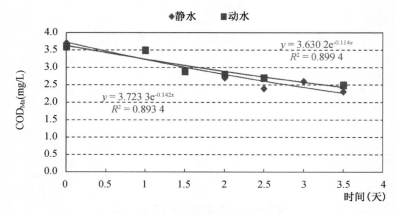

图 5.4-10 东风西沙高锰酸盐指数降解特性模拟

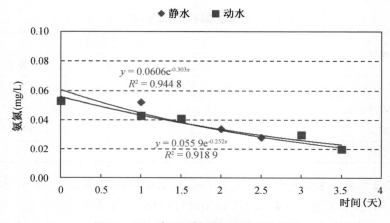

图 5.4-11 东风西沙氨氮降解特性模拟

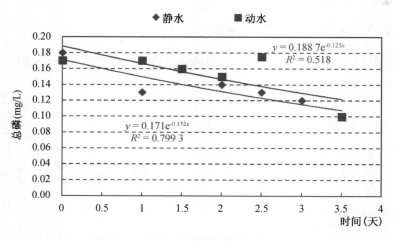

图 5.4-12 东风西沙总磷降解特性模拟

东风西沙主要污染物降解(沉降)系数统计如表 5.4-3 所示。

表 5.4-3　东风西沙主要污染物降解（沉降）速率

指标	降解速率（d^{-1}）	
	动水	静水
悬浮物（沉降速率 m/d）	0.153	0.202
高锰酸盐指数	0.114	0.142
氨氮	0.252	0.303
总磷	0.125	0.183

悬浮物沉降系数动水为 0.153 m/d，静水为 0.202 m/d；高锰酸盐指数降解系数动水为 0.114 d^{-1}，静水为 0.142 d^{-1}；氨氮降解系数动水为 0.252 d^{-1}，静水为 0.303 d^{-1}；总磷降解系数动水为 0.125 d^{-1}，静水为 0.183 d^{-1}。

5.4.4　碧海金沙主要污染物降解系数

碧海金沙悬浮物、高锰酸盐指数、氨氮、总磷降解特性模拟如图 5.4-13～图 5.4-16 所示。

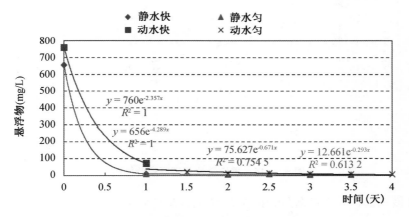

图 5.4-13　碧海金沙悬浮物沉降特性模拟

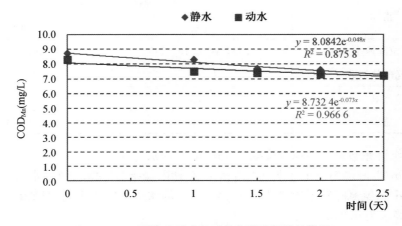

图 5.4-14　碧海金沙高锰酸盐指数降解特性模拟

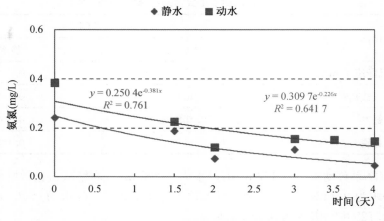

图 5.4-15　碧海金沙氨氮降解特性模拟

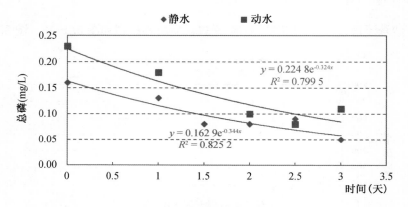

图 5.4-16　碧海金沙总磷降解特性模拟

碧海金沙主要污染物降解(沉降)系数统计如表 5.4-4 所示。

表 5.4-4　碧海金沙主要污染物降解(沉降)速率

指标	降解速率(d^{-1})	
	动水	静水
悬浮物(沉降速率 m/d)	2.357(快)0.167(匀)	4.289(快)0.293(匀)
高锰酸盐指数	0.048	0.073
氨氮	0.226	0.381
总磷	0.324	0.344

　　悬浮物沉降系数动水快速沉降期 2.357 m/d,动水匀速沉降期 0.167 m/d,静水快速沉降期 4.289 m/d,静水匀速沉降期 0.293 m/d;高锰酸盐指数降解系数动水为 0.048 d^{-1},静水为 0.073 d^{-1};氨氮降解系数动水为 0.226 d^{-1},静水为 0.381 d^{-1};总磷降解系数动水为 0.324 d^{-1},静水为 0.344 d^{-1}。

5.5 小结

为探讨长江口杭州湾水体中主要污染物的迁移、转化及自净规律,根据长江口杭州湾水文和水环境特点,在分析机理及影响因素的基础上,采用系统分解和综合分析相结合,野外实测和室内模拟实验相结合的方法,分区位、分功能选择具有代表性的 7 个点位,进行主要污染物的转化或降解(衰减)系数等水质参数实验研究。通过对水样悬浮物、高锰酸盐指数、含氮、含磷及含碳污染物的静水降解实验,计算分析得出了长江口杭州湾水域氮、磷营养盐的形态组成,悬浮物与水质指标浓度之间的相关性,以及相应主要污染物降解规律;通过对水样悬浮物、高锰酸盐指数、氨氮、总磷动静水对比降解实验,计算得到其降解系数的合理取值范围,为确定水质模型关键技术参数提供了重要基础依据。

(1)长江口杭州湾 N、P 营养盐的形态组成

① 氮的形态组成,长江口杭州湾水体的总氮 TN 中约 86% 的氮是以无机氮形式存在;无机氮中又以硝酸盐氮的浓度最高,分别约占无机氮、总氮的 89%、77%;从长江口到杭州湾硝酸盐氮浓度呈减小趋势,长江口平均为 80%,杭州湾平均为 71%。

② 磷的形态组成,长江口杭州湾水体中总磷 TP 以颗粒态和溶解态形式共存,其中颗粒态磷占总磷的 56.9%;颗粒态磷浓度从徐六泾到南汇嘴呈增大趋势(48%～68%)。由于长江口杭州湾水体浑浊,泥沙浓度较大且粒径较细,颗粒态磷浓度较高,因此,对磷营养盐的主要迁移转化过程研究,应重点关注与悬浮物的沉降和再悬浮过程密切相关的颗粒态磷的吸附和解吸作用。

(2)长江口杭州湾悬浮物与水质指标的相关性

含氮指标、磷酸盐和溶解性总磷与悬浮物没有明显的相关关系;总磷、含碳指标 COD_{Mn} 和总有机碳 TOC 与悬浮物有较明显的相关关系,表明总磷、COD_{Mn} 和 TOC 的降解过程在一定程度上受到悬浮物沉降的影响。

(3)长江口杭州湾悬浮物沉降和主要污染物降解规律

水样静态模拟实验的水质监测分析结果表明:

① 悬浮物的沉降过程可分为两个阶段,即为快速沉降期约 1 天和慢速沉降期,悬浮物沉降规律可表示为 $K_{SS} = K_{S1}/H + K_{S2}/H$,式中 K_{SS}、K_{S1}、K_{S2} 分别为悬浮物的总沉降速率、快速沉降期沉降速率(cm/d)、慢速沉降期沉降速率(cm/d),H 为模拟区域水深(cm)。

② 氮营养盐降解过程受悬浮物沉降影响较小,氮的降解过程是以硝化过程为主,即氨氮通过硝化作用转化为亚硝氮、硝氮,总氮保持总体平衡。在氨氮、亚硝氮、硝氮、总氮 4 个指标中,只有氨氮呈现出降解的趋势,可用总的综合降解系数表示:$K = K_{20}\theta^{(T-20)}$,式中 K_{20} 为温度 20 ℃时氨氮的降解系数,θ 为温度校正因子,$\theta = 1.105$。

③ TP、COD_{Mn} 和 TOC 降解受悬浮物沉降影响情况,特别是悬沙含量较高的水样,影响程度更大。TP 和 TOC 有明显的两阶段降解期,两个阶段都有物理沉降和生化降解,快速降解期物理沉降占主导地位,慢速降解期生化过程降解占主导地位;考虑到快速降解期物理沉降、慢速降解期生化降解占主导地位,且两阶段降解期难以区分也无必要细分相应的物理沉降速率和生化降解系数大小,因此,相应污染物降解规律可表示为 $K = K_{Se1} + K_{BO2}$,式中 K_{Se1} 为快速降解期物理沉降速率(d^{-1}),K_{BO2} 为慢速降解期生化降解系数(d^{-1})。

COD_{Mn}由于浓度较低两阶段降解期不明显,可用综合降解系数反映COD_{Mn}降解规律。

(4) 长江口杭州湾水质参数实验研究结果

① 影响主要污染物降解系数的因素:1) 水温,通过 2012 年平、丰、枯三个水期水样的降解系数对比,水温对 TP、COD_{Mn}和 TOC 的降解系数影响没有明显规律;水温是影响氨氮降解系数的主要因素。2) 流速,通过动静水对比实验,流速变化对于悬浮物、COD_{Mn}和 TP 影响较大,动水条件下降解系数低于静水条件,悬浮物、COD_{Mn}和 TP 等指标的降解系数取值多参考动水情况下的降解系数。

② 主要污染物降解系数:氨氮降解系数动水条件下长江口内为 $0.252 \sim 0.421$ d^{-1},杭州湾为 0.226 d^{-1},静水条件下长江口内为 $0.186 \sim 0.538$ d^{-1},杭州湾为 0.381 d^{-1};TP 降解系数动水条件下长江口内为 $0.047 \sim 0.125$ d^{-1},杭州湾为 0.324 d^{-1},静水条件下长江口内为 $0.158 \sim 0.183$ d^{-1},杭州湾为 0.344 d^{-1};COD_{Mn}降解系数动水条件下长江口内为 $0.051 \sim 0.138$ d^{-1},杭州湾为 0.048 d^{-1},静水条件下长江口内为 $0.142 \sim 0.270$ d^{-1},杭州湾为 0.073 d^{-1}。

第六章

江海联动长江口杭州湾水动力水质模型建立

本章基于 ArcGIS 平台的河口海洋水动力水质基础调查数据库,结合长江口杭州湾主要污染物的水质参数实验研究结果,利用国际先进的河口海洋水动力水质模型软件系统 MIKE21 和 MIKE3,建立适应不同工况的二维、三维江海联动水动力水质模型,为后续开展水环境影响及对策研究提供关键技术支撑。

6.1 二维水动力水质模型建立

6.1.1 二维水动力模型方程

在笛卡尔直角坐标系下,根据静压和势流假定,沿垂向平均的二维潮流基本方程,可表述为如下形式:

$$\frac{\partial h}{\partial t} + \frac{\partial h\bar{u}}{\partial x} + \frac{\partial h\bar{v}}{\partial y} = hS \tag{6-1}$$

$$\frac{\partial h\bar{u}}{\partial t} + \frac{\partial h\bar{u}^2}{\partial x} + \frac{\partial h\,\bar{u}\bar{v}}{\partial y} = f\bar{v}h - gh\frac{\partial \eta}{\partial x} - \frac{h}{\rho_0}\frac{\partial p_a}{\partial x} - \frac{gh^2}{2\rho_0}\frac{\partial \rho}{\partial x} + \frac{\tau_{sx}}{\rho_0} - \frac{\tau_{bx}}{\rho_0} - \frac{1}{\rho_0}\left(\frac{\partial s_{xx}}{\partial x} + \frac{\partial s_{xy}}{\partial y}\right) +$$

$$\frac{\partial}{\partial x}(hT_{xx}) + \frac{\partial}{\partial y}(hT_{xy}) + hu_s S \tag{6-2}$$

$$\frac{\partial h\bar{v}}{\partial t} + \frac{\partial h\,\bar{u}\,\bar{v}}{\partial x} + \frac{\partial h\bar{v}^2}{\partial y} = -f\bar{u}h - gh\frac{\partial \eta}{\partial y} - \frac{h}{\rho_0}\frac{\partial p_a}{\partial y} - \frac{gh^2}{2\rho_0}\frac{\partial \rho}{\partial y} + \frac{\tau_{sy}}{\rho_0} - \frac{\tau_{by}}{\rho_0} - \frac{1}{\rho_0}\left(\frac{\partial s_{yx}}{\partial x} + \frac{\partial s_{yy}}{\partial y}\right) +$$

$$\frac{\partial}{\partial x}(hT_{yx}) + \frac{\partial}{\partial y}(hT_{yy}) + hv_s S \tag{6-3}$$

式中:方程中 t 为时间;x、y 为右手 Cartesian 坐标系;η 为水面相对于计算基面的水位;h 为计算基面下的静止水深;$\bar{u}$、$\bar{v}$ 分别为平均水深下的流速在 x、y 方向上的分量,$h\bar{u} = \int_{-d}^{\eta} u\,\mathrm{d}z$,$h\bar{v} = \int_{-d}^{\eta} v\,\mathrm{d}z$;$p_a$ 为当地大气压;ρ 为水密度,ρ_0 为参考水密度;$f = 2\Omega\sin\varphi$ 为 Coriolis 参量(其中 $\Omega = 0.729 \times 10^{-4}\,\mathrm{s}^{-1}$ 为地球自转角速率,φ 为地理纬度);$f\bar{v}$ 和 $f\bar{u}$ 为地球自转引起的

加速度;s_{xx}、s_{xy}、s_{yx}、s_{yy} 为辐射应力分量;T_{xx}、T_{xy}、T_{yx}、T_{yy} 为水平粘滞应力项,S 为源汇项,u_s,v_s 为源汇项水流流速。

6.1.2 二维对流扩散方程

模型对 COD$_{Mn}$ 等可溶性污染物的模拟主要基于以下基本假定:物质守恒或符合一级反应动力学;符合 Fick 扩散定律,即扩散与浓度梯度成正比。

可溶性常规污染物的控制方程为对流扩散方程,可写为如下形式:

$$\frac{\partial C}{\partial t} + u\frac{\partial C}{\partial x} + v\frac{\partial C}{\partial y} = K_x\frac{\partial^2 C}{\partial x^2} + K_y\frac{\partial^2 C}{\partial y^2} - KC + C_2 q \tag{6-4}$$

式中:C——物质浓度(mg/L);u,v——x,y 方向的流速分量(m/s);K_x,K_y——x,y 方向的紊动扩散系数(m²/s);q 为旁侧入流流量(m³/s);C_2 为源/汇浓度(mg/L);K 为降解或衰减系数(1/d)。

6.1.3 模型的设置

6.1.3.1 模型范围

为了提高模型模拟计算的精度,全面反映江海联动、径流潮流的相互影响,合理确定模型范围的开边界至关重要。模型外海开边界一般选择在几乎不受研究区域内引排水影响的外围海域之处,同时兼顾水文、海洋站网布局,易于获取相应边界水文条件资料的需求。因此,模型范围的上边界选为长江下游的大通水文站,下边界东至 123°15′E、南至 29°15′N、北至 32°15′N。模型范围东西方向长约 550 km,南北方向宽约 330 km,包括长江口、杭州湾及其邻近海域。

6.1.3.2 岸线边界

根据模型率定、验证以及模拟计算的需要,收集 2005 年和 2011 年上海河口海洋水下地形。随着长江口深水航道建设、滩涂促淤圈围工程、长江口综合整治工程以及大小洋山深水港建设的推进实施,实际岸线边界也发生相应的调整变化,如图 6.1-1 所示。在模型率定、验证和模拟计算时,上海河口海洋地形资料均采用当年的地形实测资料,所有地形资料都订正到 1985 年国家高程基准面(本书除特别说明外,均采用 1985 年国家高程基准面)。

6.1.3.3 模型网格

根据模型率定、验证计算采用同步水情和工情资料的要求,模型率定验证时采用了两套有限元三角形网格(2005 年和 2011 年)。2005 年网格计算节点 54 695 个,10 多万个三角形单元;2011 年网格计算节点 68 313 个,13 多万个三角形单元。如图 6.1-2～图 6.1-4 所示。模型网格分辨率较高,外海开边界处分辨率约 5 km,南北支、南北港等主要河道分辨率约 300 m,近岸处最小网格间距 100 m,如图 6.1-5-a 和图 6.1-5-b 所示,从局部网格加密图可以看到网格的平滑性和岸线拟合均较好,有利于提高模型的计算精度。

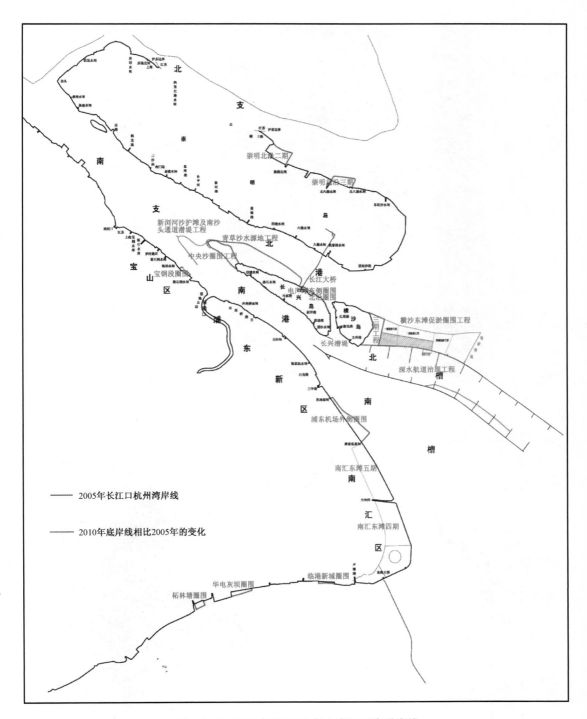

图 6.1-1　2005 年和 2011 年上海河口海洋岸线

　　模型采用干湿判别法来模拟潮滩移动边界,干湿潮滩的临界水深设为 0.1 m。模型的计算时间步长由模型根据最小网格间距计算确定。

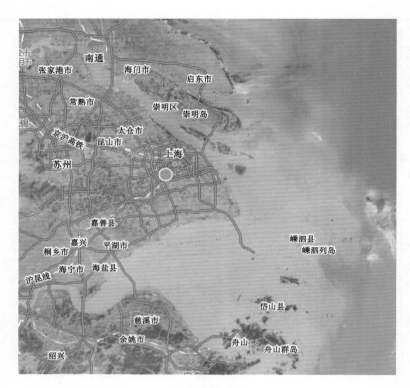

图 6.1-2　上海河口海洋模型地理范围示意图

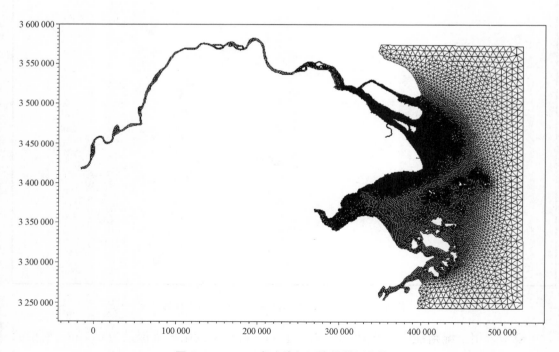

图 6.1-3　2005 年上海河口海洋模型网格

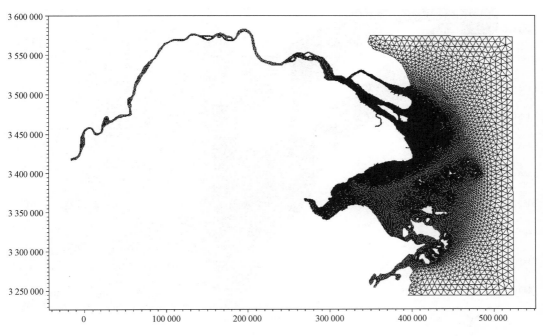

图 6.1-4　2011 年上海河口海洋模型网格

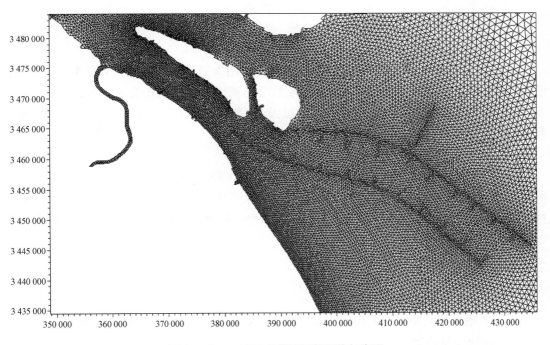

图 6.1-5-a　2005 年模型局部网格加密图

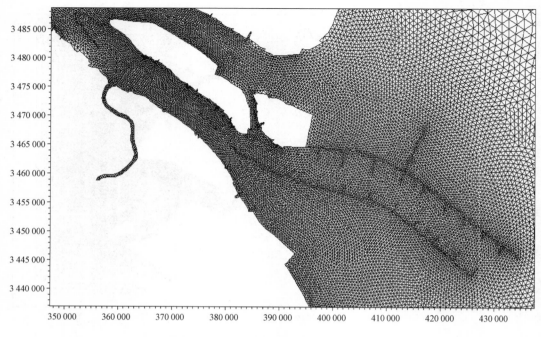

图 6.1-5-b   2011 年模型局部网格加密图

6.1.3.4   边界条件

（1）水动力模型边界条件

长江口上游边界在大通站,其边界水文条件采用大通站实测流量变化过程;杭州湾上游边界条件采用钱塘江口多年平均流量;模型考虑黄浦江出入流的影响,黄浦江边界水文条件采用黄浦公园站相应的实测潮位变化过程;外海边界水文条件采用天文潮调和常数计算的潮位变化过程。

（2）水质模型边界条件

长江口上游边界大通站水质条件采用国家环境保护部《全国主要流域重点断面水质自动监测周报》提供的长江安徽段水质监测资料。钱塘江上游边界水质条件采用《中国海洋环境质量公报》提供的钱塘江入海口水质监测资料。黄浦江边界水质条件采用黄浦公园站的水质监测资料。

6.1.3.5   初始条件

（1）水动力模型初始条件

水动力场模拟初始水位采用研究范围内的实测水位平均值,初始流速均为 0 m/s。

（2）水质模型初始条件

采用由 2009—2011 年长江口杭州湾水质监测数据网格化插值形成的水质浓度平均值作为初始浓度场,如图 6.1-6、图 6.1-7、图 6.1-8 和图 6.1-9 所示,并提前 1 个月进行水动力水质模拟计算,把计算过程中第 1 个月末产生的所有网格单元水质浓度值作为水质模型实际有效的初始浓度场条件,确保水质模型计算稳定和精度更高。

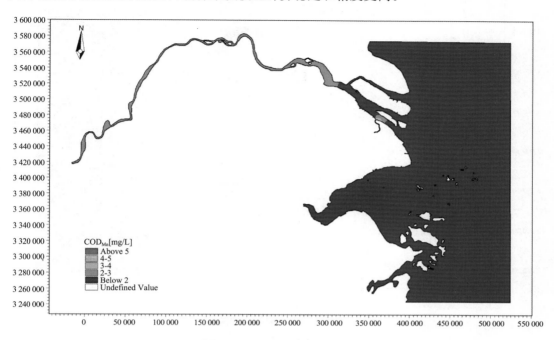

图 6.1-6　COD_Mn初始浓度场

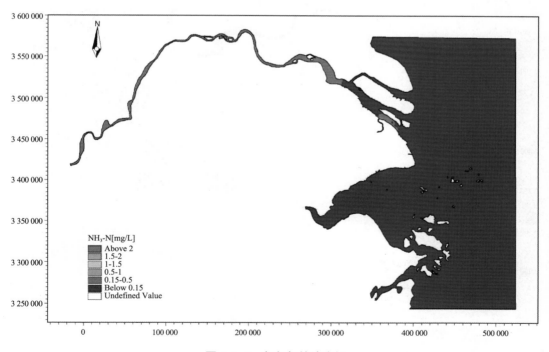

图 6.1-7　氨氮初始浓度场

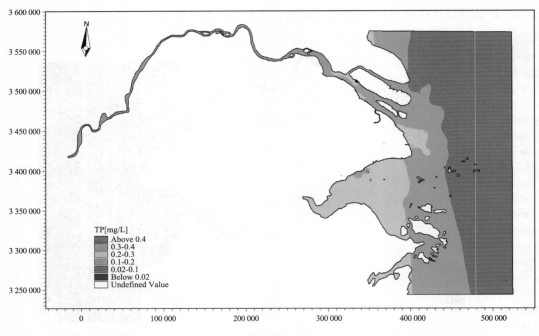

图 6.1-8　总磷初始浓度场

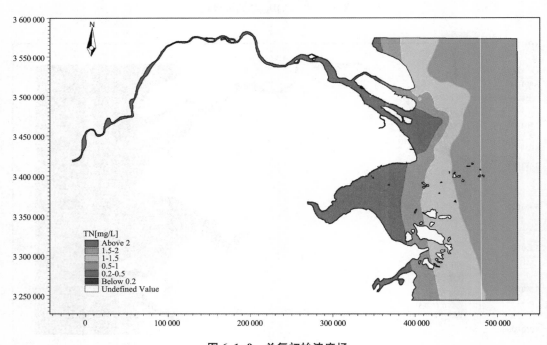

图 6.1-9　总氮初始浓度场

6.1.3.6　污染源

污染源是水质模型模拟计算的关键基础资料,污染源资料的翔实度和可靠度直接影响水质模型的模拟计算精度。根据上海市陆源入海污染物调查分析,以及分片水资源调度方案研究成果,利用排江排海的污水处理厂尾水排放量、入江入海支流污染物通量作为水质模型的点源进行模拟计算分析。如表 6.1-1 和表 6.1-2 所示。

表 6.1-1　2011 年城镇污水处理厂尾水达标排放入江海基本情况汇总表

序号		单位	设计规模(万 m³/d)	排放标准(GB 18918—2002)
城镇污水处理厂	1	吴淞污水处理厂	4	二级
	2	石洞口污水处理厂	40	一级 B
	3	竹园第一污水处理厂	170	二级
	4	竹园第二污水处理厂	50	二级
	5	白龙港污水处理厂	200	二级
	6	南汇污水处理厂	20	一级 B
	7	临港新城污水处理厂	5	二级
	8	奉贤东部污水处理厂(一期)	5	二级
		奉贤东部污水处理厂(扩建)	7	一级 B
	9	奉贤西部污水处理厂(一期)	10	二级
		奉贤西部污水处理厂(二期)	5	一级 B
	10	新江污水处理厂	10	二级
	11	城桥污水处理厂	2.5	二级
	12	长兴污水处理厂	2.5	二级
	13	堡镇污水处理厂	1.25	一级 B
	14	新河污水处理厂	0.5	一级 B
工业污水处理厂	1	上海化学工业区有限公司	2.5	设计标准
	2	中国石油上海化工股份有限公司	18.8	设计标准
	3	上海宝山钢铁股份有限公司	7	设计标准

表 6.1-2　上海市入江入海河流统计表

区域	编号	入江海河流名称	年净排放水量(亿 m³)	COD$_{Mn}$入海通量(t)	氨氮入海通量(t)
长江口	1	墅沟	—	—	—
	2	新川沙	—	—	—
	3	老石洞	—	—	—
	4	练祁河	—	—	—
	5	新石洞	—	—	—
	6	严家港	—	—	—
	7	外高桥泵闸	—	—	—

区域	编号	入江海河流名称	年净排放水量(亿 m³)	COD$_{Mn}$入海通量(t)	氨氮入海通量(t)
长江口	8	嫩江河	—	—	—
	9	五好沟	—	—	—
	10	赵家沟	—	—	—
	11	张家浜	—	—	—
	12	三甲港	—	—	—
	13	江镇河	1.47	2 284.917	158.033
	14	薛家泓港	2.05	3 847.228	252.424
	15	南横河	—	—	—
	16	大治河	10.27	20 931.697	1 836.347
	17	滴水湖出海闸	0.36	446.514	37.351
	18	芦潮引河	5.28	12 911.206	1 199.248
	19	芦潮港	3.47	10 814.954	1 048.028
杭州湾	20	泐马河	—	—	—
	21	中港	0.62	1 919.221	180.471
	22	南门港	1.97	6 144.253	577.999
	23	航塘港	—	—	—
	24	金汇港	10.72	22 146.854	1 906.569
	25	南竹港	2.26	6 229.239	585.104
	26	龙泉港	8.41	34 058.730	2 474.856

注:表中沿江海河道 COD$_{Mn}$、氨氮的污染物通量为上海市感潮河网水量水质模型模拟计算结果。

6.2 二维水动力水质模型率定与验证

在应用模型进行多方案的模拟计算分析之前,需要对模型进行率定验证,以检验模型的适用性、准确性和可靠性。模型的率定和验证是建立模型的重要组成部分,模型能否准确应用,取决于能否正确识别糙率系数和水质参数。

6.2.1 模型的率定和验证时段

二维水动力水质模型采用 2005 年 11 月、2006 年 2 月上海河口海洋两次水文水质同步实测资料进行率定,以 2011 年 7—11 月和 2012 年 9、12 月实测资料进行验证:

(1) 2005 年 11 月 16 日—25 日:潮位率定选取大戢山、余山、横沙、中浚、芦潮港、堡镇共 6 个代表潮位站的逐时实测潮位。流速水质率定取用 3 条测线的实测值,其中:Q1~Q3 测站处于徐六泾断面,Q4~Q7 测站位于南北港分流口,Q8~Q10 位于长兴岛中段。如图 6.2-1 所示。

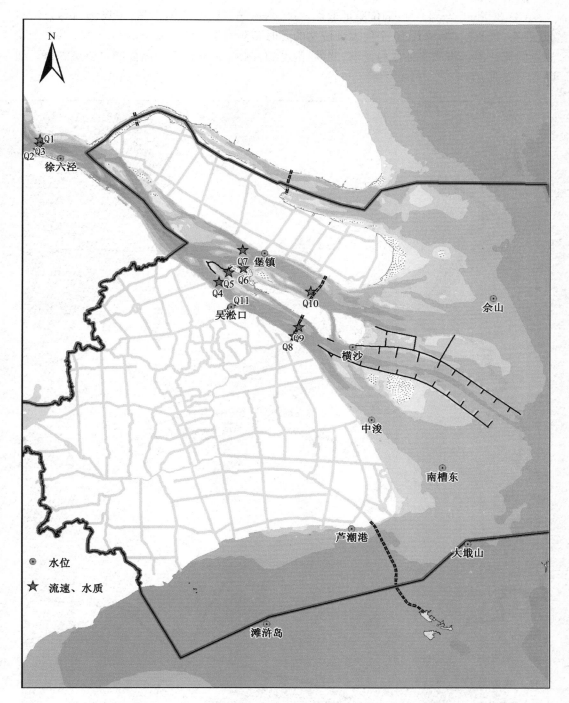

图 6.2-1 2005 年、2006 年上海河口海洋水文水质监测站位图

（2）2006 年 2 月 12—21 日：潮位率定选取大戢山、佘山、横沙、中浚、芦潮港、南槽东、吴淞共 7 个代表潮位站的逐时实测潮位。流速水质率定取用 2 条测线的实测值，其中：Q4～Q7 测站位于南北港分流口，Q8～Q10 位于长兴岛中段。如图 6.2-1 所示。

（3）2011 年 7—11 月：潮位验证取徐六泾、六滧站、共青圩、横沙站、牛皮礁、石洞口、白茆、崇头、连兴港、杨林共 10 个代表潮位站的逐时实测潮位。流速验证取 Q1～Q9 共 9 个实测点的流速值。水质验证取白龙港、北港、南港、石洞港、启东港 5 个断面的水质实测值。如图 6.2-2 所示。

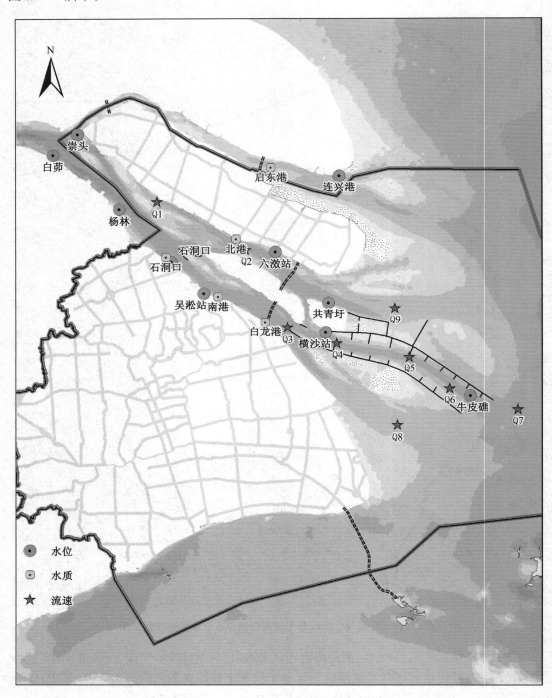

图 6.2-2　2011 年长江口水文水质监测站位图

（4）2012 年 9、12 月：潮位、流速流向和水质验证取北支、南支白茆沙北汊、南支白茆沙南汊、北港、南港、北槽和南槽共 7 个断面的实测值。如图 6.2-3 所示。

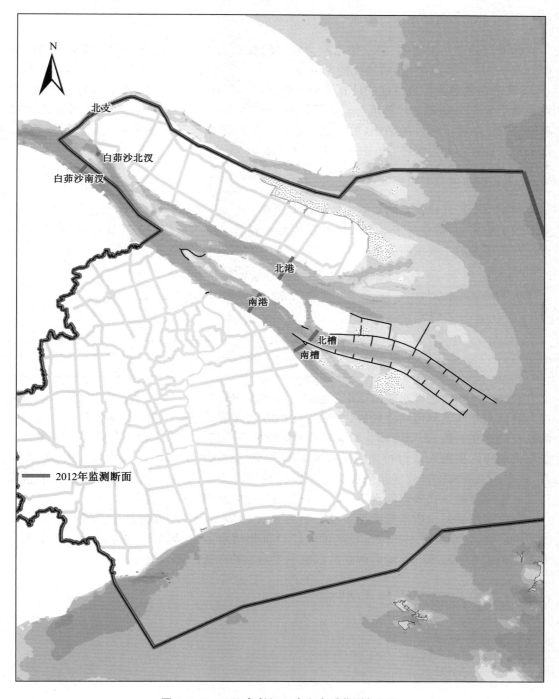

图 6.2-3 2012 年长江口水文水质监测断面图

6.2.2 模型的率定和验证结果

6.2.2.1 水动力模型率定与验证

率定与验证结果表明：当二维水动力模型的糙率系数取下列值时，即长江口杭州湾糙率值在 0.01～0.015 之间，黄浦江糙率值在 0.018～0.025 之间，除个别点数据有一定偏差外，各代表断面的水位或流速的计算值与实测值吻合较好；水位的计算值与实测值相比，平均误差小于 5%；流速的计算值与实测值相比，平均误差在 10%～13% 之间。二维水动力模型率定验证取得了较好的结果，可以进一步应用于二维水质模型的率定验证。篇幅所限，部分率定验证图如附录图 S1.1-1～S2.3-5 所示。

6.2.2.2 水质模型率定与验证

根据以往长江口杭州湾水质参数的研究成果[84,95]，以及本研究进行的长江口杭州湾水质参数实验研究，结合基于水文水质同步监测资料对二维水质模型的率定验证情况，研究选定水质模型的主要水质参数结果，如表 6.2-1 所示。

表 6.2-1　主要水质指标综合降解系数取值

水质指标	综合降解系数(d^{-1})
COD_{Mn}	0.05～0.10
氨氮	0.22～0.25
总磷	0.08～0.15
总氮	0.02～0.04

长江口杭州湾二维水质模型率定验证结果如附录图 S3.1-1～图 S4.1-8 所示。水质浓度计算值与相应实测值吻合较好，一般均在水质浓度实测值范围内，模拟水质与实测水质的变化趋势相一致，表明所建立的水质模型能模拟反映长江口水质状况。由于污染源调查数据为相应污染物入江海排放量的年或月平均值，以此作为水质模型的外部源项输入条件，这与污染源实际排放变化情况有时可能存在较大差异，所以受污染源排放影响敏感区域的个别率定验证代表点的水质计算部分结果与相应实测值存在差异。

通过悬浮物与水质指标的相关性分析可知，COD_{Mn} 和 TP 的降解过程受到悬浮物沉降的影响明显，特别是在泥沙浓度较高的长江口杭州湾水域，这种影响更加明显。在本次水质模型模拟 COD_{Mn} 和 TP 的降解系数取值主要参考动水条件实验结果。

6.3 三维水动力水质模型建立

6.3.1 水动力模型

6.3.1.1 水动力控制方程

（1）z 坐标

$$\frac{\partial u}{\partial x} + \frac{\partial v}{\partial y} + \frac{\partial w}{\partial z} = S \tag{6-5}$$

$$\frac{\partial u}{\partial t}+\frac{\partial u^2}{\partial x}+\frac{\partial uv}{\partial y}+\frac{\partial uw}{\partial z}=fv-g\frac{\partial \eta}{\partial x}-\frac{1}{\rho_o}\frac{\partial p_a}{\partial x}-\frac{g}{\rho_o}\int_z^{\eta}\frac{\partial \rho}{\partial x}\mathrm{d}z-\frac{1}{\rho_o h}\left(\frac{\partial s_{xx}}{\partial x}+\frac{\partial s_{xy}}{\partial y}\right)+F_u+$$
$$\frac{\partial}{\partial z}\left(v_t\frac{\partial u}{\partial z}\right)+u_sS \tag{6-6}$$

$$\frac{\partial v}{\partial t}+\frac{\partial vu}{\partial x}+\frac{\partial v^2}{\partial y}+\frac{\partial vw}{\partial z}=-fu-g\frac{\partial \eta}{\partial y}-\frac{1}{\rho_o}\frac{\partial p_a}{\partial y}-\frac{g}{\rho_o}\int_z^{\eta}\frac{\partial \rho}{\partial y}\mathrm{d}z-\frac{1}{\rho_o h}\left(\frac{\partial s_{yx}}{\partial x}+\frac{\partial s_{yy}}{\partial y}\right)+F_v+$$
$$\frac{\partial}{\partial z}\left(v_t\frac{\partial v}{\partial z}\right)+v_sS \tag{6-7}$$

式中：t——时间；x,y——直角坐标系坐标；η——水位；d——静止水深；$h=d+\eta$——总水深；u、v、w——x,y,z 方向上的流速分量；f 为科氏力系数（$f=2\Omega\sin\phi$，Ω 为地球自转角速度，ϕ 为地理纬度）；g 为重力加速度；ρ 为水体密度；p_a 为大气压强；ρ_o 为水体参照密度；s_{xx}、s_{xy}、s_{yx}、s_{yy}——辐射应力分类；v_t 为垂向湍流粘滞系数；S——点源的流量；u_s、v_s 为水质点速度在 x,y 方向上的分量。F_u、F_v 分别为水平方向湍流扩散项，定义为：

$$F_u=\frac{\partial}{\partial x}\left[2A\frac{\partial u}{\partial x}\right]+\frac{\partial}{\partial y}\left[A\left(\frac{\partial u}{\partial y}+\frac{\partial v}{\partial x}\right)\right] \tag{6-8}$$

$$F_v=\frac{\partial}{\partial x}\left[A\left(\frac{\partial u}{\partial y}+\frac{\partial v}{\partial x}\right)\right]+\frac{\partial}{\partial y}\left[2A\frac{\partial v}{\partial y}\right] \tag{6-9}$$

其中，A 为水平湍流粘滞系数。

水表和底床边界条件为：

水表 $z=\eta$ 处：

$$\frac{\partial \eta}{\partial t}+u\frac{\partial \eta}{\partial x}+v\frac{\partial \eta}{\partial y}-w=0,\left(\frac{\partial u}{\partial z},\frac{\partial v}{\partial z}\right)=\frac{1}{\rho_0 v_t}(\tau_{sx},\tau_{sy}) \tag{6-10}$$

底床 $z=-d$ 处：

$$u\frac{\partial d}{\partial x}+v\frac{\partial d}{\partial y}-w=0,\left(\frac{\partial u}{\partial z},\frac{\partial v}{\partial z}\right)=\frac{1}{\rho_0 v_t}(\tau_{bx},\tau_{by}) \tag{6-11}$$

τ_{sx}、τ_{sy} 为水表面风应力的 x、y 分量；τ_{bx}、τ_{by} 为底部摩擦力的 x、y 分量。

（2）σ 坐标

由于河口海岸地区底形变化较为剧烈，因而垂向上多采用底形跟踪的 σ 坐标而非 z 坐标。σ 坐标变换定义为：

$$\sigma=\frac{z-z_b}{h} \tag{6-12}$$

坐标变换后，σ 的取值范围为 $[0,1]$，其中水底处的 σ 值为 0，自由水表面值为 1。相应的 σ 坐标下的控制方程组为：

$$\frac{\partial h}{\partial t}+\frac{\partial hu}{\partial x}+\frac{\partial hv}{\partial y}+\frac{\partial h\omega}{\partial \sigma}=hS \tag{6-13}$$

$$\frac{\partial hu}{\partial t}+\frac{\partial hu^2}{\partial x}+\frac{\partial huv}{\partial y}+\frac{\partial hu\omega}{\partial \sigma}=fvh-\frac{h}{\rho_o}\frac{\partial p_a}{\partial x}-\frac{hg}{\rho_o}\int_z^{\eta}\frac{\partial \rho}{\partial x}\mathrm{d}z-\frac{1}{\rho_o}\left(\frac{\partial s_{xx}}{\partial x}+\frac{\partial s_{xy}}{\partial y}\right)+hF_u+$$

$$\frac{\partial}{\partial\sigma}\left(\frac{v_t}{h}\frac{\partial u}{\partial\sigma}\right)+hu_sS \tag{6-14}$$

$$\frac{\partial hv}{\partial t}+\frac{\partial huv}{\partial x}+\frac{\partial hv^2}{\partial y}+\frac{\partial hv\omega}{\partial\sigma}=-fuh-\frac{h}{\rho_o}\frac{\partial p_a}{\partial y}-\frac{hg}{\rho_o}\int_z^\eta\frac{\partial\rho}{\partial y}\mathrm{d}z-\frac{1}{\rho_o}\left(\frac{\partial s_{yx}}{\partial x}+\frac{\partial s_{yy}}{\partial y}\right)+hF_v+$$

$$\frac{\partial}{\partial\sigma}\left(\frac{v_t}{h}\frac{\partial v}{\partial\sigma}\right)+hv_sS \tag{6-15}$$

其中 ω 为 σ 坐标下的垂向速度,定义为:

$$\omega=\frac{1}{h}\left[w+u\frac{\partial d}{\partial x}+v\frac{\partial d}{\partial y}-\sigma\left(\frac{\partial h}{\partial t}+u\frac{\partial h}{\partial x}+v\frac{\partial h}{\partial y}\right)\right] \tag{6-16}$$

水平扩散项定义为:

$$hF_u\approx\frac{\partial}{\partial x}\left[2Ah\frac{\partial u}{\partial x}\right]+\frac{\partial}{\partial y}\left[Ah\left(\frac{\partial u}{\partial y}+\frac{\partial v}{\partial x}\right)\right] \tag{6-17}$$

$$hF_v\approx\frac{\partial}{\partial x}\left[Ah\left(\frac{\partial u}{\partial y}+\frac{\partial v}{\partial x}\right)\right]+\frac{\partial}{\partial y}\left[2Ah\frac{\partial v}{\partial y}\right] \tag{6-18}$$

水表面和底床边界条件分别由下式给出:

水表 $\sigma=1$ 处:

$$\omega=0,\left(\frac{\partial u}{\partial\sigma},\frac{\partial v}{\partial\sigma}\right)=\frac{h}{\rho_0v_t}(\tau_{sx},\tau_{sy}) \tag{6-19}$$

底床 $\sigma=0$ 处:

$$\omega=0,\left(\frac{\partial u}{\partial\sigma},\frac{\partial v}{\partial\sigma}\right)=\frac{h}{\rho_0v_t}(\tau_{bx},\tau_{by}) \tag{6-20}$$

6.3.1.2 模型范围与网格

模型范围覆盖了长江河口、杭州湾及其邻近海域区域,模型上游开边界到达安徽大通水文站,外海东边界离岸约 300 km,具体范围如图 6.3-1 所示。模型网格分辨率在河口区域较高,南北支、南北港等主要河道分辨率约 400 m,外海区域较低,外海开边界处分辨率约 10 km。模型网格垂向均匀分为三层。

6.3.1.3 初始和边界条件

模型的初始条件设置中,将初始水位和流速均设置为 0。

模型开边界考虑了上游长江径流影响以及外海潮汐影响。其中上游开边界设置为长江大通水文站径流;外海开边界根据 16 个分潮的调和常数计算合成出总水位后给出。

6.3.2 水质模型

在三维水动力模型基础上,耦合水质模块,可建立长江河口水质模型。本文基于 MIKE 的 ECOLab 开放平台建立一个水质过程较为完整全面的三维 N、P 营养盐迁移转化模型。ECOLab 是 MIKE 系列软件中模拟水质变化过程的一个强大工具,它是 DHI 在传统的水质

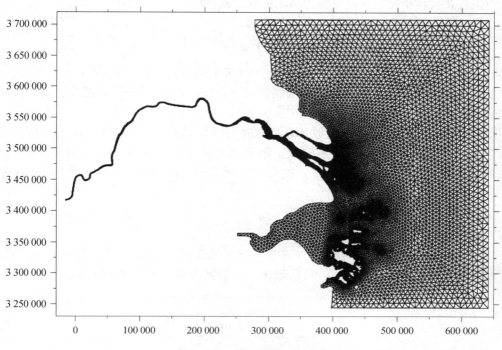

图 6.3-1　模型范围及网格图

模型概念发展起来的全新的水质和生态模拟工具。

　　本文建立的 N、P 迁移转化模型的变量包括：溶解氧、温度、悬浮颗粒物（SS）以及氮、磷营养盐等，其中氮磷营养盐又按不同形态进行细分，模型变量汇总见表 6.3-1。

表 6.3-1　N、P 迁移转化模型系统变量

变量符号	变量名称	变量符号	变量名称	变量符号	变量名称
NH_3-N	氨氮	DIP	溶解态无机磷	DO	溶解氧
NO_x-N	硝氮、亚硝氮	DOP	溶解态有机磷	TEMP	温度
DON	溶解态有机氮	PIP	颗粒态无机磷	SS	悬浮物浓度
PON	颗粒态有机氮	POP	颗粒态有机磷	XX	可溶性常规污染物

　　对于 COD 等可溶性常规污染物，主要考虑污染物随水流的对流扩散过程，其控制方程为对流扩散方程。对于不同形态（颗粒态、溶解态）的氮、磷污染物，模型除了考虑其对流扩散过程外，还考虑了沉降和再悬浮过程、吸附解吸附过程、水解和矿化过程，植物吸收和代谢过程，硝化和反硝化过程等迁移转化过程。

6.3.2.1　对流扩散控制方程

　　模型对 COD_{Cr} 等可溶性污染物的模拟主要基于以下基本假定：物质守恒或符合一级反应动力学；符合 Fick 扩散定律，即扩散与浓度梯度成正比。

可溶性常规污染物的控制方程为对流扩散方程,可写为如下形式:

$$\frac{\partial C}{\partial t} + u\frac{\partial C}{\partial x} + v\frac{\partial C}{\partial y} + w\frac{\partial C}{\partial z} = K_x\frac{\partial^2 C}{\partial x^2} + K_y\frac{\partial^2 C}{\partial y^2} + K_z\frac{\partial^2 C}{\partial z^2} - KC + C_2 q \quad (6\text{-}20)$$

式中:C——物质浓度(mg/L);u,v,w——x,y,z方向的流速分量(m/s);K_x,K_y,K_z——x,y,z方向的紊动扩散系数(m^2/s);q为旁侧入流流量(m^3/s);C_2为源/汇浓度(mg/L);K为线性衰减系数(1/d)。

对流扩散方程的水平混合扩散系数和垂向混合扩散系数取值分别与水动力水平、垂直湍流涡粘系数保持一致,即水平湍流扩散系数采用 Smagorisky 公式计算,垂向湍流扩散系数采用 k-ε 湍流闭合模型计算。根据以往研究,长江口水域 COD_{Cr} 枯季降解速率约 0.03/d。

6.3.2.2　N、P 迁移转化过程

对于 N 的迁移转换过程,模型除了考虑对流扩散过程外,还考虑了沉降和再悬浮过程、水解和矿化过程,植物吸收和代谢过程,硝化和反硝化过程,如图 6.3-2 所示。

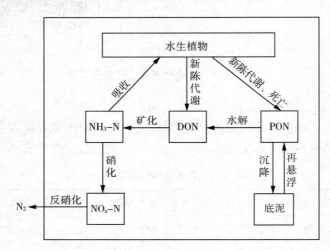

图 6.3-2　模型不同形态 N 的迁移转化示意图

不同形态 N 的物理、生物、化学过程分别如式 6-22 至式 6-26 所示,式中涉及的相应过程说明如表 6.3-2 所示。

$$\text{NH}_3\text{-N} = \text{AD} + \text{DF} + \text{DONmineralization} - \text{Nitrification} - \text{Plantuptake} \quad (6\text{-}22)$$

$$\text{NO}_x\text{-N} = \text{AD} + \text{DF} + \text{Nitrification} - \text{Denitrification} \quad (6\text{-}23)$$

$$\text{DON} = \text{AD} + \text{DF} + \text{PONhydrolysis} + \text{DONformation} - \text{DONmineralization} \quad (6\text{-}24)$$

$$\text{PON} = \text{AD} + \text{DF} + \text{PONformation} - \text{PONhydrolysis} - \text{PONsedimentation} + \text{PONresuspension}$$
$$(6\text{-}25)$$

$$\text{TN} = \text{NH}_3\text{-N} + \text{NO}_x\text{-N} + \text{DON} + \text{PON} \quad (6\text{-}26)$$

表 6.3-2　模型中 N 的物理、生物、化学过程

名称	内容描述
AD	对流过程
DF	混合扩散过程
Nitrification	硝化作用
Denitrification	反硝化作用
Plantuptake	植物吸收
DONformation	溶解态有机物形成（植物新陈代谢、死亡）
PONformation	颗粒态有机物形成（植物新陈代谢、死亡）
DONmineralization	溶解态有机氮降解（矿化）
PONhydrolysis	颗粒态有机氮降解（水解）
PONsedimentation	颗粒态有机氮沉降
PONresuspension	颗粒态有机氮再悬浮

　　对于 P 的迁移转换过程，模型考虑的物理、生物、化学过程大体与 N 的循环过程相近，也考虑了 P 的对流扩散过程、沉降和再悬浮过程、水解和矿化过程，植物吸收和代谢过程，此外还考虑了颗粒态磷的吸附解吸附过程。如图 6.3-3 所示。

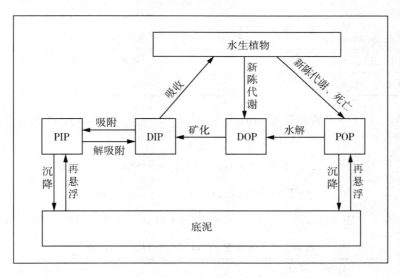

图 6.3-3　模型不同形态 P 的迁移转化示意图

　　不同形态 P 的迁移转化过程分别如式 6-27～式 6-31 所示，式中涉及的相应过程说明如表 6.3-3 所示。

$$DIP = AD + DF + PIPdesorb - PIPadsorb - IPplantuptake + DOPmineralization$$

$$\tag{6-27}$$

$$DOP = AD + DF + POPhydrolysis + DOPformation - DOPmineralization \tag{6-28}$$

$$PIP=AD+DF-PIPdesorb+PIPadsorb-PIPsedimentation+PIPresuspension$$
$$(6-29)$$

$$POP=AD+DF-POPhydrolysis+POPformation-POPsedimentation+POPresuspension$$
$$(6-30)$$

$$TP=DIP+DOP+PIP+POP \qquad (6-31)$$

表 6.3-3　模型中 P 的物理、生物、化学过程

名称	内容描述
AD	对流过程
DF	混合扩散过程
PIPdesorb	解吸附过程
PIPadsorb	吸附过程
IPplantuptake	植物吸收
DOPmineralization	溶解态有机磷降解（矿化）
POPhydrolysis	颗粒态有机磷降解（水解）
DOPformation	溶解态有机物形成（植物新陈代谢、死亡）
POPformation	颗粒态有机物形成（植物新陈代谢、死亡）
PIPsedimentation	颗粒态无机磷沉降
PIPresuspension	颗粒态无机磷再悬浮
POPsedimentation	颗粒态有机磷沉降
POPresuspension	颗粒态有机磷再悬浮

SS、TEMP、DO 的平衡过程分别由式 6-32 至式 6-34 所示，式中涉及的相应过程说明如表 6.3-4 所示。

$$SS=AD+DF+SSsedimentation+SSresuspension \qquad (6-32)$$

$$TEMP=AD+DF+Rad\_in-Rad\_out \qquad (6-33)$$

$$DO=AD+DF+reaera+phtsyn-respT-DObyBODdis-DObyNitrification(6-34)$$

表 6.3-4　模型中 SS、TEMP、DO 的平衡过程

名称	内容描述
AD	对流过程
DF	混合扩散过程
SSsedimentation	泥沙沉降
SSresuspension	泥沙再悬浮
Rad_in	入射辐射

续表

名称	内容描述
Rad_out	出射辐射
reaera	复氧过程
phtsyn	光合作用
respT	呼吸作用
DObyBODdis	降解耗氧过程
DObyNitrification	硝化耗氧过程

6.3.2.3　模型主要参数

N、P迁移转化模型涉及的物理、化学、生物过程较多，模型中需要率定的参数也较多，本书通过国内外相关文献调查、现场实验结果以及基于实测资料模型调试率定等方法对模型参数进行综合率定，主要参数取值如下表6.3-5所示。

表6.3-5　N、P迁移转化过程主要参数取值

参数名称	参数解释	参数取值	单位
AmmoniaPlantUptake	氨氮植物吸收速率	0.01~0.02	1/day
Puptake	磷吸收速率	0.009~0.018	1/day
NitrificationRate	硝化速率	0.1	1/day
DenitrificationRate	反硝化速率	0.02	1/day
DONmineralizationConstant	溶解态有机氮降解（矿化）速率	0.15	1/day
DOPmineralizationConstant	溶解态有机磷降解（矿化）速率	0.15~0.2	1/day
PONhydrolysisConstant	颗粒态有机氮降解（水解）速率	0.15	1/day
POPhydrolysisConstant	颗粒态有机磷降解（水解）速率	0.1~0.15	1/day
PONresuspensionConstant	颗粒态有机氮再悬浮速率	0.5~0.8	g/m²/day
POPresuspensionConstant	颗粒态有机磷再悬浮速率	0.025~0.04	g/m²/day
PONdepositionConstant	颗粒态有机氮沉降速率	1~1.5	m/day
POPdepositionConstant	颗粒态有机磷沉降速率	1~1.5	m/day
PIPadsorbRate	无机磷吸附速率	0.08	1/day
PIPdesorbRate	无机磷解吸附速率	0.04	1/day
PadsorbMax	悬浮物颗粒对无机磷最大吸附比例	0.000 5	—
UcritSS	悬浮物颗粒再悬浮临界流速	0.4~0.6	m/s
UcritPOP	颗粒态有机磷再悬浮临界流速	0.4~0.6	m/s
UcritPON	颗粒态有机氮再悬浮临界流速	0.4~0.6	m/s

6.4 三维水动力水质模型率定与验证

6.4.1 率定和验证时段

（1）三维水动力模型采用 2002 年 11 月实测资料进行率定，以 2005 年 7 月 6～15 日的长江口外以及 2005 年 11 月 17—24 日的长江口内观测数据对模型进行了验证。率定站位置和测站位置如图 6.4-1 和图 6.4-2 所示。

（2）水质模型采用 2011 年和 2012 年 3、8、10 月份的长江口控制断面水质指标进行对比验证，控制断面位置如图 6.4-3 所示。

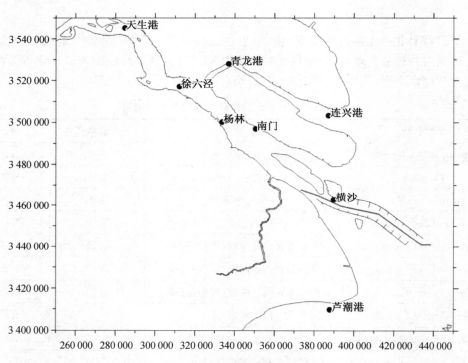

图 6.4-1　水动力模型率定站位置示意图

6.4.2 率定和验证结果

（1）水动力模型率定验证结果

率定验证结果如附录图 S5.1～S5.2-4 所示。结果表明，本文所建立的三维长江口水动力模型具有较高精度，能较好模拟出长江口口内往复流以及口外旋转流的潮流变化过程，流速平均相对误差 5%～15%。

（2）水质模型率定验证结果

验证结果如附录图 S6-1～图 S6-6 所示。由图可知，氨氮、TN 和 TP 的模型计算结果与实测结果总体较为一致，表明所建立的 N、P 迁移转化模型能较好模拟出长江口水质状况。

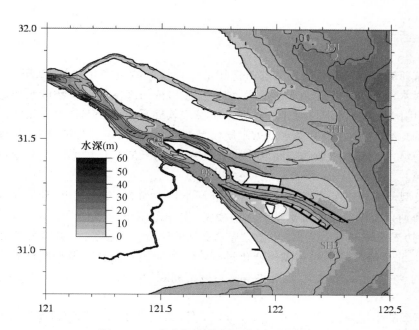

图 6.4-2　水动力模型验证测站位置示意图

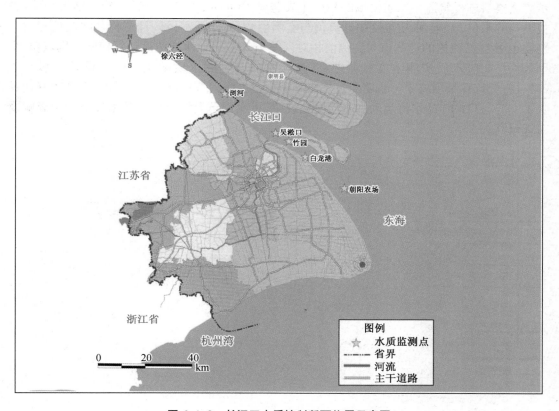

图 6.4-3　长江口水质控制断面位置示意图

6.5　小结

　　为系统研究长江口杭州湾及其邻近海域的水环境影响及变化趋势,基于 ArcGIS 平台的河口海洋水动力水质基础调查数据库,结合长江口杭州湾主要污染物的水质参数实验研究结果,利用国际先进的河口海洋水动力水质模型软件系统 MIKE21 和 MIKE3,建立适应不同工况的二维、三维江海联动水动力水质模型,通过模型率定和验证,确定长江口杭州湾及其邻近海域水质模型参数的空间网格化取值分布,为开展水环境影响及对策研究提供关键技术支撑。

　　(1)模型范围与工况及其网格划分,利用 MIKE21 和 MIKE3 模型,建立了代表工况条件下的上海河口海洋二维三维水动力水质模型,模型范围东西向长约 550 km,南北向宽约 330 km,上边界条件采用长江干流下游大通水文站的流量变化过程;下边界东至 123°15′E,南至 29°15′N,北至 32°15′N,采用潮位变化过程作为相应边界条件。模型网格外海开边界处网格间距约 5~10 km,南北支、南北港等水域网格间距约 300~400 m,近岸处最小网格间距 100 m。

　　(2)模型的率定验证,用 2005 年 7 月和 11 月、2006 年 2 月上海河口海洋水文水质同步监测资料对水动力水质模型进行率定,并以 2011 年 7—11 月和 2012 年 9、12 月水文水质同步监测资料进行验证。水质模拟的指标主要包括 COD_{Mn}、氨氮、总氮、总磷。结果表明:各代表点的水位、流速、水质浓度的计算值与实测值吻合较好;水位的计算值与实测值相对误差均小于 5%;流速的计算值与实测值相对误差小于 13%。水质浓度计算值除个别点位、个别数据与相应水质实测浓度有偏差外,模拟水质与实测水质变化一致且误差一般小于 25%,符合计算精度要求。表明经过率定验证后的上海河口海洋水动力水质模型较好地反映了上海河口海洋的水流运动和水质变化规律,可应用于上海河口海洋水环境变化影响及对策研究。

第七章 上海河口海洋水环境变化影响研究

为全面掌握长江口杭州湾及其邻近海域的水环境影响及变化趋势,助力流域区域海域全面实施水污染防治行动计划,加强生态文明建设,加快改善上海河口海洋水环境质量,本章利用经过率定验证的上海河口海洋二维、三维水动力水质模型,在水文水质设计边界条件分析选定的基础上,按照陆海统筹、江海联动、生态优先的绿色协调发展要求,结合流域区域水情、工情和污情变化以及水资源调度优化,系统研究长江来水和黄浦江出水量质变化、沿江海污水处理厂扩容提标升级改造以及沿江海其他支流排水污染物通量变化对长江口杭州湾及其邻近海域的水环境影响,为流域区域海域环境协同综合治理和科学管理提供技术支撑和科学依据。

7.1 水文水质设计条件研究

水文水质设计条件是水环境影响及变化研究的前置条件。在分析上海河口海洋水文水质特性的基础上,利用较长系列的水文、水质资料,对不同水情条件下的边界水文水质状况进行统计分析,提出具有代表性的不同水情典型时段的边界水文水质设计条件。

7.1.1 水文设计条件研究

7.1.1.1 典型年选择

大通站处于长江的潮区界,该站的水文数据通常作为长江下游和长江口治理开发的基础依据和控制指标,也是长江来水量的直接体现。

根据大通站1978—2018年流量资料,考虑大通流量年内季节变化的特点,对大通全年、汛期、非汛期不同时段平均流量进行频率分析。通过1978—2018年大通站径流量值绘制 P-Ⅲ型曲线,得出全年、汛期、非汛期以及各月平均流量不同频率下对应的径流量。如图7.1-1和表7.1-1所示。

表 7.1-1　大通站不同频率的平均径流量值　　　　　　　　　（单位:m³/s）

出现频率 P	10%	25%	50%	75%	90%
1 月	17 225	14 003	11 412	9 727	8 834

续表

出现频率 P	10%	25%	50%	75%	90%
2 月	18 328	15 159	12 292	10 060	8 537
3 月	25 877	21 404	17 165	13 650	11 060
4 月	33 601	28 464	23 616	19 615	16 683
5 月	41 879	36 469	30 949	25 931	21 827
6 月	50 893	44 772	38 670	33 274	28 992
7 月	65 204	57 005	48 985	42 058	36 704
8 月	58 269	49 843	41 888	35 325	30 515
9 月	52 820	45 285	37 657	30 785	25 221
10 月	40 208	35 249	29 831	24 510	19 802
11 月	29 733	25 203	20 773	16 947	13 989
12 月	20 525	17 235	14 202	11 779	10 073
非汛期	33 133	26 207	19 609	14 097	10 000
汛期	58 249	49 893	41 719	34 659	29 203
全年平均	33 256	30 678	28 017	25 565	23 529

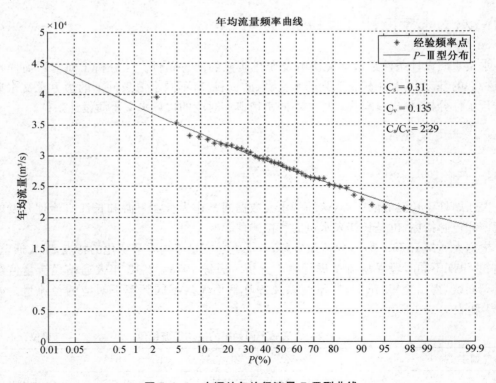

图 7.1-1　大通站年均径流量 P-Ⅲ型曲线

本书定义长江来水年均流量频率超过 90％的年份为枯水年,大于 75％且小于 90％的年份为偏枯年,接近 50％的年份为平水年,小于 25％且大于 10％的年份为丰水年,小于10％的年份为特丰年。经分析,三峡大坝建成后的枯水年为 2006 年、2011 年;偏枯年有2004 年、2007 年、2009 年、2013 年和 2018 年;平水年有 2003 年、2005 年、2008 年、2014 年、2015 年和 2017 年;丰水年有 2010 年、2012 年和 2016 年;没有特丰年份。

经分析,自 2003 年三峡工程运行以来,年均流量频率超过 90％的典型枯水年有 2006年和 2011 年。2006 年汛期平均流量频率超过 95％,非汛期平均流量频率超过 75％;2011年汛期平均流量频率超过 98％,非汛期平均流量频率超过 78％。如图 7.1-1 所示。

为使水文边界条件具有较好的代表性,进行水环境变化研究时,选取的代表水平年一般要求年均流量频率超过 90％。自 2003 年三峡工程运行以来,调控大通站非汛期的下泄流量,2003—2018 年非汛期尚未出现平均流量频率接近 90％的枯水典型年。结合已有资料综合考虑,本研究选用 2011 年作为计算典型年,年均流量频率超过 90％,汛期平均流量频率超过 98％,非汛期平均流量频率超过 78％。

7.1.1.2　典型时段选择

大通流量年内季节变化特征明显,多年月平均流量中 7 月最大,占全年的 13.94％;8 月次之,占全年的 13.24％;1 月、2 月最枯,分别占全年的 3.97％和 4.02％。入海流量主要集中在 5—10 月,占全年的 68％;11 月—次年 4 月的流量占全年的 32％。如图 7.1-2 所示。2011 年 2 月流量为全年最枯月流量,因此,研究采用典型年 2011 年 2 月作为枯水年的枯水期代表月,进行水环境变化影响研究。

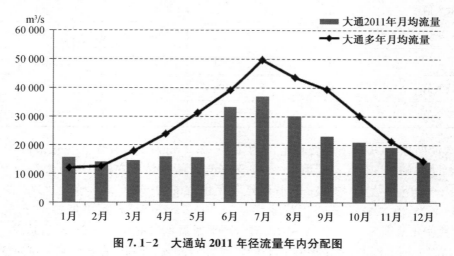

图 7.1-2　大通站 2011 年径流量年内分配图

7.1.1.3　边界水文设计条件

以 2011 年 2 月大通实测流量、黄浦公园实测潮位以及上海河口海洋外海潮位过程作为水文边界条件。

在 2011 年 2 月水情下,大通站最大流量为 15 700 m³/s,最小流量为 12 600 m³/s,月平均流量为 14 057 m³/s;黄浦公园最高潮位为 2.05 m,平均潮位为 0.35 m。

7.1.2　水质设计条件研究

7.1.2.1　边界来水水质统计分析

长江上游来水水质直接影响着上海河口海洋的水质,根据徐六泾近年来的水质监测资料,对 2005—2018 年徐六泾的各项水质指标每月一次的监测值进行统计分析,如表 7.1-2 所示。

表 7.1-2　2005—2018 年长江口徐六泾断面水质统计表　　　　（单位:mg/L）

指标		COD$_{Mn}$		氨氮		总磷		总氮	
		浓度	水质类别	浓度	水质类别	浓度	水质类别	浓度	水质类别
2月	平均值	2.4	Ⅱ	0.59	Ⅲ	0.11	Ⅲ	2.12	—
	最大值	3	Ⅱ	0.76	Ⅲ	0.19	Ⅲ	3.06	—
	最小值	1.4	Ⅰ	0.15	Ⅰ	0.08	Ⅱ	0.96	—
5月	平均值	2.12	Ⅱ	0.29	Ⅱ	0.10	Ⅱ	1.84	—
	最大值	2.9	Ⅱ	0.59	Ⅲ	0.20	Ⅲ	2.46	—
	最小值	1.6	Ⅰ	0.03	Ⅰ	0.02	Ⅰ	0.99	—
8月	平均值	2.59	Ⅱ	0.32	Ⅱ	0.10	Ⅱ	1.73	—
	最大值	4	Ⅱ	0.67	Ⅲ	0.15	Ⅲ	2.84	—
	最小值	1.7	Ⅰ	0.07	Ⅰ	0.05	Ⅰ	0.7	—
全年	平均值	2.32	Ⅱ	0.32	Ⅱ	0.10	Ⅱ	1.90	—
	最大值	3.9	Ⅱ	0.97	Ⅲ	0.20	Ⅲ	3.3	—
	最小值	1.4	Ⅰ	0.02	Ⅰ	0.02	Ⅰ	0.7	—

徐六泾断面 COD$_{Mn}$ 浓度变化范围为 1.4~3.9 mg/L,氨氮浓度变化范围为 0.02~0.97 mg/L,总磷浓度变化范围为 0.02~0.20 mg/L,总氮浓度变化范围为 0.7~3.3 mg/L。

2005—2018 年,2 月 COD$_{Mn}$ 距平百分率变化范围为 −39.23%~30.23%,距平振幅 20% 的频率为 84.2%;氨氮变化范围为 −74.92%~28.81%,距平振幅 20% 的频率为 50%;总氮变化范围为 −52.77%~51.35%,距平振幅 20% 的频率为 86.5%;总磷变化范围为 −31.77%~44.99%,距平振幅 20% 的频率为 77.5%。因此,在长江来水量质变化影响研究中,设计长江来水水质改善或恶化 20% 两个方案。

黄浦江入河口污染物通量也是影响上海河口海洋水质的主要因素之一。黄浦江沿线支流众多,水质受上游来水、长江口潮汐、区间支流排水等影响较为显著,对 2008—2018 年黄浦江沿线各监测站点的水质指标监测值进行统计分析(COD$_{Mn}$ 和氨氮采用南市水厂、杨树浦水厂和吴淞口监测点的每月监测值,总氮和总磷采用南市水厂和杨树浦水厂监测点的每月监测值),如表 7.1-3 所示。

表 7.1-3 2008—2018 年黄浦江沿线监测点水质统计表 （单位：mg/L）

指标		COD$_{Mn}$		氨氮		总磷		总氮	
		浓度	水质类别	浓度	水质类别	浓度	水质类别	浓度	水质类别
2月	平均值	5.6	Ⅲ	2.56	劣Ⅴ	0.17	Ⅲ	6.36	—
	最大值	10.4	Ⅴ	6.86	劣Ⅴ	0.26	Ⅳ	7.11	—
	最小值	2.7	Ⅱ	0.16	Ⅱ	0.12	Ⅲ	4.99	—
8月	平均值	5.94	Ⅲ	1.38	Ⅳ	0.15	Ⅲ	3.50	—
	最大值	10.6	Ⅴ	6.49	劣Ⅴ	0.17	Ⅲ	3.7	—
	最小值	4	Ⅱ	0.06	Ⅰ	0.14	Ⅲ	3.25	—
全年	平均值	5.665 4	Ⅲ	1.81	Ⅴ	0.14	Ⅲ	4.83	—
	最大值	14	Ⅴ	11.1	劣Ⅴ	0.23	Ⅲ	7.11	—
	最小值	2.3	Ⅱ	0.06	Ⅱ	0.09	Ⅱ	3.25	—

备注：总磷和总氮因数据有限，统计的是 2008—2012 年。

黄浦江 COD$_{Mn}$ 浓度变化范围为 2.3～14 mg/L，氨氮浓度变化范围为 0.06～6.86 mg/L，总磷浓度变化范围为 0.09～0.26 mg/L，总氮浓度变化范围为 3.25～7.11 mg/L。

2008—2018 年，2 月 COD$_{Mn}$ 距平百分率变化范围为 −43.99%～25.54%，距平振幅 20% 和 50% 的监测数据占比分别为 61% 和 100%；氨氮变化范围为 −93.75%～26.17%，距平振幅 20% 和 50% 的监测数据占比分别为 28% 和 83%。因此，在黄浦江出水水质变化影响研究中，设计黄浦江出水水质分别改善或恶化 20%、50% 作为黄浦江出水的水质变化条件四个方案。

7.1.2.2 边界水质设计条件

根据 2009—2014 年《中国海洋环境质量公报》和《浙江省海洋环境质量公报》，确定杭州湾来水边界多年 2 月均值，COD$_{Mn}$、氨氮、总磷和总氮浓度分别是 3.13 mg/L、0.36 mg/L、0.50 mg/L、3.00 mg/L。长江上游边界水质浓度采用长江来水多年 2 月均值，COD$_{Mn}$、氨氮、总磷和总氮浓度分别是 2.4 mg/L、0.59 mg/L、0.11 mg/L、2.12 mg/L。黄浦公园边界水质浓度采用黄浦江下游沿线监测点多年 2 月均值，COD$_{Mn}$、氨氮、总磷和总氮浓度分别是 5.6 mg/L、2.56 mg/L、0.17 mg/L、6.36 mg/L。根据 2009—2011 年长江口杭州湾水质监测数据，外海水质浓度保持稳定，基本不变，外海边界 COD$_{Mn}$、氨氮、总磷和总氮浓度分别是 0.7 mg/L、0.01 mg/L、0.02 mg/L、0.7 mg/L。

7.1.3 基准方案

基于上述水文水质设计条件研究成果，综合确定本次研究的基准方案如下：

7.1.3.1 水动力水质边界条件

如表 7.1-4 所示。

表 7.1-4 上海河口海洋主要边界水动力水质边界条件

边界名称	水动力边界条件	水质边界条件(mg/L)			
		COD$_{Mn}$	氨氮	总磷	总氮
长江大通站	2011年2月大通实测流量	2.4	0.59	0.11	2.12
黄浦公园	2011年2月实测水位	5.6	2.56	0.17	6.36
杭州湾(乍浦)	多年平均流量	3.13	0.36	0.50	3.00

7.1.3.2 沿江海其他支流(黄浦江除外)引排水流量条件

根据《上海市水利控制片水资源调度实施细则》和《上海市分片水资源调度方案研究》成果,利用黄浦江水系河网水量模型模拟计算典型枯水年2011年2月、现状工况、水资源常规调度方案的沿江海其他支流排水流量和水质变化过程作为基准方案的相应支流污染物通量。

7.1.3.3 滨江临海污水处理厂入长江口杭州湾主要污染物排放量

根据《上海市陆源入海污染物调查分析报告》,采用计算典型枯水年2011年2月实测的排江排海污水处理厂尾水排放量(现状工况现状规模现状排放标准)。

7.2 设计方案

为全面研究上海河口海洋的水环境变化影响,从流域来水、区域排水量质变化以及污水处理厂等污染源排放水量水质变化等方面,进行多方案的模拟计算分析。

7.2.1 长江来水量水质变化影响设计方案

长江径流入海携带的污染物是长江口污染物的重要来源之一。大量相关研究显示,长江径流的入海污染物通量是造成长江口及其邻近海域污染的主要原因[100-101],入海径流变化是影响长江口水质的重要因素[97,102-103]。为了分析长江来水量水质变化对上海河口海洋水环境的影响,研究设计长江来水量相同、水质不同和长江来水水质相同、水量不同的两类上边界条件进行计算分析。

根据多年大通流量统计分析,1978—2018年2月的大通平均径流量为12 650 m³/s;2011年2月大通平均径流量为14 057 m³/s;三峡工程建成运行后,大通枯水期平均流量基本不低于10 000 m³/s。为分析长江来水水量变化对上海河口海洋水环境的影响,在基准方案的基础上,采用长江流量边界分别为14 057 m³/s、10 000 m³/s和12 650 m³/s三种情况进行计算分析。

为分析长江来水水质变化对上海河口海洋水环境的影响,在基准方案的基础上,采用长江边界来水水质分别为现状水质、水质改善20%、水质恶化20%三种水质边界条件进行计算分析。

7.2.2　黄浦江出水水质变化影响设计方案

黄浦江是上海陆域水系的最大骨干河道,黄浦江入长江口污染物通量是长江口主要的陆域污染源之一。根据 2008—2018 年对黄浦江沿线各监测点的水质监测值,黄浦江边界水质变化幅度较大。为分析黄浦江出水水质变化对上海河口海洋水环境的影响,在基准方案的基础上,采用黄浦江边界来水水质分别为现状水质、水质改善 20％、水质恶化 20％、水质改善 50％、水质恶化 50％五种水质边界条件进行计算分析。

7.2.3　污水处理厂排放规模和标准变化影响设计方案

随着上海城市人口的增长和产城布局的优化调整升级,沿江沿海污水处理厂的尾水排放规模会相应增大,根据上海市污水处理系统专业规划修编、上海市陆源入海污染物调查分析报告等成果,结合上海市落实水污染防治行动计划的新要求,未来水环境综合治理将更加注重源头控制和面源污染治理,更加注重污水治理标准和污泥处置能力有效提升。城市建成区污水要加快实现全收集、全处理;长江口、杭州湾沿岸城镇污水厂力争要达到一级 A 排放标准,其他城镇污水厂不低于一级 A 排放标准。为此,在基准方案的基础上,采用污水处理厂现状规模现状排放标准、规划规模现状排放标准、规划规模一级 B 排放标准、规划规模一级 A 排放标准和规划规模优于或等于一级 A 排放标准五种方案,研究沿江沿海污水处理厂不同排放规模和排放标准对上海河口海洋水环境的影响。

7.2.4　沿江海河流排水量水质变化影响设计方案

为保障防汛安全、水质改善和"三生"用水,上海市已全面规范实行陆域河网的水资源综合调度。与此同时,部分内河污染物通过沿江沿海河流排水进入上海河口海洋水域,对上海河口海洋水环境可能产生一定影响。为此,根据《上海市水利控制片水资源调度实施细则》和《上海市分片水资源调度方案研究》研究成果,在基准方案的基础上,分现状工况常规调度方案现状水质、现状工况优化调度方案现状水质、规划工况优化调度方案优于或等于达标水质三种方案,研究沿江沿海支流排水对上海河口海洋水环境的影响。

表 7.2-1　上海河口海洋水环境影响研究设计方案列表

方案分类	方案编号	计算条件流量变化	计算条件水质变化
基准方案	方案 0	2011 年 2 月现状工情下的上海河口海洋水动力水质模拟,边界条件见表 7.1-4。	
长江来水水量变化方案	方案 1	大通边界流量为 10 000 m³/s	—
	方案 2	大通边界流量 12 650 m³/s(2 月多年平均流量)	—
长江来水水质变化方案	方案 3	—	长江大通站边界水质改善 20％
	方案 4	—	长江大通站边界水质恶化 20％

续表

方案分类	方案编号	计算条件流量变化	计算条件水质变化
黄浦江出水水质变化方案	方案 5	—	黄浦江边界水质改善 20%
	方案 6	—	黄浦江边界水质恶化 20%
	方案 7	—	黄浦江边界水质改善 50%
	方案 8	—	黄浦江边界水质恶化 50%
污水处理厂尾水排放变化方案	方案 9	污水处理厂排放规模达到 2020 年规划排放规模	—
	方案 10	污水处理厂排放规模达到 2020 年规划排放规模	污水排放标准均达到一级 B
	方案 11	污水处理厂排放规模达到 2020 年规划排放规模	污水排放标准均达到一级 A
	方案 12	污水处理厂排放规模达到 2020 年规划排放规模	现状污水排放口水质优于一级 A 的,采用现状水质;其他污水排放口尾水排放为达到一级 A
沿江沿海河流排水量水质变化方案	方案 13	现状工况下沿江沿海河流排水优化调度方案中的流量	—
	方案 14	规划工况下沿江沿海河道排水优化调度方案中的流量	沿江沿海河流水质优于达标水质的,采用现状水质;其他采用达标水质

7.3 长江来水量水质变化影响分析

7.3.1 长江来水水量变化对上海河口海洋水质的影响分析

长江来水水质采用基准方案长江来水水质浓度的相同边界条件,在长江来水流量分别为 14 057 m³/s(方案 0,典型年 2 月平均流量)、10 000 m³/s(方案 1,枯水期流量)和 12 650 m³/s(方案 2,多年 2 月平均流量)的情况下,计算分析上海河口海洋相应的水质影响变化。

7.3.1.1 水质空间分布变化

(1) 高锰酸盐指数(COD_{Mn})

长江来水流量减小 4 057 m³/s(方案 1)后,与方案 0 相比:上海河口海洋 COD_{Mn} 月平均浓度变化幅度为 −0.4~0 mg/L。四个入海口水质月均浓度减小幅度大小排序是南槽>北槽>北港>北支,南槽减幅最大,最大减小了 0.4 mg/L;吴淞口下游水域受黄浦江出水的影响,减小幅度相对于周边水域较小,最大减小 0.1 mg/L。杭州湾近岸从南汇嘴到金山海域,COD_{Mn} 月平均浓度减小幅度变小,减小幅度为 0~0.15 mg/L。如图 7.3-1 所示。

长江来水流量减小 1 407 m³/s(方案 2)后,与方案 0 相比:上海河口海洋 COD_{Mn} 月平均浓度变化幅度为 −0.25~0 mg/L。四个入海口水质月均浓度减小幅度大小排序是南槽>北槽>北港>北支,南槽减幅最大,最大减小 0.25 mg/L;吴淞口下游水域受黄浦江出水的影响,减少的幅度相对于周边水域较小,最大减小 0.1 mg/L。杭州湾近岸从南汇嘴到金山海域,COD$_{Mn}$ 月平均浓度减小幅度变小,减小幅度为 0~0.1 mg/L。如图 7.3-2 所示。

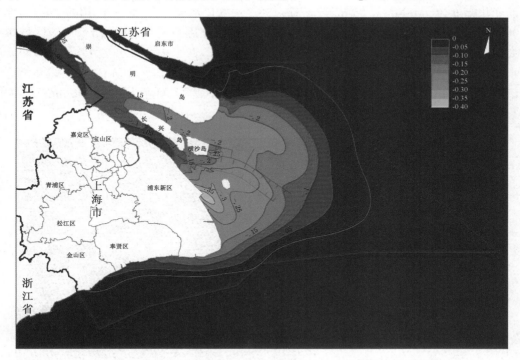

图 7.3-1　长江来水量减少 4 057 m³/s 后的 COD$_{Mn}$ 月平均浓度差值图

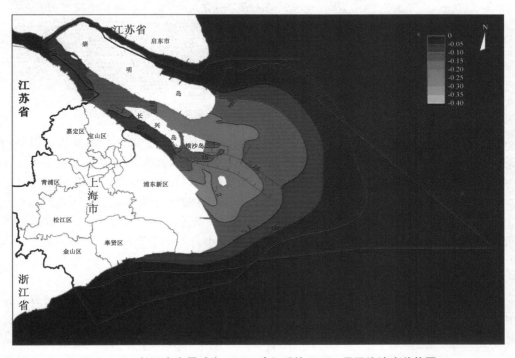

图 7.3-2　长江来水量减少 1 407 m³/s 后的 COD$_{Mn}$ 月平均浓度差值图

（2）氨氮

长江来水流量减少 4 057 m³/s（方案 1）后，与方案 0 相比：上海河口海洋氨氮月平均浓度的变化幅度为－0.14～0.04 mg/L。徐六泾至吴淞口水域，氨氮的月平均浓度减小了 0～0.06 mg/L；吴淞口至南北槽分流口水域，因长江径流作用减弱，黄浦江出水对该区域影响增大，氨氮月平均浓度略有增加，增大了 0～0.04 mg/L；四个入海口水质月均浓度减小幅度大小排序是南槽＞北槽＞北港＞北支，南槽减幅最大，最大减小了 0.14 mg/L。杭州湾近岸从南汇嘴到金山海域，氨氮月平均浓度减小幅度变小，减小幅度为 0～0.08 mg/L。如图 7.3-3 所示。

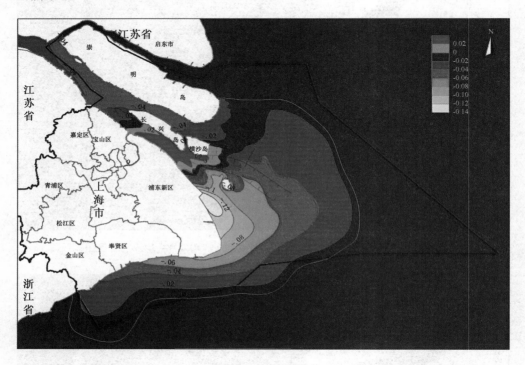

图 7.3-3　长江来水量减少 4 057 m³/s 后的氨氮月平均浓度差值图

长江来水流量减少 1 407 m³/s（方案 2）后，与方案 0 相比：上海河口海洋氨氮月平均浓度的变化幅度为－0.1～0.04 mg/L。徐六泾至吴淞口水域，氨氮的月平均浓度减小了 0～0.04 mg/L；吴淞口至南北槽分流口水域，因长江径流作用减弱，黄浦江出水对该区域影响增大，氨氮月平均浓度略有增加，增大了 0～0.04 mg/L；四个入海口水质月均浓度减小幅度大小排序是南槽＞北槽＞北港＞北支，南槽减幅最大，最大减小了 0.1 mg/L。杭州湾近岸从南汇嘴到金山海域，氨氮月平均浓度减小幅度变小，减小幅度为 0～0.04 mg/L。如图 7.3-4 所示。

（3）总磷

长江来水流量减少 4 057 m³/s（方案 1）后，与方案 0 相比：上海河口海洋总磷月平均浓度的变化幅度为－0.008～0.004 mg/L。总磷月均浓度南支绝大部分水域、南北港水域略微增大 0～0.004 mg/L，但不影响水质类别变化；其他水域有减小，尤其是南槽下端水域减小 4%～8%，使得总磷改善 1 个类别，四个入海口水质月均浓度减小幅度大小排序是南

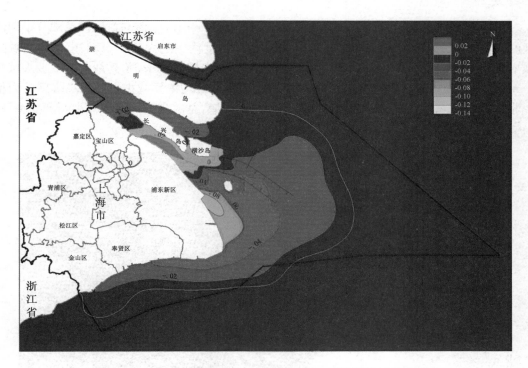

图 7.3-4　长江来水量减少 1 407 m³/s 后的氨氮月平均浓度差值图

槽＞北槽＞北港＞北支；杭州湾近岸从南汇嘴到金山海域,总磷月平均浓度减小幅度变小,
减小幅度为 0～0.004 mg/L。如图 7.3-5 所示。

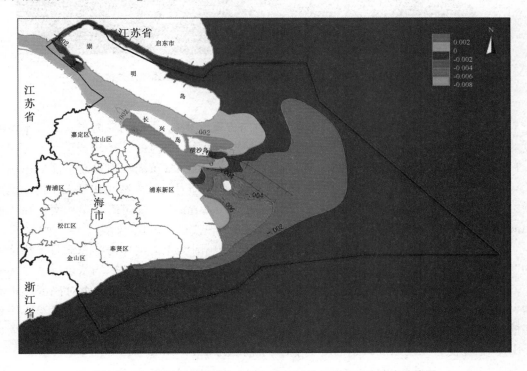

图 7.3-5　长江来水量减少 4 057 m³/s 后的总磷月平均浓度差值图

长江来水流量减少 1 407 m³/s(方案 2)后,与方案 0 相比:上海河口海洋总磷月平均浓度的变化幅度为−0.006~0.004 mg/L。总磷月均浓度南支绝大部分水域、南北港水域略微增大 0~0.004 mg/L,但不影响水质类别变化;其他水域有减小,尤其是南槽下端水域减小 4%~6%,使得总磷改善 1 个类别,四个入海口水质月均浓度减小幅度大小排序是南槽>北槽>北港>北支;杭州湾近岸从南汇嘴到金山海域,总磷月平均浓度减小幅度变小,减小幅度为 0~0.002 mg/L。如图 7.3-6 所示。

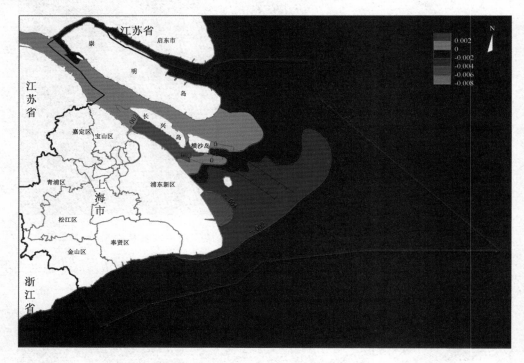

图 7.3-6 长江来水量减少 1 407 m³/s 后的总磷月平均浓度差值图

(4) 总氮

长江来水流量减少 4 057 m³/s(方案 1)后,与方案 0 相比:上海河口海洋总氮月平均浓度的变化幅度为−0.3~0.1 mg/L。徐六泾至吴淞口水域,总氮的月平均浓度减小了 0~0.1 mg/L;吴淞口至南北槽分流口水域,因长江径流作用减弱,黄浦江出水对该区域影响增大,总氮月平均浓度增大了 0~0.1 mg/L;四个入海口水质月均浓度减小幅度大小排序是南槽>北槽>北港>北支,南槽减幅最大,最大减小了 0.3 mg/L。杭州湾近岸从南汇嘴到金山海域,总氮月平均浓度减小幅度变小,减小幅度为 0~0.15 mg/L。如图 7.3-7 所示。

长江来水量减少 1 407 m³/s(方案 2)后,与方案 0 相比:上海河口海洋总氮月平均浓度的变化幅度为−0.25~0.1 mg/L。徐六泾至吴淞口水域,总氮的月平均浓度减小了 0~0.05 mg/L;吴淞口至南北槽分流口水域,因长江径流作用减弱,黄浦江出水对该区域影响增大,总氮月平均浓度增大了 0~0.1 mg/L;四个入海口水质月均浓度减小幅度大小排序是南槽>北槽>北港>北支,南槽减幅最大,最大减小了 0.25 mg/L。杭州湾近岸从南汇嘴到金山海域,总氮月平均浓度减小幅度变小,减小幅度为 0~0.1 mg/L。如图 7.3-8 所示。

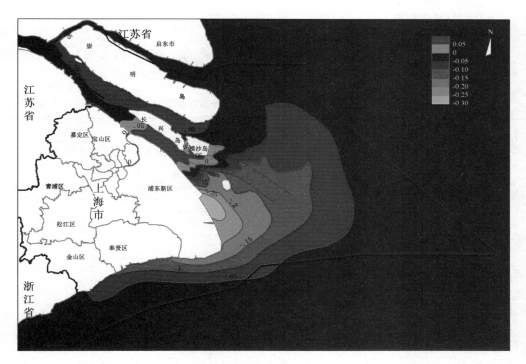

图 7.3-7　长江来水量减少 4 057 m³/s 后的总氮月平均浓度差值图

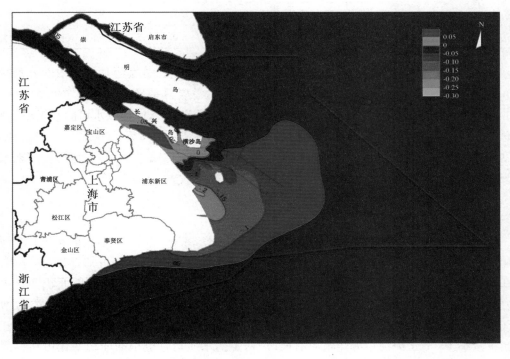

图 7.3-8　长江来水量减少 1 407 m³/s 后的总氮月平均浓度差值图

7.3.1.2　水源地取水口水质变化

根据《中华人民共和国地表水环境质量标准》(GB 3838—2002),对基准方案、方案 1 和方案 2 取水口水质的月平均浓度和相对变化率进行统计分析,如表 7.3-1 所示。

表 7.3-1　各水源地取水口水质计算浓度统计表　　　　单位:mg/L

水质指标	方案	东风西沙		陈行		青草沙	
		月平均浓度	相对变化率	月平均浓度	相对变化率	月平均浓度	相对变化率
COD_Mn	基准方案	2.116 7	—	2.291 32	—	1.967 11	—
	方案 1	2.004 57	−5.30%	2.152 73	−6.05%	1.787 22	−9.14%
	方案 2	2.083 97	−1.55%	2.254 11	−1.62%	1.917 72	−2.51%
氨氮	基准方案	0.434 96	—	0.523 041	—	0.459 382	—
	方案 1	0.389 869	−10.37%	0.477 829	−8.64%	0.417 178	−9.19%
	方案 2	0.421 429	−3.11%	0.510 268	−2.44%	0.446 791	−2.74%
总磷	基准方案	0.101 039	—	0.111 421	—	0.104 545	—
	方案 1	0.101 488	0.44%	0.112 312	0.80%	0.105 77	1.17%
	方案 2	0.101 271	0.23%	0.111 718	0.27%	0.105 103	0.53%
总氮	基准方案	1.911 07	—	2.147 34	—	1.966 57	—
	方案 1	1.851 76	−3.10%	2.095 04	−2.44%	1.914 28	−2.66%
	方案 2	1.892 6	−0.97%	2.133 64	−0.64%	1.951 9	−0.75%

长江来水流量减小 29%,水源地取水口的 COD_Mn、氨氮和总氮的月平均浓度分别减小 5.30%～9.14%、8.64%～10.37%、2.44%～3.10%,总磷月平均浓度略微增大 0.000 4～0.002 8 mg/L(0.44%～1.17%);长江来水流量减小 10%,各水源地取水口的 COD_Mn、氨氮和总氮的月平均浓度减小 1.55%～2.51%、2.44%～3.11%、0.64%～0.97%,总磷月平均浓度细微增大 0.000 2～0.001 8 mg/L(0.23%～0.53%),仍属Ⅲ类水。因此,长江来水流量减小后,除总磷以外,水源地取水口主要水质指标略有改善。

7.3.1.3　水质类别面积变化

根据《中华人民共和国地表水环境质量标准》(GB 3838—2002),对不同方案上海河口海洋水质类别的水域面积及其变化统计分析,如表 7.3-2 所示。由表可知,与方案 0 相比,长江来水流量减小 29%,上海河口海洋水质有所改善,不同水质指标类别的面积变化占河口海洋总面积的比例(占比)分别为:COD_Mn 属Ⅰ类水增加 2.18%;氨氮属Ⅰ类水增加 6.86%,属Ⅱ类水减小 3.62%,属Ⅲ类水减小 3.27%;总磷属Ⅱ类水增加 3.44%。长江来水流量减小 10%,上海河口海洋水质有所改善,不同水质指标类别的面积变化占河口海洋总面积的比例(占比)分别为:COD_Mn 属Ⅰ类水增加 0.70%;氨氮属Ⅰ类水增加 2.51%,属Ⅱ类水减小 1.31%,属Ⅲ类水减小 1.22%;总磷属Ⅱ类水增加 1.42%。

表 7.3-2　水质类别面积统计表 单位：km²

水质指标	方案		Ⅰ类	Ⅱ类	Ⅲ类	Ⅳ类	Ⅴ类	劣Ⅴ类
COD_Mn	基准方案	面积	10 234.09	505.09	0.29	—	—	—
		面积占比	95.29%	4.70%	0.003%	—	—	—
	方案1	面积	10 468.23	270.95	0.29	—	—	—
		面积占比变化	2.18%	−2.18%	—	—	—	—
	方案2	面积	10 309.57	429.61	0.29	—	—	—
		面积占比变化	0.70%	−0.70%	—	—	—	—
氨氮	基准方案	面积	4 830.53	4 731.68	1 154.12	22.79	0.35	—
		面积占比	44.98%	44.06%	10.75%	0.21%	0.003%	—
	方案1	面积	5 567.15	4 342.85	802.75	26.37	0.35	—
		面积占比变化	6.86%	−3.62%	−3.27%	0.03%	—	—
	方案2	面积	5 100.48	4 591.01	1 023.54	24.09	0.35	—
		面积占比变化	2.51%	−1.31%	−1.22%	0.01%	—	—
总磷	基准方案	面积	—	6 953.56	3 785.91	—	—	—
		面积占比	—	64.75%	35.25%	—	—	—
	方案1	面积	—	7 323.35	3 416.12	—	—	—
		面积占比变化	—	3.44%	−3.44%	—	—	—
	方案2	面积	—	7 106.55	3 632.92	—	—	—
		面积占比变化	—	1.42%	−1.42%	—	—	—
总氮湖库标准	基准方案	面积	—	—	3 245.92	3 008.13	3 400.65	1 084.77
		面积占比	—	—	30.22%	28.01%	31.66%	10.10%
	方案1	面积	—	—	3 515.91	3 617.33	2 820.58	785.65
		面积占比变化	—	—	2.51%	5.67%	−5.40%	−2.79%
	方案2	面积	—	—	3 343.67	3 227.35	3 193.14	975.31
		面积占比变化	—	—	0.91%	2.04%	−1.93%	−1.02%

　　根据《上海市水（环境）功能区划》，长江口水质控制标准为Ⅱ类水。通过水质月平均浓度空间分布变化的分析可知，上海河口海洋的 COD_{Mn} 浓度基本属Ⅱ类水，以氨氮和总磷为水质指标，分析长江来水水量变化对上海河口海洋劣于Ⅱ类水最大面积的影响。

　　选取模型计算时段中每个计算单元出现的全过程氨氮和总磷浓度最大值，绘制相应的Ⅱ类水等值线分布示意图，如图 7.3-9、图 7.3-10 和表 7.3-3 所示。由表和图可知，长江来水流量减小 29%，上海河口海洋氨氮和总磷劣于Ⅱ类水的最大面积分别减少 455.64 km² 和 122.23 km²；长江来水流量减小 10%，上海河口海洋氨氮和总磷劣于Ⅱ类水的最大面积分别减少 144.91 km² 和 44.77 km²；氨氮和总磷劣于Ⅱ类水的最大面积均为方案 1＜方案 2＜

基准方案,劣于Ⅱ类水的最大面积随着长江来水量的减少而减少。

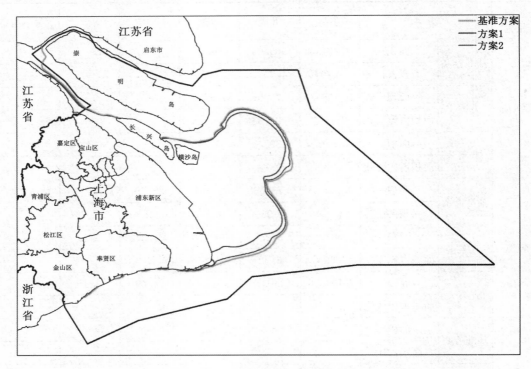

图 7.3-9　氨氮为Ⅱ类水上限值的等值线分布图

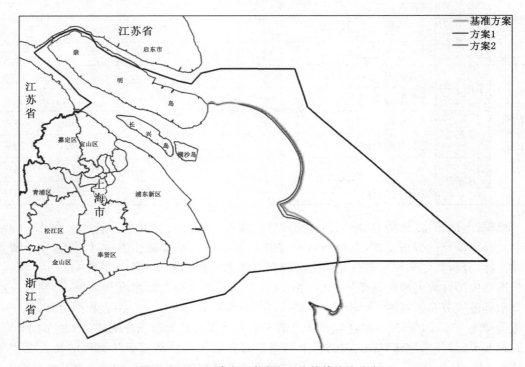

图 7.3-10　总磷为Ⅱ类水上限值的等值线分布图

表 7.3-3　氨氮和总磷劣于 Ⅱ 类水的最大面积统计表

方案	方案说明	氨氮	总磷
基准方案	—	3 035.48 km²	6 420.90 km²
方案 1	长江边界流量 10 000 m³/s	2 579.84 km²	6 298.67 km²
方案 2	长江边界流量 12 650 m³/s	2 890.57 km²	6 376.13 km²

7.3.2　长江来水水质变化对上海河口海洋水质的影响分析

在长江来水水质分别为现状水质、水质改善 20％(方案 3)、水质恶化 20％(方案 4)情况下,计算上海河口海洋的相应水质影响变化,如表 7.3-4 所示。

表 7.3-4　不同模拟方案中长江上游边界水质浓度　　　　(单位:mg/L)

计算方案	COD_{Mn}	氨氮	总磷	总氮
现状水质	2.4	0.59	0.11	2.12
水质改善 20％	1.92	0.472	0.088	1.696
水质恶化 20％	2.88	0.708	0.132	2.544

7.3.2.1　水质空间分布变化

(1) 高锰酸盐指数(COD_{Mn})

长江来水水质改善 20％(方案 3)后,与方案 0 相比:上海河口海洋 COD_{Mn} 月平均浓度减小了 0~0.55 mg/L。长江口口内至口外水域,减小的幅度变小;杭州湾近岸水域的 COD_{Mn} 月平均浓度基本没变化。如图 7.3-11 所示。

长江来水水质恶化 20％(方案 4)后,与方案 0 相比:上海河口海洋 COD_{Mn} 月平均浓度增加了 0~0.55 mg/L。长江口口内至口外水域,增加的幅度变小;杭州湾近岸水域的 COD_{Mn} 月平均浓度基本没变化。如图 7.3-12 所示。

(2) 氨氮

长江来水水质改善 20％(方案 3)后,与方案 0 相比:上海河口海洋氨氮月平均浓度减小了 0~0.1 mg/L。长江口口内至口外水域,减小的幅度变小;杭州湾近岸水域的氨氮月平均浓度基本没变化。如图 7.3-13 所示。

长江来水水质恶化 20％(方案 4)后,与方案 0 相比:上海河口海洋氨氮月平均浓度增加了 0~0.1 mg/L。长江口口内至口外水域,增加的幅度变小;杭州湾近岸水域的氨氮月平均浓度基本没变化。如图 7.3-14 所示。

(3) 总磷

长江来水水质改善 20％(方案 3)后,与方案 0 相比:上海河口海洋总磷月平均浓度减小了 0~0.022 mg/L。长江口口内至口外水域,减小的幅度变小;杭州湾近岸水域的总磷月平均浓度基本没变化。如图 7.3-15 所示。

长江来水水质恶化 20％(方案 4)后,与方案 0 相比:上海河口海洋总磷月平均浓度增加了 0~0.022 mg/L。长江口口内至口外水域,增加的幅度变小;杭州湾近岸水域的总磷月平均浓度基本没变化。如图 7.3-16 所示。

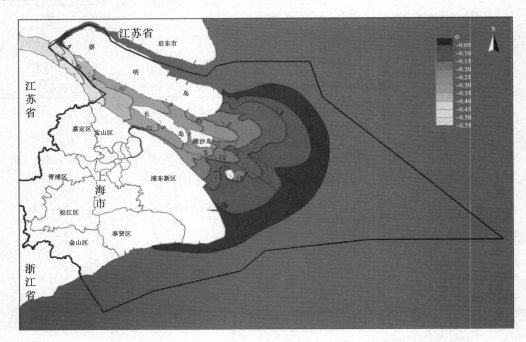

图 7.3-11　长江来水水质改善 20% 后的 COD_Mn 月平均浓度差值图

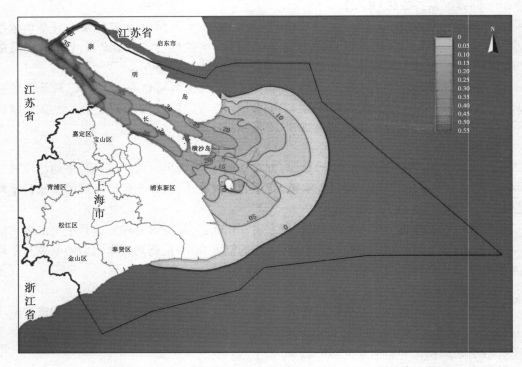

图 7.3-12　长江来水水质恶化 20% 后的 COD_Mn 月平均浓度差值图

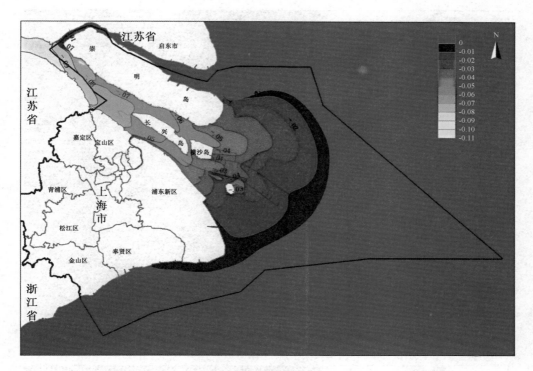

图7.3-13 长江来水水质改善20%后的氨氮月平均浓度差值图

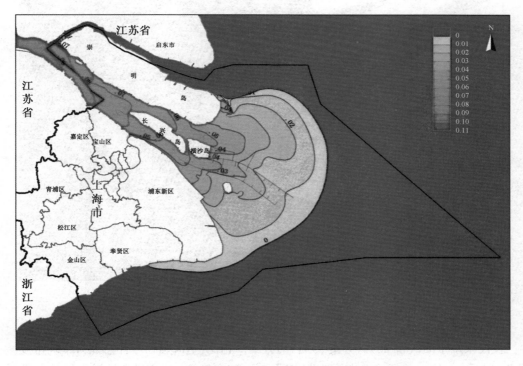

图7.3-14 长江来水水质恶化20%后的氨氮月平均浓度差值图

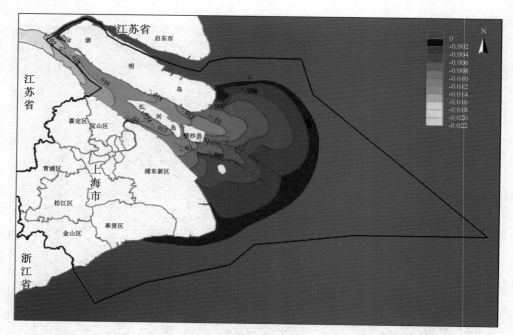

图 7.3-15　长江来水水质改善 20%后的总磷月平均浓度差值图

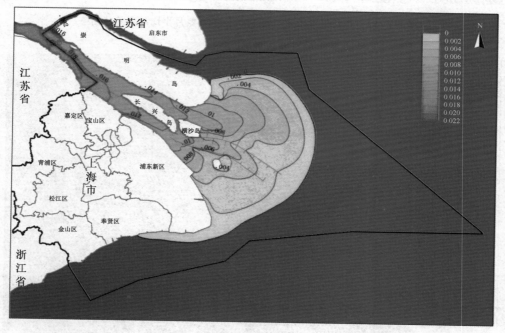

图 7.3-16　长江来水水质恶化 20%后的总磷月平均浓度差值图

（4）总氮

长江来水水质改善 20%（方案 3）后，与方案 0 相比：上海河口海洋总氮月平均浓度减小了 0～0.45 mg/L。长江口口内至口外水域，减小的幅度变小；杭州湾近岸水域的总氮月平均浓度基本没变化。如图 7.3-17 所示。

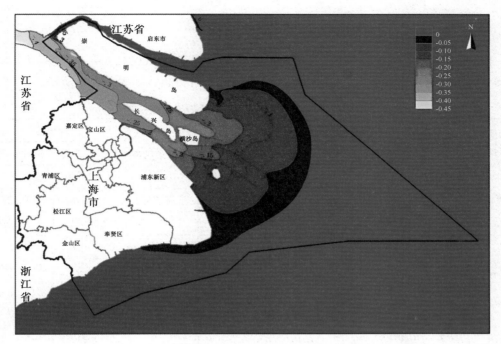

图 7.3-17 长江来水水质改善 20%后的总氮月平均浓度差值图

长江来水水质恶化 20%(方案 4)后,与方案 0 相比:上海河口海洋总氮月平均浓度增加了 0~0.45 mg/L。长江口口内至口外水域,增加的幅度变小;杭州湾近岸水域的总氮月平均浓度基本没变化。如图 7.3-18 所示。

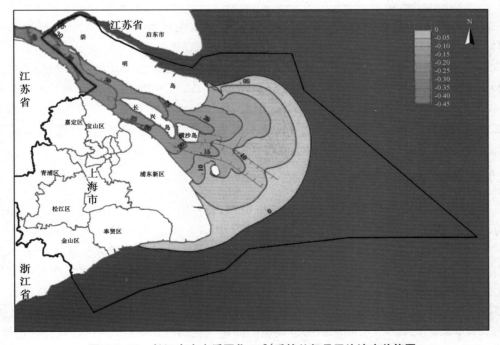

图 7.3-18 长江来水水质恶化 20%后的总氮月平均浓度差值图

7.3.2.2　水源地取水口水质变化

根据《中华人民共和国地表水环境质量标准》(GB 3838—2002),对基准方案、方案 3 和方案 4 取水口水质的月平均浓度和相对变化率进行统计分析。如表 7.3-5 所示。

表 7.3-5　各水源地取水口水质平均浓度统计表　　　　　　　　单位:mg/L

水质指标	方案	东风西沙		陈行		青草沙	
		月平均浓度	相对变化率	月平均浓度	相对变化率	月平均浓度	相对变化率
COD$_{Mn}$	基准方案	2.116 7	—	2.291 32	—	1.967 11	—
	方案 3	1.702 58	−19.56%	1.861 65	−18.75%	1.606 88	−18.31%
	方案 4	2.530 95	19.57%	2.721 45	18.77%	2.327 4	18.32%
氨氮	基准方案	0.434 96	—	0.523 041	—	0.459 382	—
	方案 3	0.359 595	−17.33%	0.443 663	−15.18%	0.390 072	−15.09%
	方案 4	0.510 326	17.33%	0.602 62	15.21%	0.528 693	15.09%
总磷	基准方案	0.101 039	—	0.111 421	—	0.104 545	—
	方案 3	0.083 396	−17.46%	0.092 306	−17.16%	0.088 428	−15.42%
	方案 4	0.118 682	17.46%	0.130 556	17.17%	0.120 662	15.42%
总氮	基准方案	1.911 07	—	2.147 34	—	1.966 57	—
	方案 3	1.594 17	−16.58%	1.813 63	−15.54%	1.665 22	−15.32%
	方案 4	2.228 27	16.60%	2.481 05	15.54%	2.267 92	15.32%

各方案取水口水质变化情况统计结果表明,长江来水水质改善20%,水源地取水口的 COD$_{Mn}$、氨氮、总磷和总氮的月平均浓度分别减小 18.31%～19.56%、15.09%～17.33%、15.42%～17.46% 和 15.32%～16.58%;长江来水水质恶化20%,各水源地取水口的 COD$_{Mn}$、氨氮、总磷和总氮的月平均浓度分别增加 18.32%～19.57%、15.09%～17.33%、15.42%～17.46% 和 15.32%～16.60%。因此,长江来水水质变化对水源地取水口水质影响较大,取水口水质改善率(恶化率)与长江来水水质改善率(恶化率)较为接近,长江来水水质改善(恶化)20%情况下,取水口水质改善(恶化)15.09%～19.57%。

7.3.2.3　水质类别面积变化

由水质月平均浓度空间分布变化的分析可知,长江来水水质恶化或改善20%,相应影响的水域范围主要分布在长江口区域。根据《中华人民共和国地表水环境质量标准》(GB 3838—2002),对不同方案上海河口海洋水质类别的水域面积及其变化统计分析。如表 7.3-6 所示。由表可知,与方案 0 相比,长江来水水质改善20%,不同水质指标类别的面积变化占河口海洋总面积的比例(占比)分别为:COD$_{Mn}$ 属Ⅰ类水增加 3.90%;氨氮属Ⅰ类水增加 0.64%,属Ⅱ类水增加 1.27%,属Ⅲ类水减小 1.84%;总磷属Ⅱ类水增加 15.09%。长江来水水质恶化20%,不同水质指标类别的面积变化占河口海洋总面积的比例(占比)分别为:COD$_{Mn}$ 属Ⅰ类水减小 3.40%;氨氮属Ⅰ类水减小 0.42%,属Ⅱ类水减小 6.51%,属Ⅲ

类水增加 6.87%;总磷属Ⅱ类水减小 6.21%。

表 7.3-6　水质类别面积统计表　　　　　　　　　　　　单位:km²

水质指标	方案		Ⅰ类	Ⅱ类	Ⅲ类	Ⅳ类	Ⅴ类	劣Ⅴ类
COD_{Mn}	基准方案	面积	10 234.09	505.09	0.29	—	—	—
		面积占比	95.29%	4.70%	0.003%	—	—	—
	方案 3	面积	10 652.71	86.5	0.26	—	—	—
		面积占比变化	3.90%	−3.90%	−0.001%	—	—	—
	方案 4	面积	9 869.41	869.57	0.49	—	—	—
		面积占比变化	−3.40%	3.39%	0.002%	—	—	—
氨氮	基准方案	面积	4 830.53	4 731.68	1 154.12	22.79	0.35	—
		面积占比	44.98%	44.06%	10.75%	0.21%	0.003%	—
	方案 3	面积	4 898.86	4 867.85	956.21	16.2	0.35	—
		面积占比变化	0.64%	1.27%	−1.84%	−0.07%	—	—
	方案 4	面积	4 785.06	4 032.91	1 891.81	29.34	0.35	—
		面积占比变化	−0.42%	−6.51%	6.87%	0.06%	—	—
总磷	基准方案	面积	—	6 953.56	3 785.91	—	—	—
		面积占比	—	64.75%	35.25%	—	—	—
	方案 3	面积	—	8 574.26	2 165.21	—	—	—
		面积占比变化	—	15.09%	−15.09%	—	—	—
	方案 4	面积	—	6 286.54	4 452.93	—	—	—
		面积占比变化	—	−6.21%	6.21%	—	—	—
总氮（湖库标准）	基准方案	面积	—	—	3 245.92	3 008.13	3 400.65	1 084.77
		面积占比	—	—	30.22%	28.01%	31.66%	10.10%
	方案 3	面积	—	—	3 331.79	3 115.22	3 664.24	628.22
		面积占比变化	—	—	0.80%	1.00%	2.45%	−4.25%
	方案 4	面积	—	—	3 143.27	2 915.69	2 560.87	2 119.64
		面积占比变化	—	—	−0.96%	−0.86%	−7.82%	9.64%

选取模型计算时段中每个计算单元出现的全过程氨氮和总磷浓度最大值,绘制相应的Ⅱ类水等值线分布示意图,如图 7.3-19、图 7.3-20 和表 7.3-7 所示。由图和表可知,长江来水水质改善 20%,上海河口海洋氨氮和总磷劣于Ⅱ类水的最大面积分别减少 541.72 km² 和 22.45 km²;长江来水水质恶化 20%,上海河口海洋氨氮和总磷劣于Ⅱ类水的最大面积分别增加 981.53 km² 和 59.23 km²;氨氮和总磷劣于Ⅱ类水的最大面积均为方案 3<基准方案<方案 4,劣于Ⅱ类水的最大面积随着长江来水污染物浓度的降低而减小。

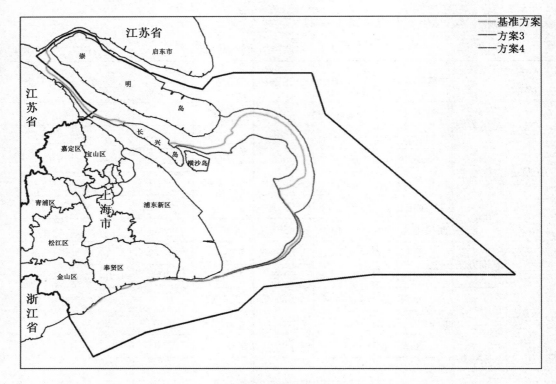

图 7.3-19 氨氮为Ⅱ类水上限值的等值线分布图

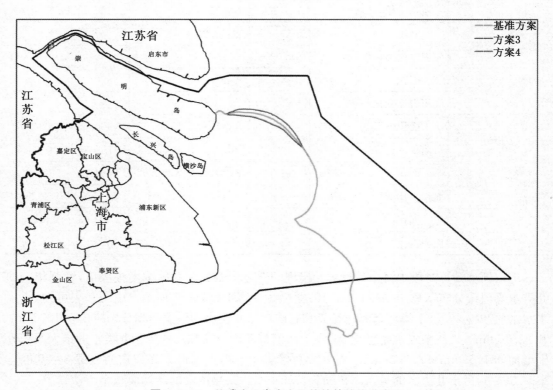

图 7.3-20 总磷为Ⅱ类水上限值的等值线分布图

表 7.3-7　氨氮和总磷劣于Ⅱ类水的最大面积统计表

方案	方案说明	氨氮	总磷
基准方案	—	3 035.48 km²	6 420.90 km²
方案 3	长江边界水质改善 20%	2 493.76 km²	6 398.45 km²
方案 4	长江边界水质恶化 20%	4 017.01 km²	6 480.13 km²

7.3.3　长江入海污染物通量变化对上海河口海洋水质的影响分析

根据长江来水量水质变化各方案的模拟结果,参考 GB 3838—2002,上海河口海洋 COD_{Mn} 变化范围为Ⅰ～Ⅲ类,氨氮变化范围为Ⅰ～Ⅴ类,总磷变化范围为Ⅱ～Ⅲ类,总氮(参照湖库标准)变化范围为Ⅲ～劣Ⅴ类。对各方案长江入海污染物通量和水质月平均浓度类别面积进行 Pearson 相关性分析,COD_{Mn} 的Ⅰ类面积和Ⅱ类面积与长江入海污染物通量显著性相关($p < 0.01$);氨氮的Ⅰ类面积与长江入海污染物通量显著性相关($p < 0.05$);总氮(参照湖库标准)的Ⅲ类面积与长江入海污染物通量显著性相关($p < 0.05$)。根据计算方案结果对 COD_{Mn}、氨氮和总氮绘制相关分析拟合线。如图 7.3-21 所示。

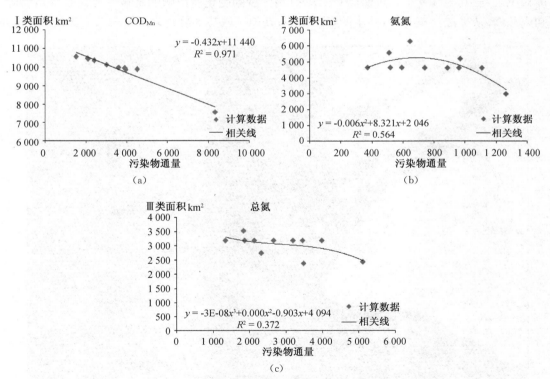

图 7.3-21　污染物通量与水质类别面积相关性分析图

7.4　黄浦江出水水质变化影响分析

在黄浦江出水水质分别为现状水质、水质改善 20%(方案 5)、水质恶化 20%(方案 6)水质改善50%(方案7)、水质恶化50%(方案8)情况下,计算分析上海河口海洋的水质影响变化。如表7.4-1所示。

表7.4-1 不同模拟方案中黄浦江水质浓度 （单位:mg/L）

计算方案	COD_{Mn}	氨氮	总磷	总氮
现状水质	5.6	2.56	0.17	6.36
水质改善20%	4.48	2.048	0.136	5.088
水质恶化20%	6.72	3.072	0.204	7.632
水质改善50%	2.8	1.28	0.085	3.18
水质恶化50%	8.4	3.84	0.255	9.54

7.4.1 水质空间分布变化

(1) 高锰酸盐指数(COD_{Mn})

黄浦江出水水质改善20%(方案5)后,与方案0相比:上海河口海洋COD_{Mn}月平均浓度减小了0～0.60 mg/L。黄浦江COD_{Mn}月均浓度的变化所影响的水域主要是长江口南港和南北槽,从吴淞口至外海,减小的幅度变小;其他区域基本没变化。如图7.4-1所示。

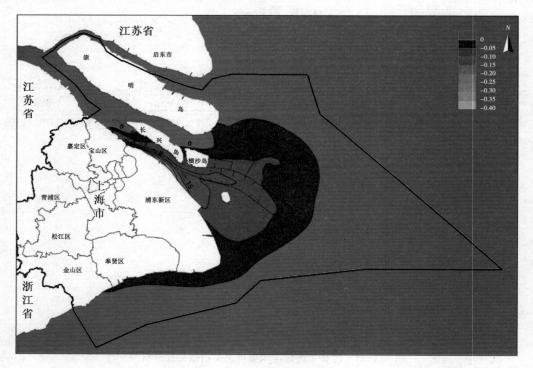

图7.4-1 黄浦江出水水质改善20%后的COD_{Mn}月平均浓度差值图

黄浦江出水水质恶化20%(方案6)后,与方案0相比:上海河口海洋COD_{Mn}月平均浓度增加了0～0.60 mg/L。黄浦江COD_{Mn}月均浓度的变化所影响的水域主要是长江口南港和南北槽,从吴淞口至外海,增加的幅度变小;其他区域基本没变化。如图7.4-2所示。

　　黄浦江出水水质改善 50%（方案 7）后,与方案 0 相比:上海河口海洋 COD_{Mn} 月平均浓度减小了 0~1 mg/L。黄浦江 COD_{Mn} 月均浓度的变化所影响的水域主要是长江口南北港、南北槽、北港口门外及杭州湾北岸部分近岸海域,距吴淞口越远变化幅度越小;其他区域基本没变化。如图 7.4-3 所示。

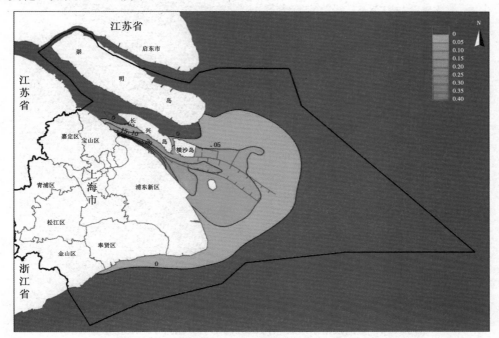

图 7.4-2　黄浦江出水水质恶化 20% 后的 COD_{Mn} 月平均浓度差值图

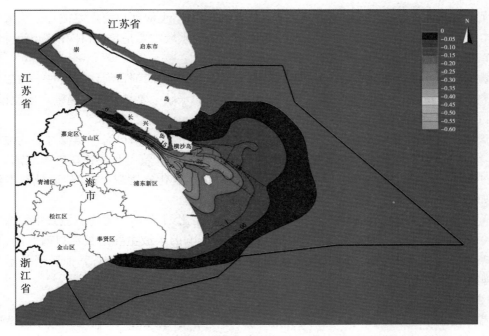

图 7.4-3　黄浦江出水水质改善 50% 后的 COD_{Mn} 月平均浓度差值图

黄浦江出水水质恶化50%(方案8)后,与方案0相比:上海河口海洋COD$_{Mn}$月平均浓度增加了0～1 mg/L。黄浦江COD$_{Mn}$月均浓度的变化所影响的水域主要是长江口南北港、北港口门外和南北槽,距吴淞口越远变化幅度越小;其他区域基本没变化。如图7.4-4所示。

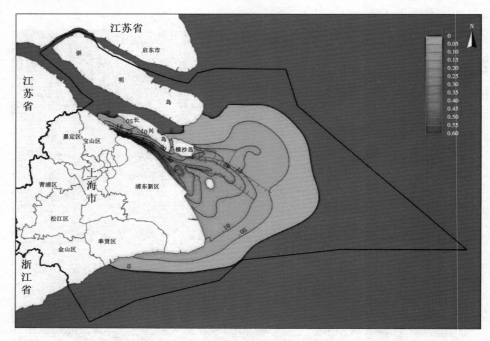

图 7.4-4 黄浦江出水水质恶化 50% 后的 COD$_{Mn}$ 月平均浓度差值图

(2)氨氮

黄浦江出水水质改善20%(方案5)后,与方案0相比:上海河口海洋氨氮月平均浓度减小了0～0.20 mg/L。黄浦江氨氮浓度的变化所影响的水域主要是长江口南港和南北槽,从吴淞口至外海,减小的幅度变小。如图7.4-5所示。

黄浦江出水水质恶化20%(方案6)后,与方案0相比:上海河口海洋氨氮月平均浓度增加了0～0.20 mg/L。黄浦江氨氮浓度的变化所影响的水域主要是长江口南港和南北槽,从吴淞口至外海,增加的幅度变小。如图7.4-6所示。

黄浦江出水水质改善50%(方案7)后,与方案0相比:上海河口海洋氨氮月平均浓度减小了0～0.6 mg/L。黄浦江氨氮月均浓度的变化所影响的水域主要是长江口南北港、北港口门外和南北槽及杭州湾北岸近岸海域,距吴淞口越远变化幅度越小;其他区域基本没变化。如图7.4-7所示。

黄浦江出水水质恶化50%(方案8)后,与方案0相比:上海河口海洋氨氮月平均浓度增加了0～0.6 mg/L。黄浦江氨氮月均浓度的变化所影响的水域主要是长江口南北港、北港口门外和南北槽及杭州湾北岸近岸海域,距吴淞口越远变化幅度越小;其他区域基本没变化。如图7.4-8所示。

(3)总磷

黄浦江出水水质改善20%(方案5)后,与方案0相比:上海河口海洋总磷月平均浓度减小了0～0.012 mg/L。黄浦江总磷浓度的变化所影响的水域主要是长江口南港和南北槽,从吴淞口至外海,减小的幅度变小。如图 7.4-9 所示。

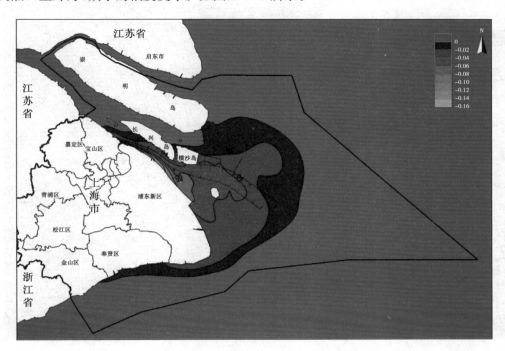

图 7.4-5　黄浦江出水水质改善 20%后的氨氮月平均浓度差值图

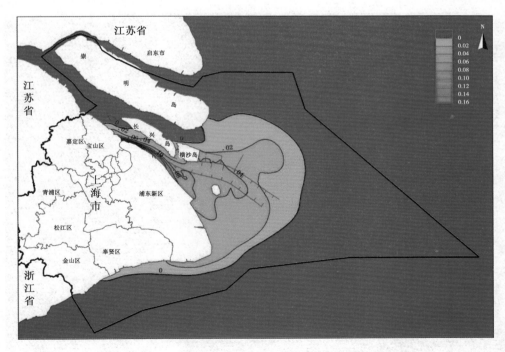

图 7.4-6　黄浦江出水水质恶化 20%后的氨氮月平均浓度差值图

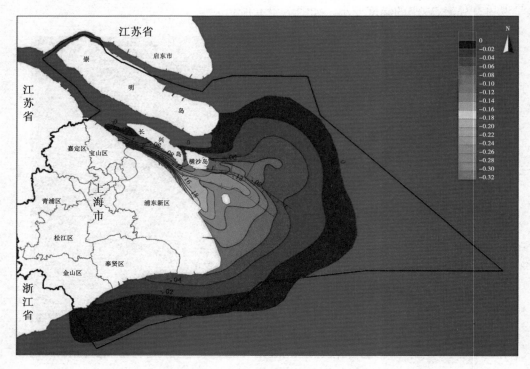

图 7.4-7　黄浦江出水水质改善 50%后的氨氮月平均浓度差值图

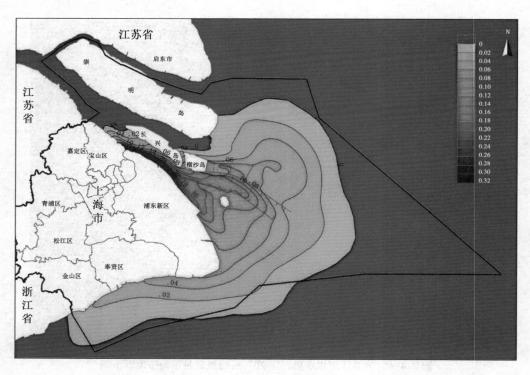

图 7.4-8　黄浦江出水水质恶化 50%后的氨氮月平均浓度差值图

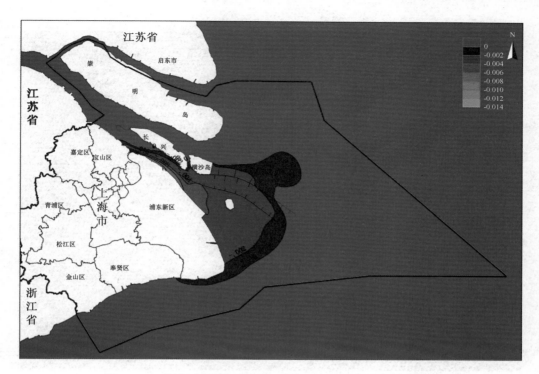

图 7.4-9　黄浦江出水水质改善 20%后的总磷月平均浓度差值图

　　黄浦江出水水质恶化 20%(方案 6)后,与方案 0 相比:上海河口海洋总磷月平均浓度增加了 0~0.012 mg/L。黄浦江总磷浓度的变化所影响的水域主要是长江口南港和南北槽,从吴淞口至外海,增加的幅度变小。如图 7.4-10 所示。

　　黄浦江出水水质改善 50%(方案 7)后,与方案 0 相比:上海河口海洋总磷月平均浓度减小了 0~0.03 mg/L。黄浦江总磷月均浓度的变化所影响的水域主要是长江口南北港、北港口门外和南北槽,距吴淞口越远变化幅度越小;其他区域基本没变化。如图 7.4-11 所示。

　　黄浦江出水水质恶化 50%(方案 8)后,与方案 0 相比:上海河口海洋总磷月平均浓度增加了 0~0.03 mg/L。黄浦江总磷月均浓度的变化所影响的水域主要是长江口南北港、北港口门外和南北槽,距吴淞口越远变化幅度越小;其他区域基本没变化。如图 7.4-12 所示。

　　(4)总氮

　　黄浦江出水水质改善 20%(方案 5)后,与方案 0 相比:上海河口海洋总氮月平均浓度减小了 0~0.60 mg/L。黄浦江总氮浓度的变化所影响的水域主要是长江口南港和南北槽,从吴淞口至外海,减小的幅度变小。如图 7.4-13 所示。

　　黄浦江出水水质恶化 20%(方案 6)后,与方案 0 相比:上海河口海洋总氮月平均浓度增加了 0~0.60 mg/L。黄浦江总氮浓度的变化所影响的水域主要是长江口南港和南北槽,从吴淞口至外海,增加的幅度变小。如图 7.4-14 所示。

　　黄浦江出水水质改善 50%(方案 7)后,与方案 0 相比:上海河口海洋总氮月平均浓度减小了 0~1 mg/L。黄浦江总氮月均浓度的变化所影响的水域主要是长江口南北港、北港口门外和南北槽及杭州湾北岸近岸海域,距吴淞口越远变化幅度越小;其他区域基本没变化。如图 7.4-15 所示。

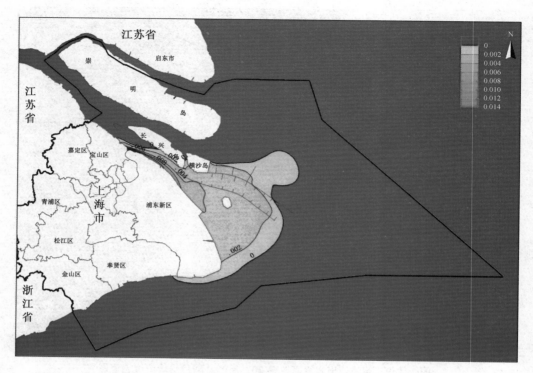

图 7.4-10　黄浦江出水水质恶化 20%后的总磷月平均浓度差值图

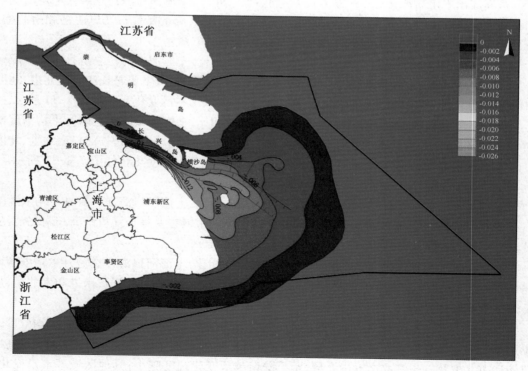

图 7.4-11　黄浦江出水水质改善 50%后的总磷月平均浓度差值图

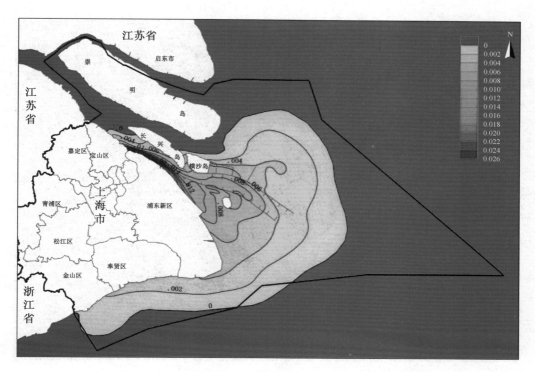

图 7.4-12 黄浦江出水水质恶化 50%后的总磷月平均浓度差值图

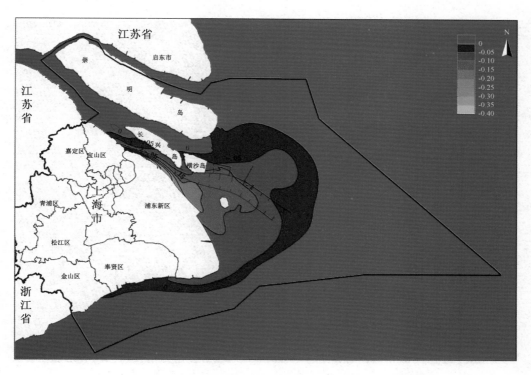

图 7.4-13 黄浦江出水水质改善 20%后的总氮月平均浓度差值图

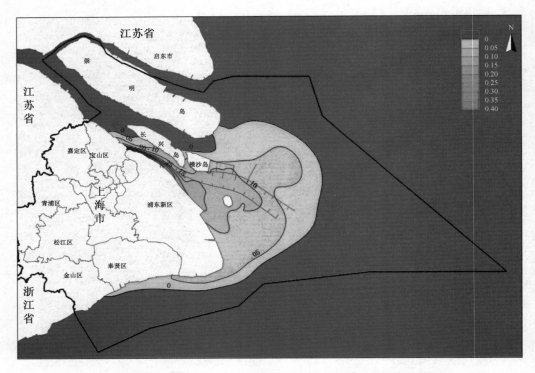

图 7.4-14　黄浦江出水水质恶化 20% 后的总氮月平均浓度差值图

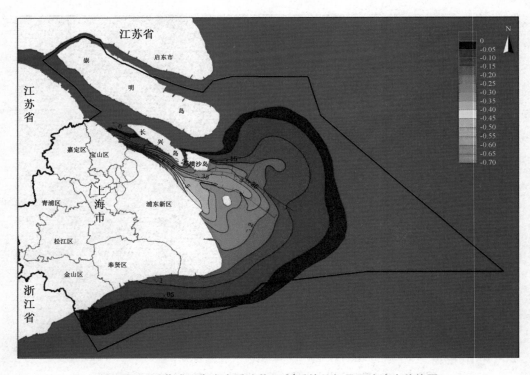

图 7.4-15　黄浦江出水水质改善 50% 后的总氮月平均浓度差值图

黄浦江出水水质恶化50%（方案8）后，与方案0相比：上海河口海洋总氮月平均浓度增加了0~1 mg/L。黄浦江总氮月均浓度的变化所影响的水域主要是长江口南北港、北港口门外和南北槽及杭州湾北岸近岸海域，距吴淞口越远变化幅度越小；其他区域基本没变化。如图7.4-16所示。

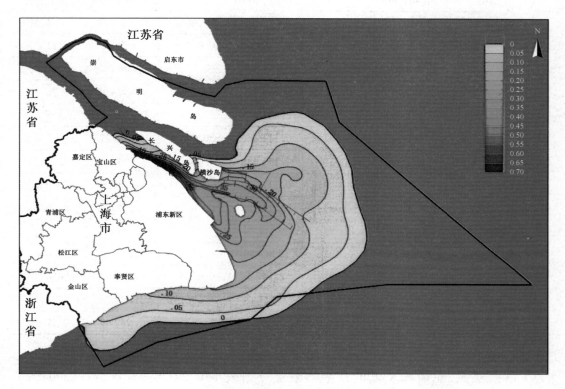

图7.4-16 黄浦江出水水质恶化50%后的总氮月平均浓度差值图

7.4.2 水源地取水口水质变化

根据《中华人民共和国地表水环境质量标准》（GB 3838—2002），对基准方案、方案5、方案6、方案7和方案8取水口水质的月平均浓度和相对变化率进行统计分析。如表7.4-2所示。

表7.4-2 各水源地取水口水质平均浓度统计表　　　　　　单位：mg/L

水质指标	方案	东风西沙		陈行		青草沙	
		月平均浓度	相对变化率	月平均浓度	相对变化率	月平均浓度	相对变化率
COD$_{Mn}$	基准方案	2.116 7	—	2.291 32	—	1.967 11	—
	方案5	2.116 62	−0.004%	2.291 27	−0.002%	1.966 03	−0.055%
	方案6	2.116 79	0.004%	2.291 37	0.002%	1.968 2	0.055%
	方案7	2.116 49	−0.010%	2.291 2	−0.005%	1.964 4	−0.138%
	方案8	2.116 91	0.010%	2.291 44	0.005%	1.969 82	0.138%

续表

水质指标	方案	东风西沙		陈行		青草沙	
		月平均浓度	相对变化率	月平均浓度	相对变化率	月平均浓度	相对变化率
氨氮	基准方案	0.434 96	—	0.523 041	—	0.459 382	—
	方案 5	0.434 918	−0.010%	0.523 018	−0.004%	0.458 854	−0.115%
	方案 6	0.435 003	0.010%	0.523 064	0.004%	0.459 911	0.115%
	方案 7	0.434 854	−0.024%	0.522 984	−0.011%	0.458 061	−0.288%
	方案 8	0.435 067	0.025%	0.523 099	0.011%	0.460 704	0.288%
总磷	基准方案	0.101 039	—	0.111 421	—	0.104 545	—
	方案 5	0.101 035	−0.004%	0.111 409	−0.011%	0.104 51	−0.033%
	方案 6	0.101 042	0.003%	0.111 433	0.011%	0.104 581	0.034%
	方案 7	0.101 03	−0.009%	0.111 347	−0.066%	0.104 456	−0.085%
	方案 8	0.101 047	0.008%	0.111 495	0.066%	0.104 635	0.086%
总氮	基准方案	1.911 07	—	2.147 34	—	1.966 57	—
	方案 5	1.910 94	−0.007%	2.147 28	−0.003%	1.965 23	−0.068%
	方案 6	1.911 2	0.007%	2.147 4	0.003%	1.967 91	0.068%
	方案 7	1.910 75	−0.017%	2.147 18	−0.007%	1.963 22	−0.170%
	方案 8	1.911 39	0.017%	2.147 5	0.007%	1.969 92	0.170%

各方案取水口水质变化情况统计结果表明,黄浦江出水水质改善 20%,水源地取水口的 COD_{Mn}、氨氮、总磷和总氮的月平均浓度分别减小 0.002%~0.055%、0.004%~0.115%、0.004%~0.033% 和 0.003%~0.068%;黄浦江出水水质恶化 20%,各水源地取水口的 COD_{Mn}、氨氮、总磷和总氮的月平均浓度分别增加 0.002%~0.055%、0.004%~0.115%、0.004%~0.034% 和 0.003%~0.068%;黄浦江出水水质改善 50%,水源地取水口的 COD_{Mn}、氨氮、总磷和总氮的月平均浓度分别减小 0.005%~0.138%、0.011%~0.288%、0.009%~0.085% 和 0.007%~0.170%;黄浦江出水水质恶化 50%,各水源地取水口的 COD_{Mn}、氨氮、总磷和总氮的月平均浓度分别增加 0.005%~0.138%、0.011%~0.288%、0.008%~0.086% 和 0.007%~0.170%。因此,黄浦江出水水质变化对水源地取水口水质影响很小,黄浦江出水水质改善(恶化)50% 情况下,取水口处水质改善(恶化)约 0.005%~0.288%。

7.4.3 水质类别面积变化

采用《中华人民共和国地表水环境质量标准》(GB 3838—2002),分别对基准方案、方案 5、方案 6、方案 7 和方案 8 的上海河口海洋内各水质指标月平均浓度符合不同水质类别的水域面积进行统计。如表 7.4-3 所示。由表可知,与方案 0 相比,黄浦江出水水质改善 20%,不同水质指标类别的面积变化占河口海洋总面积的比例(占比)分别为:COD_{Mn} 属 Ⅰ 类水增加 0.24%;氨氮属 Ⅰ 类水增加 1.73%,属 Ⅱ 类水增加 0.17%,属 Ⅲ 类水减小 1.76%,

属Ⅳ类水减小 0.14%;总磷属Ⅱ类水增加 3.19%。黄浦江出水水质恶化 20%,不同水质指标类别的面积变化占河口海洋总面积的比例(占比)分别为:COD_{Mn} 属Ⅰ类水减小 1.19%;氨氮属Ⅰ类水减小 1.46%,属Ⅱ类水减小 0.39%,属Ⅲ类水增加 1.70%,属Ⅳ类水增加 0.13%;总磷属Ⅱ类水减小 3.43%。黄浦江出水水质改善 50%,不同水质指标类别的面积变化占河口海洋总面积的比例(占比)分别为:COD_{Mn} 属Ⅰ类水增加 1.05%;氨氮属Ⅰ类水增加 4.11%,属Ⅱ类水增加 0.71%,属Ⅲ类水减小 4.61%,属Ⅳ类水减小 0.21%;总磷属Ⅱ类水增加 7.30%。黄浦江出水水质恶化 50%,不同水质指标类别的面积变化占河口海洋总面积的比例(占比)分别为:COD_{Mn} 属Ⅰ类水减小 2.85%;氨氮属Ⅰ类水减小 3.36%,属Ⅱ类水减小 1.59%,属Ⅲ类水增加 4.54%,属Ⅳ类水增加 0.38%;总磷属Ⅱ类水减小 8.07%。

表 7.4-3 水质类别面积统计表 单位:km²

水质指标	方案		Ⅰ类	Ⅱ类	Ⅲ类	Ⅳ类	Ⅴ类	劣Ⅴ类
COD_{Mn}	基准方案	面积	10 234.09	505.09	0.29	—	—	—
		面积占比	95.29%	4.70%	0.003%	—	—	—
	方案 5	面积	10 260.39	479.04	0.04	—	—	—
		面积占比变化	0.24%	−0.24%	0.00%	—	—	—
	方案 6	面积	10 106.45	631.6	1.42	—	—	—
		面积占比变化	−1.19%	1.18%	0.01%	—	—	—
	方案 7	面积	10 346.94	392.5	0.03	—	—	—
		面积占比变化	1.05%	−1.05%	0.00%	—	—	—
	方案 8	面积	9 928.04	808.66	2.73	0.04	—	—
		面积占比变化	−2.85%	2.83%	0.02%	0.00%	—	—
氨氮	基准方案	面积	4 830.53	4 731.68	1 154.12	22.79	0.35	—
		面积占比	44.98%	44.06%	10.75%	0.21%	0.003%	—
	方案 5	面积	5 016.49	4 750.14	965.62	7.13	0.09	—
		面积占比变化	1.73%	0.17%	−1.76%	−0.14%	0.00%	—
	方案 6	面积	4 673.98	4 689.98	1 337.18	36.67	1.58	0.08
		面积占比变化	−1.46%	−0.39%	1.70%	0.13%	0.01%	0.00%
	方案 7	面积	5 272.15	4 808.44	658.87	0.01	0	—
		面积占比变化	4.11%	0.71%	−4.61%	−0.21%	0.00%	—
	方案 8	面积	4 469.43	4 560.71	1 642.18	63.45	3.03	0.67
		面积占比变化	−3.36%	−1.59%	4.54%	0.38%	0.02%	0.01%

水质指标	方案		Ⅰ类	Ⅱ类	Ⅲ类	Ⅳ类	Ⅴ类	劣Ⅴ类
总磷	基准方案	面积	—	6 953.56	3 785.91	—	—	—
		面积占比		64.75%	35.25%	—	—	—
	方案5	面积	—	7 295.86	3 443.61	—	—	—
		面积占比变化		3.19%	−3.19%	—	—	—
	方案6	面积	—	6 584.95	4 154.52	—	—	—
		面积占比变化		−3.43%	3.43%	—	—	—
	方案7	面积	—	7 737.33	3 002.14	—	—	—
		面积占比变化		7.30%	−7.30%	—	—	—
	方案8	面积	—	6 087.04	4 652.43	—	—	—
		面积占比变化		−8.07%	8.07%	—	—	—
总氮湖库标准	基准方案	面积	—	—	3 245.92	3 008.13	3 400.65	1 084.77
		面积占比			30.22%	28.01%	31.66%	10.10%
	方案5	面积	—	—	3 301.98	3 246.27	3 317.13	874.09
		面积占比变化			0.52%	2.22%	−0.78%	−1.96%
	方案6	面积	—	—	3 195.87	2 784.22	3 448.84	1 310.54
		面积占比变化			−0.47%	−2.08%	0.45%	2.10%
	方案7	面积	—	—	3 409.1	3 663.19	3 092.95	574.23
		面积占比变化			1.52%	6.10%	−2.87%	−4.75%
	方案8	面积	—	—	3 120.03	2 496.05	3 386.84	1 736.55
		面积占比变化			−1.17%	−4.77%	−0.13%	6.07%

根据《上海市水(环境)功能区划》,长江口水质控制标准为Ⅱ类水。通过水质月平均浓度空间分布变化的分析可知,上海河口海洋的 COD_{Mn} 浓度基本属Ⅱ类水,以氨氮和总磷为水质指标,分析黄浦江出水水质变化对上海河口海洋劣于Ⅱ类水最大面积的影响。

选取模型计算时段中每个计算单元出现的全过程氨氮和总磷浓度最大值,绘制相应的Ⅱ类水等值线分布示意图,如图7.4-17、7.4-18和表7.4-4所示。由图和表可知,黄浦江出水水质改善20%,上海河口海洋氨氮和总磷劣于Ⅱ类水的最大面积分别减少273.84 km² 和31.48 km²;黄浦江出水水质恶化20%,上海河口海洋氨氮和总磷劣于Ⅱ类水的最大面积分别增加328.57 km² 和32.89 km²;黄浦江出水水质改善50%,上海河口海洋氨氮和总磷劣于Ⅱ类水的最大面积分别减少970.67 km² 和78.70 km²;黄浦江出水水质恶化50%,上海河口海洋氨氮和总磷劣于Ⅱ类水的最大面积分别增加662.27 km² 和82.38 km²;氨氮和总磷的劣于Ⅱ类水的最大面积均为方案7<方案5<基准方案<方案6<方案8,劣于Ⅱ类水的最大面积随着黄浦江出水污染物浓度的降低而减小。

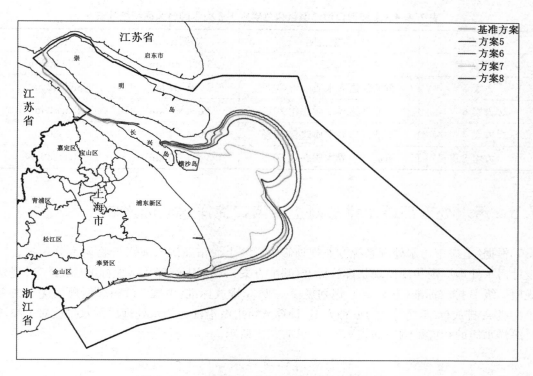

图 7.4-17 氨氮为Ⅱ类水上限值的等值线分布图

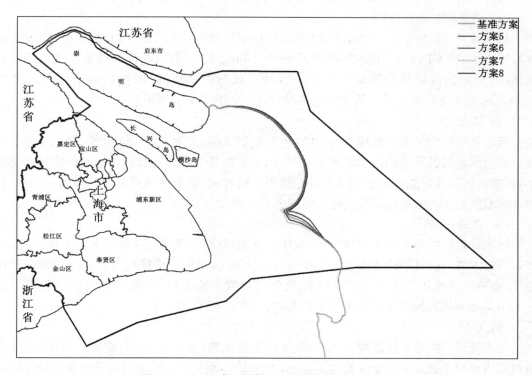

图 7.4-18 总磷为Ⅱ类水上限值的等值线分布图

表 7.4-4　上海河口海洋氨氮和总磷劣于Ⅱ类水的最大面积统计表

方案	方案说明	氨氮	总磷
基准方案	—	3 035.48 km²	6 420.90 km²
方案 5	黄浦江边界水质改善 20％	2 761.64 km²	6 389.42 km²
方案 6	黄浦江边界水质恶化 20％	3 364.05 km²	6 453.79 km²
方案 7	黄浦江边界水质改善 50％	2 064.81 km²	6 342.20 km²
方案 8	黄浦江边界水质恶化 50％	3 697.75 km²	6 503.28 km²

7.5　污水处理厂尾水排放对上海河口海洋水质的影响

根据《上海市污水处理系统专业规划修编》和《上海市陆源入海污染物调查分析报告》，设计污水处理厂现状规模现状排放标准（基准方案）、规划规模现状排放标准（方案 9）、规划规模一级 B 排放标准（方案 10）、规划规模一级 A 排放标准（方案 11）和规划规模优于或等于一级 A 排放标准（方案 12）五种方案，计算分析上海沿江海污水处理厂尾水排放对上海河口海洋水质的相应影响。如表 7.5-1、图 7.5-1 所示。

7.5.1　污水排放规模变化对上海河口海洋水质的影响

通过基准方案和方案 9 的对比分析,研究污水排放规模对上海河口海洋水环境的影响。

（1）高锰酸盐指数（COD_{Mn}）

污水处理厂的污水排放规模为 2020 年的规划规模（方案 9）后,与方案 0 相比:污水排放口周边水域 COD_{Mn} 月平均浓度增加了 0～0.10 mg/L,距离污水排放口越远增加的幅度就越小,影响的区域从吴淞口下游 23 km 处至杭州湾柘林塘,影响水域最远距离岸边10 km;其他区域 COD_{Mn} 月平均浓度基本没变化。如图 7.5-2 所示。

（2）氨氮

污水处理厂的污水排放规模为 2020 年的规划规模（方案 9）后,与方案 0 相比:污水排放口周边水域氨氮月平均浓度增加了 0～0.04 mg/L,距离污水排放口越远增加的幅度就越小,影响的区域从吴淞口下游 23 km 处至杭州湾柘林塘,影响水域最远距离岸边 10 km;其他区域氨氮月平均浓度基本没变化。如图 7.5-3 所示。

（3）总磷

污水处理厂的污水排放规模为 2020 年的规划规模（方案 9）后,与方案 0 相比:污水排放口周边水域总磷月平均浓度增加了 0～0.003 mg/L,距离污水排放口越远增加的幅度就越小,影响的区域从吴淞口下游 33 km 处至杭州湾中港出海口,影响水域最远距离岸边10 km;其他区域总磷月平均浓度基本没变化。如图 7.5-4 所示。

（4）总氮

污水处理厂的污水排放规模为 2020 年的规划规模（方案 9）后,与方案 0 相比:污水排放口周边水域总氮月平均浓度增加了 0～0.10 mg/L,距离污水排放口越远增加的幅度就越小,影响的区域从吴淞口下游 23 km 处至杭州湾柘林塘,影响水域最远距离岸边 10 km;其他区域总氮月平均浓度基本没变化。如图 7.5-5 所示。

图 7.5-1　上海市污水处理厂分布示意图

表 7.5-1 不同模拟方案中污水处理厂排放水质浓度

（单位:mg/L）

| 污水厂 | 排放规模 | | 排放口排放水质 | | | | | | | | | | | | |
	现状 (万m³/d)	规划 (万m³/d)	CODcr 现状	一级B	一级A	氨氮 现状	一级B	一级A	总磷 现状	一级B	一级A	总氮 现状	一级B	一级A
吴淞污水处理厂	3.85	4	20.3	60	50	19.8	8	5	1.2	1	0.5	26.5	20	15
石洞口污水处理厂	37.89	40	37.7	60	50	0.78	8	5	1.36	1	0.5	13.2	20	15
竹园第一污水处理厂	148.36	170	31.2	60	50	11.4	8	5	1.03	1	0.5	18.3	20	15
竹园第二污水处理厂	47.65	50	33.8	60	50	20.5	8	5	0.8	1	0.5	23.3	20	15
白龙港污水处理厂	202.70	350	37	60	50	25	8	5	0.47	1	0.5	30.3	20	15
海滨污水处理厂	9.73	20	68	60	50	15.5	8	5	0.45	1	0.5	27.9	20	15
临港新城污水处理厂	2.82	55	47	60	50	0.8	8	5	1.9	1	0.5	25.3	20	15
奉贤东部污水处理厂（一期）	4.34		44	60	50	2.5	8	5	0.52	1	0.5	9.3	20	15
奉贤东部污水处理厂（扩建）	3.09	20	41	60	50	3.29	8	5	0.28	1	0.5	9.7	20	15
奉贤西部污水处理厂（一期、二期）	10.15	25	39	60	50	9.48	8	5	0.98	1	0.5	19.6	20	15
新江污水处理厂	5.93	10	53	60	50	17.5	8	5	2.3	1	0.5	26.4	20	15
坡桥污水处理厂	2.90	23.25	42.3	60	50	11.3	8	5	0.83	1	0.5	20.9	20	15
长兴污水处理厂	1.26	10	32.4	60	50	0.2	8	5	0.49	1	0.5	13	20	15
堡镇污水处理厂	0.55	1.25	44.8	60	50	0.4	8	5	0.65	1	0.5	17.3	20	15
新河污水处理厂	0.12	0.5	36.4	60	50	0.3	8	5	1.4	1	0.5	11.2	20	15
上海宝山钢铁股份有限公司	3.15	7	160	60	50	13.3	8	5	3	1	0.5	20	20	15
上海化学工业有限公司	2.24	2.5	61	60	50	0.57	8	5	0.18	1	0.5	13.5	20	15
中国石油上海化工股份有限公司	10.7	18.8	206	60	50	6.35	8	5	3	1	0.5	20	20	15
横沙污水处理厂（规划）	—	1	—	60	50	—	8	5	—	1	0.5	—	20	15

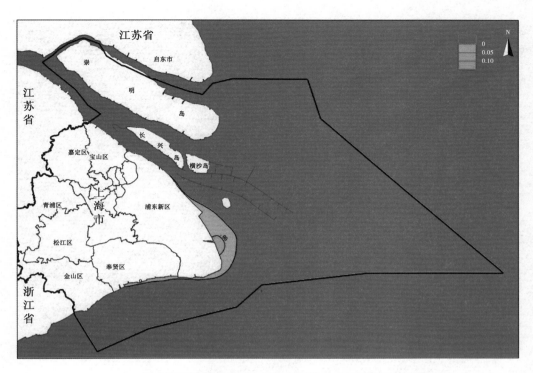

图 7.5-2　污水排放规模提高到规划规模后的 COD$_{Mn}$ 月平均浓度差值图

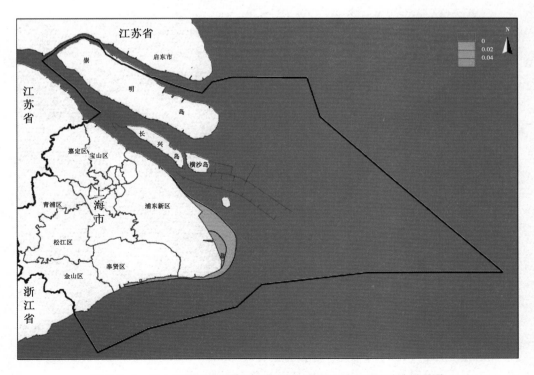

图 7.5-3　污水排放规模提高到规划规模后的氨氮月平均浓度差值图

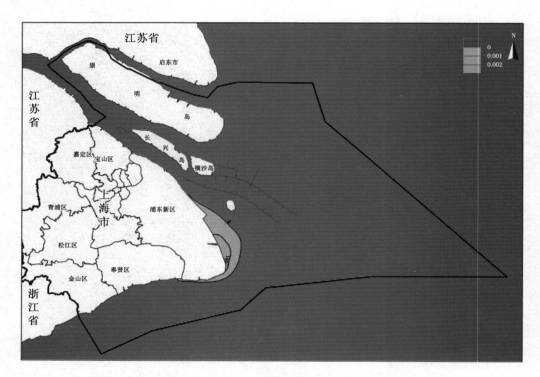

图 7.5-4　污水排放规模提高到规划规模后的总磷月平均浓度差值图

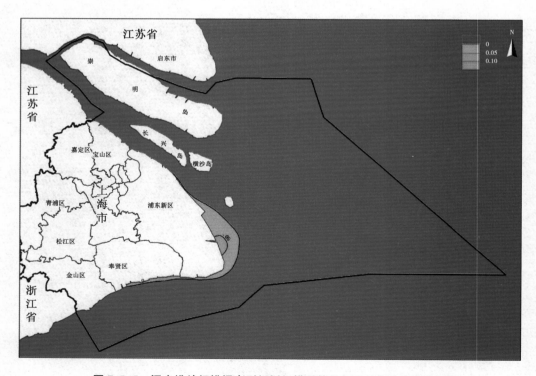

图 7.5-5　污水排放规模提高到规划规模后的总氮月平均浓度差值图

7.5.2　污水排放标准变化对上海河口海洋水质的影响

通过方案 10 和方案 11 的对比分析,研究污水排放标准对上海河口海洋水环境的影响。

（1）高锰酸盐指数（COD_{Mn}）

污水处理厂的污水排放标准由一级 B（方案 10）提高到一级 A（方案 11）:长江口南港、南北槽和杭州湾的 COD_{Mn} 月平均浓度减小了 0～0.15 mg/L,距离排污口越远减少的幅度就越小;其他区域 COD_{Mn} 月平均浓度基本没变化。如图 7.5-6 所示。

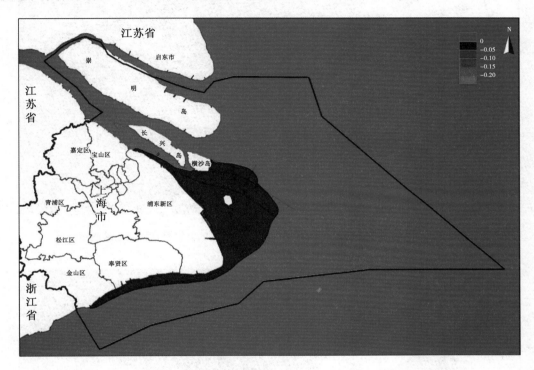

图 7.5-6　污水排放标准一级 B 提高到一级 A 后的 COD_{Mn} 月平均浓度差值图

（2）氨氮

污水处理厂的污水排放标准由一级 B（方案 10）提高到一级 A（方案 11）:长江口南港、南北槽和杭州湾的氨氮月平均浓度减少了 0～0.08 mg/L,距离排污口越远减少的幅度就越小;其他区域氨氮月平均浓度基本没变化。如图 7.5-7 所示。

（3）总磷

污水处理厂的污水排放标准由一级 B（方案 10）提高到一级 A（方案 11）:长江口南港、南北槽和杭州湾的总磷月平均浓度减少了 0～0.014 mg/L,距离排污口越远减少的幅度就越小;其他区域总磷月平均浓度基本没变化。如图 7.5-8 所示。

（4）总氮

污水处理厂的污水排放标准由一级 B（方案 10）提高到一级 A（方案 11）:长江口南港、南北槽和杭州湾的总氮月平均浓度减少了 0～0.15 mg/L,距离排污口越远减少的幅度就越小;其他区域总氮月平均浓度基本没变化。如图 7.5-9 所示。

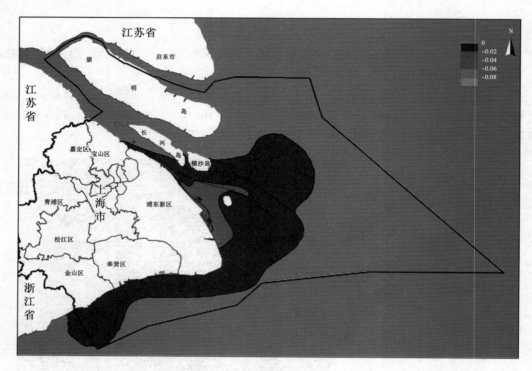

图 7.5-7　污水排放标准一级 B 提高到一级 A 后的氨氮月平均浓度差值图

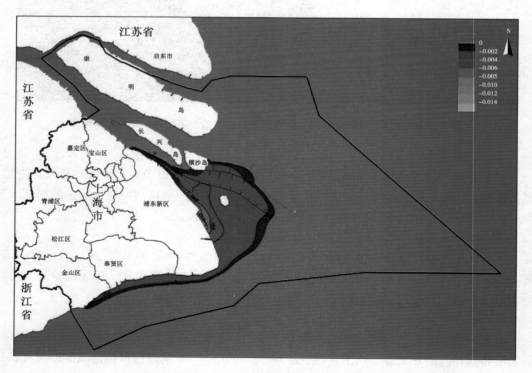

图 7.5-8　污水排放标准一级 B 提高到一级 A 后的总磷月平均浓度差值图

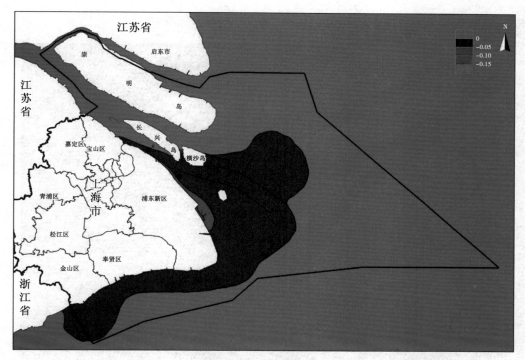

图 7.5-9 污水排放标准一级 B 提高到一级 A 后的总氮月平均浓度差值图

7.5.3 尾水排放变化对上海河口海洋水质的影响

通过基准方案和方案 12 的对比分析,研究规划规模优于或等于一级 A 排放标准对上海河口海洋水环境的影响。

(1) 高锰酸盐指数(COD$_{Mn}$)

污水处理厂的污水排放规模为 2020 年的规划规模,污水排放标准优于或等于一级 A(方案 12)后,与方案 0 相比:污水排放口周边水域 COD$_{Mn}$ 月平均浓度增加了 0~0.10 mg/L,距离污水排放口越远增加的幅度就越小,影响的区域从吴淞口下游 23 km 处至杭州湾柘林塘,影响水域最远距离岸边 10 km;其他区域 COD$_{Mn}$ 月平均浓度基本没变化。如图 7.5-10 所示。

(2) 氨氮

污水处理厂的污水排放规模为 2020 年的规划规模,污水排放标准优于或等于一级 A(方案 12)后,与方案 0 相比:长江口南港、南北槽和杭州湾的氨氮月平均浓度减少了 0~0.14 mg/L,距离排污口越远减少的幅度就越小;其他区域氨氮月平均浓度基本没变化。如图 7.5-11 所示。

(3) 总磷

污水处理厂的污水排放规模为 2020 年的规划规模,污水排放标准优于或等于一级 A(方案 12)后,与方案 0 相比:污水排放口周边水域总磷月平均浓度变化为 -0.004~0.006 mg/L。吴淞口上游 5 km 至吴淞口下游 34 km 水域总磷月平均浓度减少 0~0.004 mg/L,影响水域最远距离岸边 6 km;南汇东滩区域总磷月平均浓度增加 0~0.006 mg/L,影响水域最远距离岸边 5 km;杭州湾金汇港入海口至渤马河入海口总磷月平均浓度减少 0~0.002

mg/L,影响水域最远距离岸边 2 km。如图 7.5-12 所示。

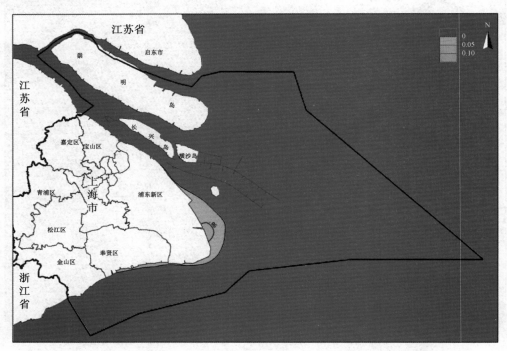

图 7.5-10 污水厂为规划规模优于或等于一级 A 排放标准后相对于
基准方案的 COD$_{Mn}$月平均浓度差值图

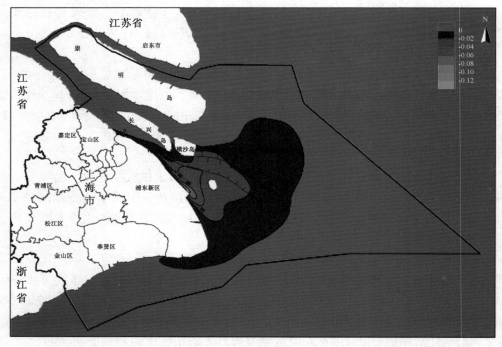

图 7.5-11 污水厂为规划规模优于或等于一级 A 排放标准后相对于
基准方案的氨氮月平均浓度差值图

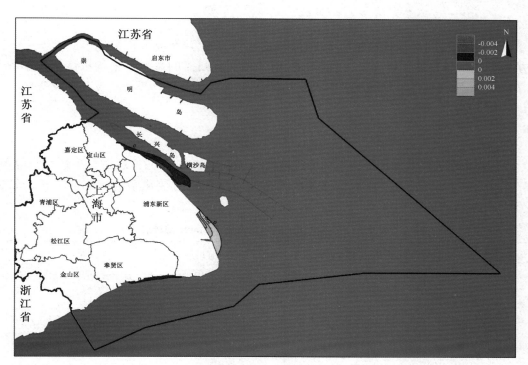

图 7.5-12 污水厂为规划规模优于或等于一级 A 排放标准后相对于
基准方案的总磷月平均浓度差值图

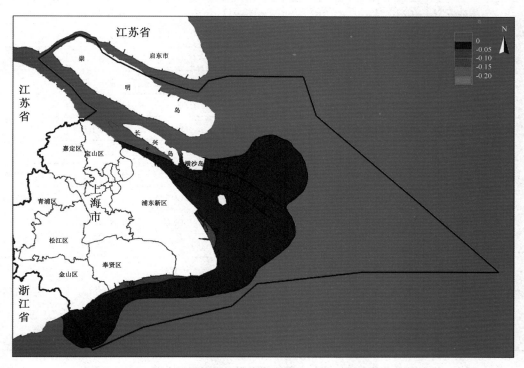

图 7.5-13 污水厂为规划规模优于或等于一级 A 排放标准后相对于
基准方案的总氮月平均浓度差值图

（4）总氮

污水处理厂的污水排放规模为 2020 年的规划规模,污水排放标准优于或等于一级 A(方案 12)后,与方案 0 相比:长江口南港、南北槽和杭州湾的总氮月平均浓度减少了 0～0.20 mg/L,距离排污口越远减少的幅度就越小;其他区域总氮月平均浓度基本没变化。如图 7.5-13 所示。

7.5.4 水源地取水口水质变化

根据《中华人民共和国地表水环境质量标准》(GB 3838—2002),对基准方案、方案 9、方案 10、方案 11 和方案 12 取水口水质的月平均浓度和相对变化率进行统计分析。如表 7.5-2 所示。

表 7.5-2　各水源地取水口水质平均浓度统计表　　　单位:mg/L

水质指标	方案	东风西沙		陈行		青草沙	
		月平均浓度	相对变化率	月平均浓度	相对变化率	月平均浓度	相对变化率
COD_{Mn}	基准方案	2.116 7	—	2.291 32	—	1.967 11	—
	方案 9	2.116 76	0.003%	2.291 43	0.005%	1.967 17	0.003%
	方案 10	2.116 75	0.002%	2.291 36	0.002%	1.967 16	0.003%
	方案 11	2.116 73	0.001%	2.291 55	0.010%	1.967 27	0.008%
	方案 12	2.116 71	0.000%	2.291 33	0.000%	1.967 16	0.003%
氨氮	基准方案	0.434 96	—	0.523 041	—	0.459 382	—
	方案 9	0.434 974	0.003%	0.523 048	0.001%	0.459 411	0.006%
	方案 10	0.434 982	0.005%	0.523 057	0.003%	0.459 408	0.006%
	方案 11	0.434 992	0.007%	0.523 062	0.004%	0.459 406	0.005%
	方案 12	0.434 984	0.006%	0.523 059	0.003%	0.459 403	0.005%
总磷	基准方案	0.101 039	—	0.111 421	—	0.104 545	—
	方案 9	0.101 034	−0.005%	0.111 428	0.006%	0.104 542	−0.003%
	方案 10	0.101 038	−0.001%	0.111 426	0.004%	0.104 543	−0.002%
	方案 11	0.101 034	−0.005%	0.111 427	0.005%	0.104 544	−0.001%
	方案 12	0.101 035	−0.004%	0.111 425	0.004%	0.104 546	0.001%
总氮	基准方案	1.911 07	—	2.147 34	—	1.966 57	—
	方案 9	1.911 04	−0.002%	2.147 32	−0.001%	1.966 55	−0.001%
	方案 10	1.911 06	−0.001%	2.147 33	0.000%	1.966 55	−0.001%
	方案 11	1.911 02	−0.003%	2.147 32	−0.001%	1.966 59	0.001%
	方案 12	1.911 08	0.001%	2.147 34	0.000%	1.966 55	−0.001%

各方案取水口水质变化情况统计结果表明,污水处理厂尾水排放对水源地取水口水质影响很小,取水口处水质变化不超过 0.01%。

7.5.5　水质类别面积变化

根据《上海市水(环境)功能区划》，排污口水质控制标准为Ⅲ类水。由基准方案、污水排放规模变化(方案9)、污水排放标准变化(方案10和方案11)和方案12的计算分析可知，上海河口海洋的COD$_{Mn}$和总磷月平均浓度基本不劣于Ⅲ类，以氨氮为水质指标，分析污水排放对上海河口海洋劣于Ⅲ类水的最大面积影响。

选取模型计算时段中每个计算单元出现的全过程氨氮浓度最大值，绘制相应的Ⅲ类水等值线分布示意图，如图7.5-14和表7.5-3所示。由图和表可知，污水排放规模为规划规模后，上海河口海洋氨氮劣于Ⅲ类水的最大面积增加了约2 km^2，污水排放标准由一级B提高到一级A后，上海河口海洋氨氮劣于Ⅲ类水的最大面积减少了29.94 km^2，污水排放标准变化比污水排放规模变化对上海河口海洋氨氮劣于Ⅲ类水最大面积的影响更加明显；根据《上海市污水处理系统专业规划修编》，污水处理厂由现状规模现状水质提升为规划规模优于或等于一级A排放标准后，上海河口海洋氨氮劣于Ⅲ类水的最大面积减少了80.3 km^2。

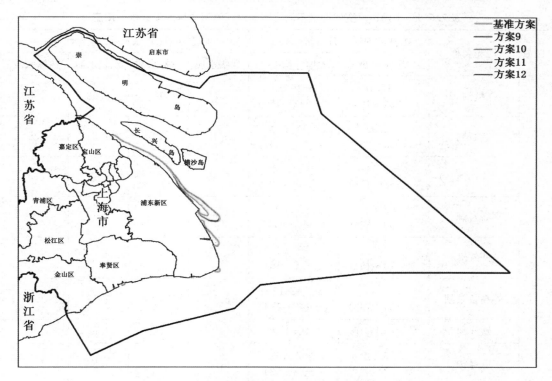

图7.5-14　氨氮为Ⅲ类水上限值的等值线分布图

表7.5-3　上海河口海洋氨氮劣于Ⅲ类水的最大面积统计表

方案	方案说明	氨氮
基准方案	现状规模现状水质	165.28 km^2
方案9	规划规模现状水质	167.28 km^2
方案10	规划规模一级B	115.62 km^2

续表

方案	方案说明	氨氮
方案 11	规划规模一级 A	85.68 km²
方案 12	规划规模优于或等于一级 A	84.98 km²

7.6 沿江海河流排水(除黄浦江)对上海河口海洋水质的影响

根据《上海市分片水资源调度方案研究》的成果,选取现状工况常规调度方案现状水质(基准方案)、现状工况优化调度方案现状水质(方案 13)、规划工况优化调度方案优于或等于达标水质(方案 14)三种方案,计算分析沿江海河流(除黄浦江)排水变化对上海河口海洋水质的影响。受区域污染源资料限制,本研究只考虑区域沿江海河道排水的 COD_{Mn} 和氨氮污染物浓度变化。如表 7.6-1 所示。

表 7.6-1 上海市水资源调度不同方案的沿江海河道排水设计水质浓度

区域	河流名称	沿江海河流 2月流量(m³/s)		COD_{Mn}(mg/L)		氨氮(mg/L)	
		常规调度	推荐调度	现状水质	达标水质	现状水质	达标水质
长江口	墅沟	−15.18 (−234~163)	−19.68 (−243~160)	5.39	10	0.93	1.5
	老石洞	−2.92 (−35~26)	−6.25 (−67~34)	6.19	10	1.34	1.5
	练祁河	−5.84 (−158~153)	−13.02 (−158~127)	5.45	10	1.11	1.5
	新石洞	−3.65 (−98~68)	−8.39 (−100~71)	5.92	10	1.47	1.5
	严家港	−0.01 (−10~15)	−0.01 (−12~19)	8.89	10	2.22	1.5
	外高桥泵闸	−9.43 (−124~133)	−12.10 (−148~134)	5.51	10	1.18	1.5
	嫩江河	−0.01~0	−0.01~0	7.06	10	1.68	1.5
	五号沟	−5.71 (−83~52)	−6.74 (−83~53)	6.55	10	1.53	1.5
	赵家沟	−0.01~0	−0.01~0	6.30	10	1.46	1.5
	张家浜	−15.89 (−342~224)	−20.91 (−333~221)	5.84	10	1.31	1.5
	三甲港	−25.90 (−378~278)	−31.78 (−379~275)	5.71	10	1.26	1.5

区域	河流名称	沿江海河流 2 月流量（m³/s）		COD_Mn（mg/L）		氨氮（mg/L）	
		常规调度	推荐调度	现状水质	达标水质	现状水质	达标水质
长江口	机场薛家泓港	4.91 （−124～89）	3.74 （−122～89）	5.80	10	1.29	1.5
	大治河	6.73 （−64～392）	4.37 （−82～390）	17.32	10	4.78	1.5
	滴水湖出海	8.39 （−120～231）	11.76 （−130～242）	8.74	10	2.32	1.5
	芦潮引河	6.38 （−114～170）	12.93 （−124～162）	9.95	10	2.81	1.5
	芦潮港	5.15 （−72～157）	6.24 （−89～205）	12.09	10	3.50	1.5
杭州湾	泐马河	0～0.01	0～0.01	10.69	15	3.01	2
	中港	2.56 （−35～97）	3.26 （−40～118）	12.28	15	3.52	2
	南门港	2.64 （−58～66）	3.42 （−57～66）	12.24	15	3.43	2
	航塘港	0～0.01	0～0.01	9.53	15	2.63	2
	金汇港	12.46 （−120～334）	27.45 （−182～318）	8.71	10	2.32	1.5
	竹港	2.90 （−55～73）	3.84 （−56～71）	11.09	10	3.23	1.5
	龙泉港	23.71 （−32～220）	24.33 （−35～220）	14.07	10	3.13	1.5

7.6.1　沿江海河流调度方案变化对上海河口海洋水质的影响

（1）高锰酸盐指数（COD_Mn）

沿江海河流排水为现状工况优化调度现状水质（方案 13）后，与方案 0 相比：上海河口海洋 COD_Mn 月平均浓度变化幅度为−0.15～0.10 mg/L。COD_Mn 月平均浓度在南汇东滩增加了 0～0.15 mg/L，离岸越远增加的幅度就越小；在杭州湾近岸区域减少了 0～0.10 mg/L，离岸越远减少的幅度就越小；其他区域月平均浓度基本没变化。如图 7.6-1 所示。

（2）氨氮

沿江海河流排水为现状工况优化调度现状水质（方案 13）后，与方案 0 相比：上海河口海洋氨氮月平均浓度变化幅度为−0.02～0.06 mg/L。氨氮月平均浓度在南汇东滩增加了 0～0.06 mg/L，离岸越远增加的幅度就越小；在杭州湾近岸区域减少了 0～0.02 mg/L，离岸越远减少的幅度就越小；其他区域月平均浓度基本没变化。如图 7.6-2 所示。

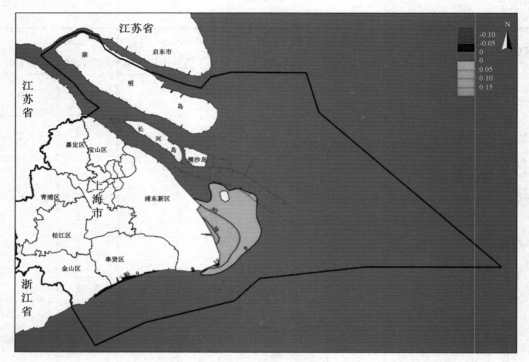

**图 7.6-1　沿江海河流排水为现状工况优化调度现状水质相对于
基准方案的 COD_Mn 月平均浓度差值图**

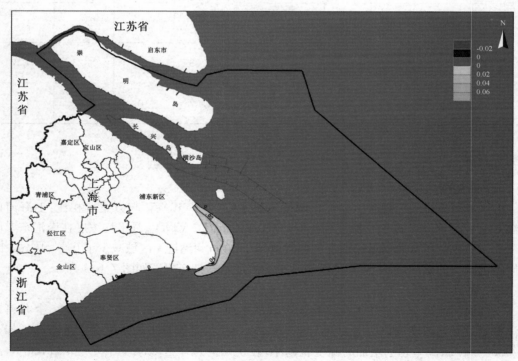

**图 7.6-2　沿江海河流排水为现状工况优化调度现状水质相对于
基准方案的氨氮月平均浓度差值图**

7.6.2　沿江海河流调度工况变化对上海河口海洋水质的影响

（1）高锰酸盐指数（COD$_{Mn}$）

沿江海河流排水为规划工况优化调度优于或等于达标水质（方案 14）后，与方案 0 相比：上海河口海洋 COD$_{Mn}$ 月平均浓度变化幅度为－0.15～0.65 mg/L。COD$_{Mn}$ 月平均浓度在南汇东滩增加了 0～0.65 mg/L，离岸越远增加的幅度就越小；在杭州湾近岸区域减少了 0～0.15 mg/L，离岸越远减少的幅度就越小；其他区域月平均浓度基本没变化。如图 7.6-3 所示。

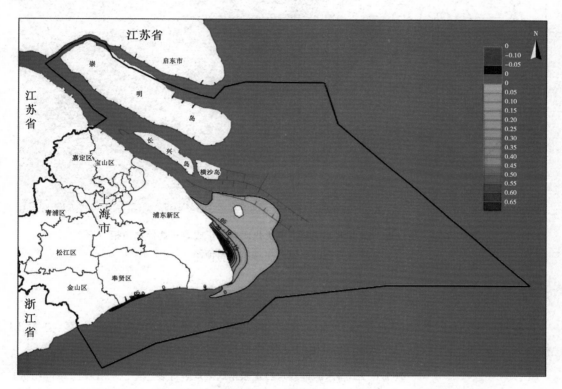

图 7.6-3　沿江海河流排水为规划工况优化调度优于或等于达标水质相对于基准方案的 COD$_{Mn}$ 月平均浓度差值图

（2）氨氮

沿江海河流排水为规划工况优化调度优于或等于达标水质（方案 14）后，与方案 0 相比：上海河口海洋氨氮月平均浓度变化幅度为－0.06～0.06 mg/L。氨氮月平均浓度在南汇东滩增加了 0～0.06 mg/L，离岸越远增加的幅度就越小；在杭州湾近岸区域减少了 0～0.06 mg/L，离岸越远减少的幅度就越小；其他区域月平均浓度基本没变化。如图 7.6-4 所示。

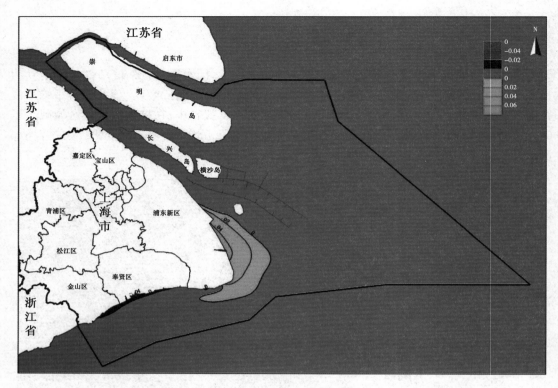

**图 7.6-4　沿江海河流排水为规划工况优化调度优于或等于达标水质相对于
基准方案的氨氮月平均浓度差值图**

7.6.3　水源地取水口水质变化

　　根据《中华人民共和国地表水环境质量标准》(GB 3838—2002)，对基准方案、方案 13
和方案 14 取水口水质的月平均浓度和相对变化率进行统计分析。如表 7.6-2 所示。

表 7.6-2　各水源地取水口水质平均浓度统计表　　　　　　　　　单位:mg/L

水质指标	方案	东风西沙		陈行		青草沙	
		月平均浓度	相对变化率	月平均浓度	相对变化率	月平均浓度	相对变化率
COD$_{Mn}$	基准方案	2.116 7	—	2.291 32	—	1.967 11	—
	方案 13	2.116 9	0.009%	2.291 39	0.003%	1.967 14	0.002%
	方案 14	2.116 6	−0.005%	2.291 33	0.000%	1.967 12	0.001%
氨氮	基准方案	0.434 96	—	0.523 041	—	0.459 382	—
	方案 13	0.434 98	0.005%	0.523 046	0.001%	0.459 382	0.000%
	方案 14	0.434 97	0.002%	0.523 049	0.002%	0.459 384	0.000%

　　各方案取水口水质变化情况统计结果表明,沿江海河流排水(除黄浦江)对水源地取水
口水质影响很小,取水口处水质变化不超过 0.01%。

7.6.4　水质类别面积变化

通过现状工况常规调度方案现状水质(基准方案)、现状工况优化调度方案现状水质(方案 13)、规划工况优化调度方案优于或等于达标水质(方案 14)三种方案的分析可知,沿江海河流(除黄浦江)水量水质的变化,对上海河口海洋水质月平均浓度的影响很小,以氨氮为水质指标,分析沿江海河流排水对上海河口海洋劣于Ⅲ类水的最大面积影响。

选取模型计算时段中每个计算单元出现的全过程氨氮浓度最大值,绘制相应的Ⅲ类水等值线分布示意图。如图 7.6-5 和表 7.6-3 所示。由图和表可知,沿江海河流调度方案为现状工况优化调度方案后,上海河口海洋氨氮的劣于Ⅲ类水的最大面积增加 3.44 km²;沿江海河流调度方案为规划工况优化调度方案优于或等于达标水质后,上海河口海洋氨氮的劣于Ⅲ类水的最大面积增加 10.23 km²。

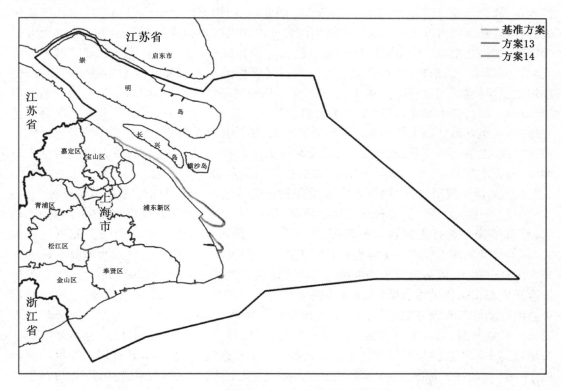

图 7.6-5　氨氮为Ⅲ类水上限值的等值线分布图

表 7.6-3　上海河口海洋氨氮劣于Ⅲ类水的最大面积统计表

方案	方案说明	面积
基准方案	现状工况常规调度方案现状水质	165.28 km²
方案 13	现状工况优化调度方案现状水质	168.72 km²
方案 14	规划工况优化调度方案优于或等于达标水质	175.51 km²

7.7 对策措施建议

(1) 持续加强流域水环境综合治理和生态修复保护,确保流域来水水质稳定达标

长江、钱塘江和太湖流域入海污染物通量很大,是影响上海河口海洋水质的决定性影响因素,一般占总污染负荷的90%以上,按照影响长江口杭州湾水质的污染物量大小排序为长江来水＞钱塘江和甬江来水＞黄浦江出水＞沿江海污水厂排放尾水＞沿江海其他支流排水。长江口杭州湾是国家实施"一带一路"、长江经济带和长三角一体化高质量发展等国家战略的重要节点,习近平总书记指出,长江是中华民族的母亲河,也是中华民族发展的重要支撑。长江拥有独特的生态系统,是我国重要的生态宝库。推动长江经济带发展必须从中华民族长远利益考虑,走生态优先、绿色发展之路,使绿水青山产生巨大生态效益、经济效益、社会效益,使母亲河永葆生机活力。因此,要加快实现上海河口海洋的水环境质量改善目标,必须以贯彻实施国家和流域沿江省市水污染防治行动计划及生态文明建设方案为抓手,更加注重源头污染联防联控和末端治污减污减排,更加注重流域区域陆海统筹协调和江海联动综合治理,更加注重全流域实行最严格的水资源和水生态环境保护制度,严格用水总量控制、用水效率控制、限制排污总量控制三条红线,严格控制中下游沿江地区新增取水口,促进节水减排,要把实施重大生态修复工程作为推动长江经济带发展项目的优先选项,实施好沿江污水处理系统提标升级改造、防护林体系建设、水土流失及岩溶地区石漠化治理、退耕还林还草、水土保持、河湖和湿地生态保护修复等工程,着力构建绿色生态廊道,增强水源涵养、水土保持等生态功能,确保长江来水水质全面稳定达标。

(2) 加快实施沿江海污水处理厂扩容提标升级改造,实现限制排污总量减排目标

沿江海污水处理厂扩容提标升级改造后,除COD_{Cr}入江海排放量略有增大外,氨氮、总氮、总磷排放总量有不同程度的削减,上海河口海洋氨氮劣于Ⅲ类水的最大面积可减少80.3 km²,可见污水处理厂扩容提标升级改造对改善长江口杭州湾近岸带水质具有显著效果。为贯彻落实《国务院关于加强城市基础设施建设的意见》(国发〔2013〕36号)、《关于加快推进生态文明建设的意见》、《水污染防治行动计划》(国发〔2015〕17号)以及《上海市水污染防治行动计划实施方案》等要求,应从严核定上海河口海洋的水域纳污能力及分阶段限制排污总量方案,结合滚动实施上海市水务五年规划和三年环保行动计划,全面开展沿江海城镇污水厂扩容提标升级改造和污泥处理处置工程建设,确保污水处理厂全面提高到不低于一级A的排放标准,持续提高城镇污水处理能力;同步加大臭气治理力度;加快新建白龙港污泥处理设施,实现污水厂污泥同步有效处理处置;严格实行总氮、总磷限制排污总量,加快实现入江海限制排污总量减排目标,确保河口近岸海域水质稳定。

(3) 切实加大区域水环境综合治理和生态建设力度,改善入江海河流水环境质量

区域沿江海河流排水的量质变化对长江口杭州湾南港、南槽、北槽自吴淞口以下相应近岸水质具有一定影响,河网水系是上海市重要的生态空间网络,河湖生态建设和保护是水生态文明建设的重要内容。为全面贯彻落实国家《水污染防治行动计划》和《上海市水污染防治行动计划实施方案》,持续改善本市水环境质量,保障本市水生态安全,维护水生态系统功能,必须以更大力度、更高标准、更严措施全面落实保障饮用水源安全、完善污水处理系统、整治农业和农村污染、严控工业污染、深化生态环境综合整治、加强水生态系统保

护等建设任务。一要加快实施崇明城桥等城镇污水处理厂提标改造和新建、扩建工程,污水厂执行不低于一级 A 的排放标准;继续完善污水处理厂一、二级配套管网,加大截污纳管力度,进一步提高污水处理厂运行放能;加快中心城区市政雨水泵站旱天污水截流和改造工程建设,确保旱天不放江,雨天少放江;推进非建成区有纳管条件的直排污染源纳管,加快实现建成区污水全收集、全处理及全市城镇污水处理提质增效。二要推进海绵城市建设,推行透水材料铺装,推动"蓝绿灰管"雨水排水系统治理,按规划大力建设河湖水系、雨水花园、湿地公园、下沉式绿地等雨水滞留设施,让雨水自然积存、自然渗透、自然净化,提升水源涵养能力,缓解雨洪内涝压力,促进水资源循环利用,从源头削减径流总量并控减径流污染影响。三要推进入江海河道水生态修复保护,推进奉贤、金山区海岸生态修复和景观整治工程,通过河道疏浚、岸坡整治、水系沟通、生态修复等措施,建设水绿生态网络,全面消除丧失使用功能的水体,加快实现河湖水质达到水功能区的水质目标要求,有效控制入江海河流对长江口杭州湾的水质影响。

（4）健全完善长江口杭州湾及其邻近海域规划体系,引领河口海洋开发利用保护

长江口杭州湾及其邻近海域既蕴藏着丰富的淡水、泥沙、滩涂、湿地、生物资源,又拥有优良的航道、港口和岸线资源,具有防洪、供水、航运、生态等综合服务功能,要统筹协调好河口海洋的水安全保障服务、水土资源利用保护、岸线资源利用保护、水环境治理改善、水生态修复保护以及河势控制稳定、港口航运等多功能需求,必须贯彻落实长江经济带和长三角一体化高质量发展的国家战略,针对新问题、适应新形势、落实新要求、把握新需求,增强系统思维,全面统筹谋划,做好顶层设计。目前,已编制形成长江口综合整治开发规划、长江口航道发展规划、上海市海洋功能区划、海岛保护规划、海塘规划、海岸保护和利用规划、区域农业围垦用海规划、海洋环境保护规划、海域海岸带整治修复规划、长江中下游干流河道采砂规划上海段实施方案等规划,初步构建了与国家海洋发展战略相适应,陆海统筹、江海联动、引领上海海洋经济与海洋事业协调发展的海洋规划体系。鉴于规划体系不够健全、规划方案不尽完善、有些规划即将到期等问题,应把握建设海洋强国和21世纪海上丝绸之路的重大战略机遇,结合年上海城市总体规划（2017—2035 年）、国家行业部门发展要求,以及上海"五个中心"和具有世界影响力的社会主义现代化国际大都市建设需求,加快编制新一轮长江中下游干流河道采砂规划上海段实施方案、长江口综合整治保护规划、海洋功能区划等,引领上海市河口海洋资源利用保护、环境综合治理、生态修复建设和科学管理服务。

（5）着力推进长江口杭州湾生态环境保护综合研究,支撑长江口杭州湾系统治理

鉴于长江口杭州湾及其邻近海域径流潮流运动、河口海湾冲淤多变和流域区域生态环境影响的复杂性、不确定性以及环境协同联动治理和保护的艰巨性、长期性和严峻性,为加快改善上海河口海洋水环境质量,进一步保护好长江口饮用水水源地,维护好河口海洋生态系统的健康循环,必须建立健全本市科技兴海的体制机制,推动海洋科技向创新引领型转变,促进关键领域核心技术重大创新突破。必须切实加大海洋科技投入,促进海洋科技成果高效转化;要依靠科技进步和创新,加快突破制约海洋经济发展和海洋生态保护的科技瓶颈。必须从国家、流域、区域三个层面,持续深入开展水生态环境协同综合治理和科学管理的理论机理、重大问题、关键技术研究,不断完善水环境联防联控联治、水生态协同建设保护技术体系和标准体系,助力陆海统筹、江海联动、流域区域海域环境协同系统治理和

综合管理。在国家层面,立足于长江经济带发展必须坚持生态优先、绿色发展的战略定位科技支撑需求,建议由发展改革委员会、科技部、水利部、生态环境部和海洋局等部门,联合开展区域产业结构升级调整与污染防控对策研究以及流域区域海域水安全、水资源、水环境、水生态一体化协调发展的理论机理、重大问题、关键技术研究,要更加注重水生态系统的现状全面调查评价、水生态系统健康循环的理论机理、技术体系和标准体系研究。在流域层面,建议开展流域水资源配置、水环境治理、水生态建设和水资源综合调度对河口海洋水、沙、盐、水质和水生态的影响及对策研究,要更加注重流域重大水利工程格局变化引起的江湖关系、江海关系综合影响研究,更加注重流域来水水量、水质、含沙量变化与河口河势、航道、滩涂等资源环境和生态的响应变化研究,更加注重建立流域与区域水安全风险、水资源环境协同监测预警系统平台关键技术的联合联动研究。在区域层面,要全面整合利用气象、水文、海洋、交通、环保等部门的大数据资源,开展河口海洋生态环境全面调查评价、河口海洋智能感知与大数据分析应用、河口海洋泥沙数学模型、长江-太湖、钱塘江流域-东海-杭州湾一体化的水动力水质水生态综合数学模型、河口海洋近岸水域限制排污总量和生态红线核定、沿江海城镇污水处理厂提标升级改造、绿色低碳处理污水循环利用、长江口微量有机物监测预警报、长江口咸潮入侵监测预警报系统平台建设、长江口杭州湾环境监测预警报平台建设等关键技术研究和推广应用,要在无缝链接流域区域海域多要素在线监测大数据和多维度多功能多指标数学模型精细化预报技术方面取得创新突破,不断完善河口海洋系统治理和综合管理技术体系和标准体系,保障河口海洋水源地安全、防洪安全、生态安全和航运安全,支撑水生态环境质量改善达标,持续提升综合防控风险能力。

(6)创新建立流域区域的水环境联防联控联治机制,提高水务海洋协同管理水平

流域来水量质变化是影响上海河口海洋水环境的决定性影响因素,因此,河口海洋水环境的改善必须坚持陆海统筹、流域区域海域联动系统治理和综合管理;必须把流域区域海域环境保护作为加快推进生态文明建设的重点领域和重要平台,严格落实生态红线制度,严控入江海污染物排放,加快河口海洋生态修复和环境治理,集约利用和保护海域、海岛和岸线等资源,形成循环利用型的河口海洋可持续发展格局;必须按照长江经济带发展必须走生态优先、绿色发展之路的总要求,以切实贯彻创新、协调、绿色、开放、共享的发展理念为主线,以严格执行国家《长江保护法》为重点,抓住长江经济带建设成为我国生态文明建设的先行示范带、创新驱动带、协调发展带的新机遇,完善河湖管护体制机制,大力推行"河长制",强化地方政府保护职责,探索把长江沿岸中心城市经济协调会市长联席会议机制,推广到钱塘江和太湖流域相关省市,全面建立流域区域海域相关省市经济协调会行政首长联席会议制度,形成协调推进生态文明建设的合力,共建以水环境保护和污染防治为重点的流域区域海域环境保护协调机制。充分利用该机制平台,签订流域区域海域环境联防联控联治合作协议,实行经济社会发展规划、城市总体规划、产业发展规划、城镇建设规划、环境功能区划、水资源保护规划、生态环境保护规划、生态红线划定等规划对接;建立健全跨行政区的应急联动机制和环境纠纷调处、仲裁和法律诉讼机制,以及环境和航运信息通报机制,共建共享流域区域资源环境监测预警系统管理平台,不断提升水环境监测预警能力、水资源调控能力和水污染防控能力,共同应对流域区域突发性生态环境污染问题;探索设立流域区域性环境资源交易平台,共同争取成为国家关于碳排放权、主要污染物排污权、水权交易等先行试点区域。按照"谁受益谁补偿"的原则,探索流域上下游横向生态

补偿试点,持续推进流域区域与河口海域的生态环境保护,持续提升流域区域海域的水务海洋协同综合管理水平,实现规划引领协调、合作发展共赢、监测数据共享、污染防治同步、环境保护协同的良好新局面。

7.8　小结

为全面掌握长江口杭州湾及其邻近海域的水环境影响及变化趋势,助力流域区域海域全面实施水污染防治行动计划及加强生态文明建设,加快改善上海河口海洋水环境质量,利用经过率定验证的上海河口海洋二维、三维水动力水质模型,在水文水质设计边界条件分析选定的基础上,按照陆海统筹、江海联动、生态优先的绿色协调发展要求,结合流域区域水情、工情和污情变化以及水资源调度优化,系统研究长江来水和黄浦江出水量质变化、沿江海污水处理厂扩容提标升级改造以及沿江海其他支流排水污染物通量变化对长江口杭州湾及其邻近海域的水环境影响,为流域区域海域环境协同综合治理和科学管理提供技术支撑和科学依据。

（1）水文设计边界条件研究

① 长江来水流量及黄浦江黄浦公园和外海潮位设计边界条件,根据长江大通站1978—2018 年流量资料,对大通全年、汛期、非汛期、月平均流量进行 $P\text{-}\mathrm{III}$ 型频率统计分析,选定长江来水 90% 频率的典型枯水年为 2011 年,以典型计算时段 2011 年 2 月的长江大通站实测流量(月平均流量为 14 057 $\mathrm{m^3/s}$,最大流量为 15 700 $\mathrm{m^3/s}$,最小流量为 12 600 $\mathrm{m^3/s}$)以及黄浦江黄浦公园和河口海洋外海同步实测潮位变化过程作为基准方案的水文边界条件;设计大通站多年 2 月平均流量 12 650 $\mathrm{m^3/s}$(减小 10%)、枯水期临界流量 10 000 $\mathrm{m^3/s}$(减小约 29%)作为长江来水流量减少变化的水文边界条件。

② 沿江海其他支流(黄浦江除外)引排水流量设计边界条件,基于《上海市分片水资源调度方案研究》成果,利用黄浦江水系河网水量模型模拟计算典型枯水年、现状工况、水资源常规调度方案的沿江海其他支流引排水流量变化过程作为基准方案的相应支流水文边界条件;设计现状和规划两种工况、水资源优化调度方案的沿江海其他支流引排水流量变化过程作为相应支流流量变化的水文边界条件。

（2）水质设计边界条件研究

① 长江来水、黄浦江出水水质设计边界条件,通过统计分析近 10 年来水文、供水、环保、海洋等部门对徐六泾断面、黄浦江下边界的水质监测数据,得出代表月份、年度等时段的主要水质指标浓度平均值、最大值和最小值以及距平分布情况,选定基准方案上边界长江来水、黄浦江出水和杭州湾钱塘江河口来水的水质浓度现状条件分别为 $\mathrm{COD_{Mn}}$:2.40 mg/L、5.60 mg/L、3.13 mg/L,氨氮:0.59 mg/L、2.56 mg/L、0.36 mg/L,总磷:0.11 mg/L、0.17 mg/L、0.50 mg/L,总氮:2.12 mg/L、6.36 mg/L、3.00 mg/L。在此基础上,设计长江来水水质改善或恶化 20%,黄浦江出水水质分别改善或恶化 20%、50% 作为长江来水、黄浦江出水的水质变化条件。

② 外海来水水质设计边界条件,根据近年来海洋大面积水质监测分析,外海边界水质较稳定,选定外海边界 $\mathrm{COD_{Mn}}$、氨氮、总磷和总氮的水质浓度条件分别为 0.70 mg/L、0.01 mg/L、0.02 mg/L、0.70 mg/L。

③ 沿江海其他支流(黄浦江除外)排水水质设计边界条件,同理,利用黄浦江水系河网水量水质模型模拟计算典型枯水年、现状工况、水资源常规调度的沿江海其他支流排水水质变化过程(现状水质)作为基准方案的相应支流水质边界条件;设计现状工况、水资源优化调度和规划工况、水资源优化调度的沿江海其他支流排水现状水质变化过程和达标水质作为相应支流排水水质变化条件。

(3) 滨江临海污水处理厂入长江口杭州湾主要污染物排放量设计条件

典型枯水年计算时段的沿江海污水处理厂主要污染物排放量实测值(现状规模现状排放标准),作为基准方案的入长江口杭州湾水污染源设计条件。根据本市污水处理系统专业规划修编新成果,设计沿江海污水处理厂规划规模现状排放标准、规划规模一级 B 排放标准、规划规模一级 A 排放标准和规划规模优于或等于一级 A 排放标准作为沿江海污水处理厂扩容提标升级改造的变化条件,以反映滨江临海污水处理厂入长江口杭州湾主要污染物排放量的相应变化影响。

(4) 长江来水量质变化对上海河口海洋水质的影响

① 长江来水量变化对上海河口海洋水质的影响。长江来水流量减小 29％和 10％后,1)水质总体变化程度:上海河口海洋 COD_{Mn}、氨氮、总磷和总氮的月平均浓度变化幅度分别为 -0.40~0.0 mg/L、-0.14~0.04 mg/L、-0.008~0.004 mg/L、-0.30~0.10 mg/L。2)水质类别面积变化比例:根据各网格单元的水质指标月平均浓度空间分布统计分析,不同水质指标类别的面积变化占河口海洋总面积的比例(占比)分别为:COD_{Mn} 属Ⅰ类水面积占比增加 2.18％和 0.70％;氨氮属Ⅰ类水面积占比增加 6.86％和 2.51％,氨氮属Ⅱ类水面积占比减小 3.62％和 1.31％,氨氮属Ⅲ类水面积占比减小 3.27％和 1.22％;总磷属Ⅱ类水面积占比增加 3.44％和 1.42％。根据各网格单元的水质指标月最高浓度空间分布统计分析,上海河口海洋氨氮、总磷劣于Ⅱ类水的最大面积分别减小 455.64 km²、122.23 km² 和 144.91 km²、44.77 km²,表明上海河口海洋氨氮和总磷浓度随着长江来水流量减小而降低,水质改善程度氨氮明显优于总磷。3)水质变化空间分布:COD_{Mn} 月均浓度在上海河口海洋水域略有减小;氨氮、总氮月均浓度南港水域略有增加,其他水域略有减小;总磷月均浓度南支绝大部分水域、南北港水域略微增大,但不影响水质类别变化,其他水域有减小,尤其是南槽下端水域减小 4％~6％,使得总磷改善 1 个类别;四个入海口水质月均浓度减小幅度大小排序一般是南槽＞北槽＞北港＞北支;杭州湾近岸从南汇嘴到金山海域,水质指标月均浓度略微减小。可见,随着长江来水流量减小,长江口杭州湾除总磷以外水质总体呈改善趋势;南槽水域水质改善相对较好。4)水源地取水口水质变化。长江来水流量减小 29％后,水源地取水口的 COD_{Mn}、氨氮和总氮的月平均浓度分别减小 5.30％~9.14％、8.64％~10.37％、2.44％~3.10％,总磷月平均浓度增大 0.000 4~0.002 8 mg/L(0.44％~1.17％);长江来水流量减小 10％后,各水源地取水口的 COD_{Mn}、氨氮和总氮的月平均浓度减小 1.55％~2.51％、2.44％~3.11％、0.64％~0.97％,总磷月平均浓度增大 0.000 2~0.001 8 mg/L(0.23％~0.53％),仍属Ⅲ类水。因此,长江来水流量减小后,除盐度可能入侵影响以外,水源地取水口其他主要水质指标略有改善;不同取水口水质影响程度差异很小,其水质影响程度细微差别大小排序基本为青草沙水库＞陈行水库~东风西沙水库。

② 长江来水水质变化对上海河口海洋水质的影响。1)水质总体变化程度:长江来水

水质改善(恶化)20%后,上海河口海洋 COD$_{Mn}$、氨氮、总磷和总氮的月平均浓度减小(增加)分别为 0~0.55 mg/L、0~0.10 mg/L、0~0.022 mg/L、0~0.45 mg/L。2) 水质类别面积变化比例:根据各网格单元的水质指标月平均浓度空间分布统计分析,长江来水水质改善20%后,不同水质指标类别的面积变化占比分别为:COD$_{Mn}$属Ⅰ类水面积占比增加3.90%,氨氮属Ⅰ类、Ⅱ类水面积占比分别增加0.64%、1.27%,属Ⅲ类水面积占比减小1.84%,总磷属Ⅱ类水面积占比增加15.09%。长江来水水质恶化20%,不同水质指标类别的面积变化占比分别为:COD$_{Mn}$属Ⅰ类水面积占比减小3.40%,氨氮属Ⅰ类、Ⅱ类水面积占比分别减小0.42%、6.51%,属Ⅲ类水面积占比增加6.87%;总磷属Ⅱ类水面积占比减小6.21%,属Ⅲ类水面积占比增加6.21%。根据各网格单元的水质指标月最高浓度空间分布统计分析,长江来水水质改善20%后,上海河口海洋氨氮和总磷劣于Ⅱ类水的最大面积分别减少541.72 km^{2}和22.45 km^2;长江来水水质恶化20%后,上海河口海洋氨氮和总磷劣于Ⅱ类水的最大面积分别增加981.53 km^{2}和59.23 km^2;可见,上海河口海洋氨氮和总磷浓度受长江来水水质变化影响显著,长江来水水质改善(恶化)长江口水质也明显改善(恶化)。3) 水质变化空间分布:长江来水水质改善或恶化20%后,长江口水质影响较敏感,长江口口内至口外水域自上而下 COD$_{Mn}$、氨氮、总磷和总氮的月平均浓度减小或增大幅度变小;杭州湾近岸水域水质基本无变化。4) 水源地取水口水质变化:长江来水水质改善或恶化20%后,水源地取水口的 COD$_{Mn}$、氨氮、总磷和总氮的月平均浓度分别减小或增加18.31%~19.57%、15.09%~17.33%、15.42%~17.46%和15.32%~16.60%。因此,长江来水水质变化对水源地取水口水质影响较大,取水口水质改善率(恶化率)为长江来水水质改善率(恶化率)的75%以上,长江来水水质改善(恶化)20%情况下,取水口水质改善(恶化)15.09%~19.57%,不同取水口水质影响程度差异较小,其水质影响程度大小排序为东风西沙水库>陈行水库>青草沙水库。

③ 对长江入海污染物通量和水质月平均浓度类别面积进行 Pearson 相关性分析,COD$_{Mn}$的Ⅰ类水面积和Ⅱ类水面积与长江入海污染物通量显著性相关($p<0.01$);氨氮的Ⅰ类水面积与长江入海污染物通量显著性相关($p<0.05$);总氮(参照湖库标准)的Ⅲ类水面积与长江入海污染物通量显著性相关($p<0.05$)。

(5) 黄浦江出水水质变化对上海河口海洋水环境的影响

① 水质总体变化程度:黄浦江出水水质改善或恶化20%和50%后,上海河口海洋COD$_{Mn}$、氨氮、总磷和总氮的月平均浓度分别减小或增加0~0.60 mg/L 和0~1.0 mg/L、0~0.20 mg/L 和0~0.6 mg/L、0~0.012 mg/L 和0~0.03 mg/L、0~0.60 mg/L 和0~1.0 mg/L。

② 水质类别面积变化比例:根据各网格单元的水质指标月平均浓度空间分布统计分析,黄浦江出水水质改善20%和50%,不同水质指标类别的面积变化占比分别为:COD$_{Mn}$属Ⅰ类水面积占比分别增加0.24%和1.05%,氨氮属Ⅰ类水面积占比分别增加1.73%和4.11%、属Ⅱ类水面积占比分别增加0.17%和0.71%、属Ⅲ类水面积占比分别减小1.76%和4.61%、属Ⅳ类水面积占比分别减小0.14%和0.21%,总磷属Ⅱ类水面积占比分别增加3.19%和7.30%。黄浦江出水水质恶化20%和50%后,不同水质指标类别的面积变化占比分别为:COD$_{Mn}$属Ⅰ类水面积占比分别减小1.19%和2.85%,氨氮属Ⅰ类水面积占比分别减小1.46%和3.36%、属Ⅱ类水面积占比分别减小0.39%和1.59%、属Ⅲ类水面积占比

分别增加 1.70％和 4.54％、属Ⅳ类水面积占比分别增加 0.13％和 0.38％,总磷属Ⅱ类水面积占比分别减小 3.43％和 8.07％。根据各网格单元的水质指标月最高浓度空间分布统计分析,黄浦江出水水质改善 20％和 50％后,上海河口海洋氨氮、总磷劣于Ⅱ类水的最大面积分别减少 273.84 km²、31.48 km² 和 970.67 km²、78.70 km²;黄浦江出水水质恶化 20％和 50％后,上海河口海洋氨氮、总磷劣于Ⅱ类水的最大面积分别增加 328.57 km²、32.89 km² 和 662.27 km²、82.38 km²。可见,氨氮、总磷劣于Ⅱ类水的最大面积随着黄浦江出水水质改善(恶化)而减小(增大)。

③ 水质变化空间分布:按照水质影响范围和影响程度大小排序黄浦江出水水质改善或恶化 50％＞黄浦江出水水质改善或恶化 20％,长江口南港、南槽、北槽北港口门外自吴淞口以下至杭州湾北岸近岸水质影响较敏感,其影响程度呈减小变化,距吴淞口越远水质影响变化越小,其他水域水质几乎无影响。

④ 水源地取水口水质变化:黄浦江出水水质改善(或恶化)20％和 50％后,水源地取水口的 COD_{Mn}、氨氮、总磷和总氮的月平均浓度分别减小(或增加)0.002％～0.055％和0.005％～0.138％、0.004％～0.115％和 0.011％～0.288％、0.003％～0.034％和 0.008％～0.086％、0.003％～0.068％和 0.007％～0.170％。黄浦江出水水质变化对水源地取水口水质影响极小,黄浦江出水水质改善(恶化)50％情况下,取水口处水质改善(恶化)为0.005％～0.288％。

(6) 污水处理厂尾水排放对上海河口海洋水环境的影响

① 水质总体变化程度:污水厂达到规划规模仍为现状排放标准,上海河口海洋 COD_{Mn}、氨氮、总磷和总氮的月平均浓度分别增加了 0～0.10 mg/L、0～0.04 mg/L、0～0.003 mg/L、0～0.10 mg/L;污水排放标准由一级 B 提高到一级 A 后,上海河口海洋 COD_{Mn}、氨氮、总磷和总氮的月平均浓度分别减小了 0～0.15 mg/L、0～0.08 mg/L、0～0.014 mg/L、0～0.15 mg/L;污水排放浓度达到或优于一级 A 标准后,上海河口海洋 COD_{Mn}、氨氮、总磷和总氮的月均浓度分别变化了 0～0.10 mg/L、−0.14～0 mg/L、−0.004～0.006 mg/L、−0.15～0 mg/L。

② 水质类别面积变化比例:根据各网格单元的水质指标月最高浓度空间分布统计分析,污水厂为规划规模和现状排放标准,与现状规模和现状排放标准相比,上海河口海洋氨氮劣于Ⅲ类水的最大面积增加了约 2 km²;污水排放浓度提升到一级 B、一级 A 以及优于或等于一级 A 标准后,上海河口海洋氨氮劣于Ⅲ类水的最大面积分别减少了 49.66 km²、79.60 km² 和 80.3 km²,可见,污水处理厂扩容提标升级改造对改善长江口杭州湾近岸带水质具有明显的效果。

③ 水质变化空间分布:污水排放规模达到规划规模后,与现状规模现状排放标准相比,1) 仍为现状排放标准:COD_{Mn}、氨氮、总磷和总氮的月均浓度在各污水排放口周边水域略有增加,距离污水排放口越远增加的幅度就越小。COD_{Mn}、氨氮和总氮的月均浓度变化影响范围主要分布在长江口南岸吴淞口下游 23 km 处至杭州湾柘林塘近岸水域;总磷的月均浓度变化影响范围主要分布在长江口南岸吴淞口下游 33 km 处至杭州湾中港近岸水域,横向影响范围离岸最远距离均约为 10 km;其他水域水质无影响变化。2) 污水排放标准由一级 B 提高到一级 A 后,COD_{Mn}、氨氮、总磷和总氮的月均浓度在长江口南港、南北槽和杭州湾水域略有减小,距离排污口越远减小的幅度就越小;其他水域水质无影响变化。3) 污水排

放浓度达到或优于一级 A 标准后,COD_{Mn}月均浓度在污水排放口周边水域略有增加,距离污水排放口越远增加的幅度就越小,影响范围主要分布在长江口南岸吴淞口下游 23 km 处至杭州湾柘林塘近岸水域,横向影响范围离岸最远距离均为 10 km;氨氮和总氮的月均浓度在长江口南港、南北槽和杭州湾水域略有减小,距离排污口越远减小的幅度就越小;总磷月均浓度在长江口南岸吴淞口上游 5 km 至吴淞口下游 34 km 近岸水域以及杭州湾金汇港入海口至渤马河入海口近岸水域略有减少,横向影响范围离岸最远距离约为 6 km;在南汇东滩近岸水域总磷浓度略有增加,横向影响范围离岸最远距离约为 5 km;其他水域水质无影响变化。

④ 水源地取水口水质变化:污水处理厂尾水排放对水源地取水口水质几乎无影响,取水口处水质变化均小于 0.01%。

(7) 沿江海河流排水(除黄浦江)对上海河口海洋水环境的影响

① 水质总体变化程度:在现状工情和水情条件下,对沿江海河流进行水资源强化调度后,上海河口海洋 COD_{Mn} 和氨氮的月平均浓度变化分别为 -0.15~0.10 mg/L 和 -0.02~0.06 mg/L;在规划工情条件下,对沿江海河流进行水资源优化调度且河流排水水质达标后,上海河口海洋 COD_{Mn} 和氨氮的月平均浓度变化分别为 -0.15~0.65 mg/L 和 -0.06~0.06 mg/L。

② 水质类别面积变化:根据各网格单元的水质指标月最高浓度空间分布统计分析,在现状工情和水情条件下,对沿江海河流进行水资源优化调度后,上海河口海洋氨氮劣于Ⅲ类水的最大面积增加了 3.44 km²;在规划工情条件下,对沿江海河流进行水资源优化调度且河流排水水质达标后,上海河口海洋氨氮劣于Ⅲ类水的最大面积增加了 10.23 km²,因支流规划排水规模空间分布变化较大引起入长江口杭州湾污染物通量变化较大,造成南汇东滩等局部近岸水域水质下降。

③ 水质变化空间分布:不管是现状工况还是规划工况,对沿江海河流采取水资源优化调度方案后,COD_{Mn} 和氨氮的月均浓度在南汇东滩近岸乃至南槽水域略有增大,在杭州湾近岸水域略有减小,离岸越远变化幅度越小;其他水域水质无影响。表明,沿江海河流排水的量质变化对长江口杭州湾相应近岸水质具有一定影响,其影响范围主要分布在长江口南汇东滩及杭州湾局部近岸水域。

④ 水源地取水口水质变化:沿江海河流排水(除黄浦江)对水源地取水口水质几乎无影响,取水口处水质变化均小于 0.01%。

通过开展长江口杭州湾及其邻近海域的水环境现状调查评价和变化趋势分析,以及关键水质参数实验研究,建立了基于 ArcGIS 平台的河口海洋水动力水质基础调查数据库以及 MIKE21 和 MIKE3 二维、三维水动力水质模型,系统研究了长江来水、黄浦江出水量质变化、沿江海污水处理厂提标扩容升级改造和沿江海其他支流排水变化对上海市河口海洋水环境的影响,并提出了相应的环境协同系统治理和综合保护对策措施建议。

8.1 主要结论

8.1.1 调查评价长江口杭州湾水质和污染物通量变化趋势

(1)分析比较国家《地表水环境质量标准》与《海水水质标准》的差异

水质监测分析方法、水质监测指标项目和水质指标分级标准值不尽相同,导致相同区位的同一水质指标获得的水质数据结果存在较大差异。《地表水环境质量标准》的水质监测指标项目(109 项,其中常规水质指标 29 项)明显多于《海水水质标准》的水质监测指标项目(35 项);除 DO、铬和镉外,《海水水质标准》总体较《地表水环境质量标准》更严格。海水水质标准对无机氮的浓度要求更高,地表水的氨氮Ⅱ类标准限值,相当于海水的无机氮四类标准限值。

(2)调研分析长江口杭州湾及其邻近海域水质变化特征

① 长江来水水质历年变化情况

基于《地表水环境质量标准》分析评价可知:近十几年来,长江来水水质主要超标污染物为总磷和氨氮。总汞、砷、溶解氧、COD_{Mn}、COD_{Cr}、石油类、镉、五日生化需氧量年均浓度属Ⅰ~Ⅱ类水,铅基本属Ⅱ~Ⅲ类水。

氨氮多年月均浓度 0.31 mg/L、Ⅱ类水,季节变化较明显,年内相应浓度高值一般出现在 1—3 月;多年非汛期浓度大于汛期;历年平均浓度基本属Ⅱ类水,2011 年前年均浓度波动幅度不大,2011 年后呈波动下降趋势。总磷的多年月均浓度是 0.10 mg/L、Ⅱ类水(上限值),季节变化不明显,年内相对高值一般出现在 1—2 月;多年非汛期浓度略大于汛期;历年年均浓度基本属Ⅱ~Ⅲ类水,年际变化规律不明显,2014 年后有微小波动下降趋势。总氮多年月均浓度是 1.89 mg/L,季节变化不明显,年内相对高值一般出现在 1—4 月;多年非汛期浓度大于汛期;年均浓度平稳波动,没有明显趋势变化。

② 长江口杭州湾及其邻近海域水质历年变化情况

1)基于《海水水质标准》分析评价:2000—2014 年,长江口杭州湾及其邻近水域 DO、COD_{Mn}、砷、镉和铜等水质指标表底层年均浓度属一类海水;铅表底层浓度基本属一～二类海水;石油类、总汞表底层浓度属二～三类海水。主要超标污染物是无机氮和活性磷酸盐,基本属四类～劣四类海水。无机氮变化总体趋于稳定;活性磷酸盐年际波动不大,总体呈略微上升趋势。

2)基于《地表水环境质量标准》分析评价:近十几年来,长江口监测断面的溶解氧、COD_{Mn}、石油类、汞、铜、砷、镉年均浓度属Ⅰ～Ⅱ类水;铅为Ⅱ～Ⅲ类水。各监测断面的氨氮历年年均浓度基本属Ⅱ～Ⅲ类水,呈波动下降趋势,多年汛期平均浓度小于非汛期。总氮年均浓度整体波动不大呈略微上升趋势,多年汛期平均浓度小于非汛期。总磷年均浓度基本属Ⅱ～Ⅳ类水,2014 年后各断面均无Ⅳ类水出现;近岸代表断面年均浓度变化幅度较大,2013—2014 年出现明显下降,2014—2018 年小幅震荡;其余断面的年均浓度变化幅度相对不大。石洞口排污控制区、白龙港排污控制区、竹园排污控制区全年、汛期和非汛期水质评价结果符合水功能区水质目标要求;北港保留区的全年、汛期和非汛期单因子评价结果属Ⅲ类水,未达到水质目标要求,总磷和氨氮是主要超标指标。

(3)调查分析长江口杭州湾水质影响因素

① 滨江临海城镇污水处理厂的主要污染物排放量变化情况

2009—2018 年,滨江临海城镇污水处理厂的 COD_{Cr}、氨氮、总氮和总磷多年平均排放量分别为 6.69 万 t、1.43 万 t、2.75 万 t 和 0.13 万 t,年排放量总体呈下降趋势;滨江城镇污水处理厂大于临海城镇污水处理厂,滨江城镇污水处理厂多年排放均值分别是临海城镇污水处理厂的 14.0 倍、35.7 倍、16.8 倍和 9.3 倍。2018 年,COD_{Cr}、氨氮、总氮和总磷排放量前四名的城镇污水处理厂均为:竹园第一污水处理厂＞白龙港污水处理厂＞竹园第二污水处理厂＞石洞口污水厂,其排放总量占全年排放总量的 85% 以上。

根据《上海市水污染防治行动计划实施方案》和《上海市污水处理系统及污泥处理处置规划(2017—2035 年)》,估算 2035 年滨江临海城镇污水处理厂尾水 COD_{Cr}、氨氮、总氮和总磷的年排放量分别为:10.43 万 t、1.87 万 t、4.79 万 t 和 0.19 万 t。

② 长江来水入河口海洋的主要污染物净泄通量变化情况

2005—2018 年,COD_{Mn}、氨氮、总氮、总磷的汛期月均入海污染物通量大于非汛期。COD_{Mn}、氨氮、总氮和总磷年入海通量变化范围分别为 165.27 万 t～258.61 万 t,12.31 万 t～46.15 万 t,137.49 万 t～205.80 万 t 和 5.48 万 t～11.66 万 t。COD_{Mn} 入海通量年际波动幅度不大,没有明显趋势变化;氨氮 2010 年以前波动幅度较大,2011—2018 年波动幅度总体不大;总氮 2005—2015 年呈波动小幅上升,2016—2018 年出现回落;总磷 2006—2016 年呈波动小幅上升,2017—2018 年出现回落。

③ 黄浦江出水入长江口的年均污染物净泄通量情况

黄浦江出水 COD_{Cr} 和氨氮通量月际变化基本一致,1—8 月通量逐渐减少,8 月最低,9—12 月逐渐增加。根据《上海市水(环境)功能区划》,黄浦江出水水质达标(Ⅳ类水)时,现状工况和规划工况水资源优化调度条件下,黄浦江入长江口 COD_{Cr}、氨氮达标年通量分别为 28.438 万 t/a、1.902 万 t/a 和 25.604 万 t/a 和 2.095 万 t/a。

④ 沿江海其他支流排水的主要污染物通量情况

按不同工况和调度方案条件下沿江海其他支流排水的主要污染物通量大小排序：COD_{Cr}，规划工况优化调度和排水水质保持现状＞规划工况优化调度和排水水质达标＞现状工况常规调度和排水水质现状；氨氮，规划工况优化调度和排水水质保持现状＞现状工况常规调度和排水水质现状＞规划工况优化调度和排水水质达标。沿海支流入杭州湾的COD_{Cr}和氨氮年通量大于沿江其他支流入长江口的相应污染物年通量；与现状工况相比，在规划工况条件下，沿江其他支流入长江口的COD_{Cr}和氨氮年通量明显增大；沿海支流入杭州湾的COD_{Cr}和氨氮年通量减小。

规划工况优化调度下，沿江海其他支流入长江口杭州湾的达标年污染物通量COD_{Cr}和氨氮分别为 14.332 万 t、0.929 万 t，其中，支流入长江口的COD_{Cr}和氨氮达标年通量分别为 6.659 万 t 和 0.456 万 t；支流入杭州湾的COD_{Cr}和氨氮达标年通量分别为 7.673 万 t 和 0.473 万 t。

⑤ 长江口杭州湾的水质影响因素排序

对长江口杭州湾的水质影响因素进行分区域、分指标统计其影响程度，长江口水环境的影响因素和影响程度大小排序为长江来水＞黄浦江出水＞滨江污水厂排放尾水＞沿江其他支流排水。长江口杭州湾 COD_{Cr} 影响程度大小排序为长江来水＞钱塘江和甬江来水＞黄浦江出水＞沿江海其他支流排水＞滨江临海城镇污水处理厂排放尾水；氨氮影响程度大小排序为长江来水＞钱塘江和甬江来水＞黄浦江出水＞滨江临海城镇污水处理厂排放尾水＞沿江海其他支流排水。

以长江口水域为对象，计算得出 2018 年长江来水、黄浦江出水、沿江其他支流排水的污染物通量以及滨江城镇污水处理厂尾水污染物排放量占比分别为：COD_{Cr}，95.44％、3.43％、0.47％、0.66％；氨氮，89.15％、6.75％、0.95％、3.15％。

8.1.2　构建长江口杭州湾水动力水质基础调查数据库

以国家、市等相关行业部门的信息化技术规范标准和数据库标准为指导，以支撑上海市水务海洋事业可持续发展为目标，按照遵循相关规范标准、突出业务需求导向、注重安全高效利用和加强统筹协调对接的原则，研究提出河口海洋水动力水质基础调查数据库建设标准，结合多年收集积累的水文、地形、水质、污染源等数据资料，建立了基于 ArcGIS 平台的河口海洋水动力水质基础调查数据库，并实现了用户通过内网访问局信息中心数据库选择获取水文在线监测时间序列数据的功能。设置现状基础类、业务专题类两大类数据，梳理了现状基础类数据对象 16 个，业务专题类对象 7 个，并按照名称、方位、类型、规模、型式（形式）、时间、状态、其他等要素细化各数据对象属性信息；设定现状基础类数据对象标识符号 23 个，海洋业务专题类数据对象标识符号 43 个。

8.1.3　实验研究获得长江口杭州湾主要水质技术参数

采用野外实测和室内模拟实验相结合的方法，研究取得主要污染物的转化或降解（衰减）系数等水质技术参数。长江口杭州湾水体的总氮 TN 主要由无机氮组成，总磷 TP 以颗粒态和溶解态形式共存，颗粒态磷为主。悬浮物的总沉降速率可分为快速沉降期沉降速率、慢速沉降期沉降速率；TP、COD_{Mn} 和 TOC 降解受悬浮物沉降影响明显，相应降解系数可分为快速降解期物理沉降速率、慢速降解期生化降解系数两部分。

(1) 长江口杭州湾 N、P 营养盐的形态组成

① 氮的形态组成,长江口杭州湾水体的 TN 中约 86% 的氮是以无机氮形式存在;无机氮中又以硝酸盐氮的浓度最高,分别约占无机氮、总氮的 89%、77%;从长江口到杭州湾硝酸盐氮浓度呈减小趋势,长江口平均为 80%,杭州湾平均为 71%。

② 磷的形态组成,长江口杭州湾水体中 TP 以颗粒态和溶解态形式共存,其中颗粒态磷占总磷的 56.9%;颗粒态磷浓度从徐六泾到南汇嘴呈增大趋势。由于长江口杭州湾水体浑浊,泥沙浓度较大且粒径较细,颗粒态磷浓度较高,因此,对磷营养盐的主要迁移转化过程研究,应重点关注与悬浮物的沉降和再悬浮过程密切相关的颗粒态磷的吸附和解吸作用。

(2) 长江口杭州湾悬浮物与水质指标的相关性

含氮指标、磷酸盐和溶解性总磷与悬浮物没有明显的相关关系;总磷、含碳指标 COD_{Mn} 和总有机碳 TOC 与悬浮物有较明显的相关关系,表明总磷、COD_{Mn} 和 TOC 的降解过程在一定程度上受到悬浮物沉降的影响。

(3) 长江口杭州湾悬浮物沉降和主要污染物降解规律

① 悬浮物的沉降过程分为两个阶段,即为快速沉降期约 1 天和慢速沉降期,悬浮物沉降规律可表示为 $K_{SS}=K_{S1}/H+K_{S2}/H$,式中 K_{SS}、K_{S1}、K_{S2} 分别为悬浮物的总沉降速率、快速沉降期沉降速率(cm/d)、慢速沉降期沉降速率(cm/d),H 为模拟区域水深(cm)。

② 氮营养盐降解过程受悬浮物沉降影响较小,氮的降解过程是以硝化过程为主,即氨氮通过硝化作用转化为亚硝氮、硝氮,总氮保持总体平衡。在氨氮、亚硝氮、硝氮、总氮 4 个指标中,只有氨氮呈现出降解的趋势,可用总的综合降解系数表示:$K=K_{20}\theta^{(T-20)}$,式中 K_{20} 为温度 20℃ 时氨氮的降解系数,θ 为温度校正因子,$\theta=1.105$。

③ TP 和 TOC 有明显的两阶段降解期,两个阶段都有物理沉降和生化降解,考虑到快速降解期物理沉降、慢速降解期生化降解占主导地位,且两阶段降解期难以区分也无必要细分相应的物理沉降速率和生化降解系数大小,因此,相应污染物降解规律可表示为 $K=K_{S1}+K_{BO2}$,式中 K_{S1} 分别为快速降解期物理沉降速率(d^{-1}),K_{BO2} 分别为慢速降解期生化降解系数(d^{-1})。COD_{Mn} 由于浓度较低两阶段降解期不明显,可用综合降解系数反映 COD_{Mn} 降解规律。

(4) 长江口杭州湾水质参数实验研究结果

① 影响主要污染物降解系数的因素:1)水温,通过 2012 年平、丰、枯三个水期水样的降解系数对比,水温对 TP、COD_{Mn} 和 TOC 的降解系数影响没有明显规律;水温是影响氨氮降解系数的主要因素。2)流速,通过动静水对比实验,流速变化对于悬浮物、COD_{Mn} 和 TP 影响较大,动水条件下降解系数低于静水条件,悬浮物、COD_{Mn} 和 TP 等指标的降解系数取值应参考应用动水条件下的降解系数。

② 主要污染物降解系数:氨氮降解系数动水条件下长江口内为 $0.252\sim0.421\ d^{-1}$,杭州湾为 $0.226\ d^{-1}$;TP 降解系数动水条件下长江口内为 $0.047\sim0.125\ d^{-1}$,杭州湾为 $0.324\ d^{-1}$;COD_{Mn} 降解系数动水条件下长江口内为 $0.051\sim0.138\ d^{-1}$,杭州湾为 $0.048\ d^{-1}$。

8.1.4 数值模拟研究长江口杭州湾水环境影响变化

(1) 长江口杭州湾水动力水质模型建立

建立了不同工况的二维、三维江海联动水动力水质模型 MIKE21 和 MIKE3,利用 2005

年 7 月和 11 月、2006 年 2 月、2011 年 7～11 月和 2012 年 9、12 月水文水质同步监测资料对模型进行了率定验证,各代表点的水位、流速、水质浓度的计算值与实测值吻合较好。水位的计算值与实测值相对误差均小于 5%;流速的计算值与实测值相对误差小于 5～15%;水动力模型河口海域糙率系数为 0.010～0.015,黄浦江糙率系数为 0.018～0.025。水质模型 COD_{Mn}、氨氮、总氮、总磷的计算结果与相应实测结果变化一致且误差一般为 10～25%;COD_{Mn}、氨氮、总氮、总磷主要水质指标综合降解系数分别为参数为 0.05～0.10 d^{-1}、0.22～0.25 d^{-1}、0.08～0.15 d^{-1}、0.02～0.04 d^{-1}。表明经过率定验证后的上海河口海洋二维、三维水动力水质模型(N、P 迁移转化模型)较好地反映了长江口杭州湾及其邻近海域的水流运动和水质变化规律,可应用于上海河口海洋水环境变化影响及对策研究。

(2)水文水质设计边界条件研究

① 设计边界水文变化条件

选定长江来水 90% 频率的典型枯水年为 2011 年,以典型计算时段 2011 年 2 月的长江大通站实测流量(月平均流量为 14 057 m^3/s,流量变化范围 12 600～15 700 m^3/s)以及黄浦江黄浦公园和河口海洋外海同步实测潮位变化过程作为基准方案的水文边界条件;2011 年 2 月水资源常规调度方案的沿江海其他支流引排水流量变化过程和沿江海污水处理厂尾水排放量实测值作为基准方案的相应水文边界条件。

② 设计边界水质变化条件

选定基准方案上边界长江来水、黄浦江出水和杭州湾钱塘江河口来水的水质浓度现状条件分别为 COD_{Mn}:2.40 mg/L、5.60 mg/L、3.13 mg/L,氨氮:0.59 mg/L、2.56 mg/L、0.36 mg/L,总磷:0.11 mg/L、0.17 mg/L、0.50 mg/L,总氮:2.12 mg/L、6.36 mg/L、3.00 mg/L;设计外海边界 COD_{Mn}、氨氮、总磷和总氮的水质浓度条件分别为 0.70 mg/L、0.01 mg/L、0.02 mg/L、0.70 mg/L;2011 年 2 月水资源常规调度的沿江海其他支流排水水质变化过程和沿江海污水处理厂主要污染物排放浓度实测值作为基准方案的相应水质边界条件。

(3)系统模拟研究长江口杭州湾及其邻近海域水环境影响

在合理选定长江来水、沿江海支流、外海水文水质设计边界条件的基础上,应用经过率定验证的江海联动水动力水质模型,模拟预测分析长江来水和黄浦江出水量质变化、沿江海污水处理厂提标扩容升级改造以及沿江海其他支流排水变化对长江口杭州湾及其邻近海域的水环境影响。

① 长江来水量变化对上海河口海洋水质的影响

长江来水流量减小后,长江口口门、口外和杭州湾北岸水域水质有一定改善,但枯水期咸潮入侵不利影响会加剧,风险升高,且南支尤其是南港水域总磷、氨氮和总氮浓度有细微升高,总磷对水源地取水口有微小影响。

② 长江来水水质变化对上海河口海洋水质的影响

在长江来水流量过程相同和区域同等污染负荷情况下,长江来水水质改善或恶化会引起长江口及其邻近海域水质改善或恶化,长江口口内至口外水域自上而下 COD_{Mn}、氨氮、总磷和总氮的月平均浓度变化幅度变小;杭州湾近岸水域水质基本无变化。长江来水水质变化对长江口及其邻近海域水质影响较大,长江口水源地取水口水质改善或恶化率为长江来水水质改善或恶化率的 75%(15.09%～19.57%)以上,不同取水口水质影响程度差异较小,其水质影响程度大小排序为东风西沙水库＞陈行水库＞青草沙水库,为从根本上保护和维持长江口及青草沙水源地的水质,应重点加强对长江干流中下游两翼地区的入江污染物负荷总量控制。

③ 长江入海污染物通量和水质月平均浓度类别面积的相关性

COD_{Mn} 的Ⅰ类水面积和Ⅱ类水面积与长江入海污染物通量显著性相关($p<0.01$);氨氮的Ⅰ类水面积与长江入海污染物通量显著性相关($p<0.05$);总氮(参照湖库标准)的Ⅲ类水面积与长江入海污染物通量显著性相关($p<0.05$)。

④ 黄浦江出水水质变化对上海河口海洋水质的影响

黄浦江出水水质变化后,长江口杭州湾水质总体受影响变化相对较小;长江口南港、南槽、北槽自吴淞口以下至杭州湾近岸水质影响相对敏感,其影响程度呈减小变化,距吴淞口越远水质影响变化越小,其他水域水质几乎无影响。在黄浦江出水水质改善或恶化20%和50%情况下,长江口水源地取水口水质改善或恶化分别为 0.002%～0.115% 和 0.005%～0.288%,对水质影响广度和程度总磷＞氨氮＞COD_{Mn},黄浦江出水水质变化对长江口水源地取水口水质影响很小。

⑤ 沿江海污水处理厂尾水排放对上海河口海洋水质的影响

污水规划规模不变,尾水排放标准提升到一级 B、一级 A 标准和不低于一级 A 标准后,COD_{Mn}、氨氮、总磷和总氮的月均浓度在长江口南港、南北槽和杭州湾水域略有减小,距离排污口越远减小的幅度就越小;其他水域水质无影响变化。上海河口海洋氨氮劣于Ⅲ类水的最大面积分别减少了 49.66 km^2、79.60 km^2 和 80.3 km^2,污水处理厂提标升质改造对长江口杭州湾近岸带水质均有不同程度的改善,其他水域水质无影响变化;沿江海污水处理厂尾水排放对长江口水源地取水口水质几乎无影响,取水口处水质变化均小于 0.01%。

⑥ 沿江海河流排水(除黄浦江)对上海河口海洋水质的影响

不管是现状工况还是规划工况,对沿江海河流(除黄浦江)采取水资源优化调度方案后,COD_{Mn} 和氨氮的月均浓度在南汇东滩近岸乃至南槽水域略微增加(规划工况达标排放水资源优化调度后氨氮劣于Ⅲ类水的最大面积增加了 10.23 km^2),在杭州湾近岸水域略有减小,离岸越远变化幅度越小;长江口水源地取水口水质几乎无影响,取水口处水质变化均小于 0.01%;其他水域水质无影响。表明沿江海河流排水的量质变化对长江口杭州湾相应近岸水质具有一定影响,其影响范围主要分布在长江口南汇东滩及杭州湾局部近岸水域。

8.2 主要建议

(1)科学制定流域区域协同联动的水污染综合防治对策措施。鉴于长江、钱塘江和太湖流域来水量质变化对长江口杭州及其邻近海域水质影响显著的特点,以及长江口杭州湾及其邻近海域径流潮流运动、河口海湾冲淤多变和流域区域生态环境影响的复杂性、不确定性以及环境协同系统治理和联动保护的艰巨性、长期性和严峻性,为加快改善上海河口海洋水环境质量,进一步保护好长江口饮用水水源地,维护好河口海洋生态系统的健康循环,建议从流域区域海域层面,全方位、全覆盖、全过程制定水环境系统治理和综合管理的对策措施,主要包括:持续加强流域水环境综合治理和生态修复保护,确保流域来水水质稳定达标;加快实施沿江海污水处理厂提标扩容升级改造,实现限制排污总量减排目标;切实加大区域水环境综合治理和生态建设力度,改善入江海河流水环境质量;健全完善长江口杭州湾及其邻近海域规划体系,引领河口海洋开发利用保护;着力推进长江口杭州湾生态环境保护综合研究,支撑长江口杭州湾系统治理;创新建立流域区域的水环境联防联控联治机制,提高水务海洋协同管理水平。

(2)健全完善长江口杭州湾水域水质监测预报预警体系。针对目前水污染源调查数据资料不全不详、沪浙和沪苏边界的水质监测数据不够,以及对长江口北支和江海联动的水质影响变化研究不深等问题,应更加注重水生态环境的调查监测分析基础工作,加强水污染源的普查调查和严格监管,实行污染物排放总量和浓度双控制度。建议在已有的水质监测站点基础上,加快建设长江口杭州湾水质和水生态监测站网,健全完善相应的流域—河口—海洋水环境预报系统,不断提高水生态环境的监测预测预报预警能力和水平以及应对突发水污染事件的应急处置能力。

参考文献

［ 1 ］杨新梅,陈志宏,刘娟,等.大连湾海域水质污染因子权重分析[J].海洋通报,2002,21(3):86-90.

［ 2 ］张景平,黄小平,江志坚,等.珠江口海域污染的水质综合污染指数和生物多样性指数评价[J].热带海洋学报,2010,29(1):69-76.

［ 3 ］张汉霞,卢伟华,李希国,等.东莞市近岸海域水环境质量评价及变化趋势分析[J].环境保护科学,2011,37(1):63-65.

［ 4 ］崔彩霞,花卫华,袁广旺,等.灌河口海域水质现状与评价[J].中国资源综合利用,2013,31(12):41-44.

［ 5 ］何桂芳,袁国明.用模糊数学对珠江口近 20a 来水质进行综合评价[J].海洋环境科学,2007,26(1):53-57.

［ 6 ］潘怡,仵彦卿,叶属峰,等.上海海域水质模糊综合评价[J].海洋环境科学,2009,28(3):283-287.

［ 7 ］柯丽娜,王权明,耿亚东,等.基于 ArcEngine 的海水水质可变模糊综合评价系统研究与建立——以莱州湾海域为例[J].海洋湖沼通报,2012,4:129-134.

［ 8 ］秦昌波,郑丙辉,秦延文,等.渤海湾天津段海岸带水环境质量灰色关联度评价[J].环境科学研究,2006,19(6):94-99.

［ 9 ］王红莉,姜国强,陶建华.渤海湾水环境系统多级灰关联评价[J].海洋技术,2004,23(4):48-57.

［10］张静,孙省利.海水环境质量模糊-灰色关联评价及应用[J].广东海洋大学学报,2011,31(6):68-72.

［11］杨红,李曰嵩.长江口水质人工神经网络模型的建立及现状评价[J].上海水产大学学报,2002,11(1):31-36.

［12］李占东,林钦.BP 人工神经网络模型在珠江口水质评价中的应用[J].南方水产,2005,1(4):47-54.

［13］李雪,刘长发,朱学慧,等.基于 BP 人工神经网络的海水水质综合评价[J].海洋通报,2010,9(2):225-230.

［14］丁程成,张咏.江苏近岸海域水环境质量状况及主要污染因子研究[J].环境科技,2009,22(1):52-54.

［15］张淑娜.天津海域水质污染时空特征分析[J].海洋湖沼通报,2009,1:29-34.

［16］张莹,谢仕义,杨锋.粤西海域水质评价方法的研究及应用[J].海洋科学进展,2012,30(2):198-204.

［17］范海梅,李丙瑞,徐韧,等.基于综合指数法的长江口及其邻近海域水质环境综合评价[J].海洋学研究,2011,29(3):169-175.

［18］周超明,晏路明.港湾水质综合评价的集对分析模型[J].环境科学与管理,2006,31(8):62-65.

［19］李明昌,张光玉,尤学一.海洋水环境质量评价的非线性隶属函数集对分析方法[J].河北工业大学学报,2010,39(6):81-86.

［20］张志忠.长江口细颗粒泥沙基本特性研究[J].泥沙研究,1996,(1):67-73.

［21］邱巍.长江口竹园排污区 COD 降解系数的测试与分析[J].上海水利,1996,(4):33-36.

［22］陶威,刘颖,任怡然.长江宜宾段氨氮降解系数的实验室研究[J].污染防治技术,2009,22(6):8-9.

［23］席磊,程金平,程芳.杭州湾北岸近岸海域 N、P 降解系数的围隔实验研究[J].海洋科学,2012,36(9):32-38.

［24］王有乐,孙苑菡,周智芳.黄河兰州段 COD_{Cr} 降解系数的测定[J].甘肃冶金,2006,28(1):27-28.

［25］王有乐,周智芳,王立京.黄河兰州段氨氮降解系数的测定[J].兰州理工大学学报,2006,32(5):72-74.

［26］季民,孙志伟,王泽良.纳污海水中 COD 生化降解过程的模拟试验研究[J].海洋与湖沼,1999,30(6):731-736.

［27］季民,孙志伟,王泽良.污水排海有机物的生化降解动力学系数测定及水质模拟[J].中国给水排水,1999,15(11):62-65.

［28］杜鹃,潘婷,谭剑聪.长江宜宾段总磷的迁移转化特征分析[J].四川省第十一次环境监测学术交流会论文集[C].2010,186-189.

［29］沈焕庭.中国河口数学模型模拟研究的进展[J].海洋通报,1997,16(2):80-85.

［30］窦振兴,杨连武,J. Ozer.渤海三维潮流数值模拟[J].海洋学报(中文版),1993,15(5):1-15.

［31］徐祖信,廖振良.水质数学模型研究的发展阶段与空间层次[J].上海环境科学,2003,22(2):79-85.

［32］BAI Y C, SHENG H T, HU S X. Three dimensional mathematicalmodel of sediment transport in estuarine region[J]. Int J SedimentRes, 2000, 15(4): 410-423.

［33］王长海,李蓓.二维不规则三角形网格的潮流数学模型[J].水道港口,1988,8(2):10-15.

［34］窦希萍,李褆来.二维潮流数学模型的四边形等参单元法[J].海洋工程,1995,13(1):47-53.

［35］汪德爟,杨艳艳.边界拟合坐标法的应用——长江口南支非恒定流计算[J].河海大学学报,1989,17(1):50-57.

［36］李浩麟,易家豪.河口浅水方程的隐式和显式有限元法[J].水利水运科学研究,1983,
　　（10）,15-26.

［37］江春波,梁东方,李玉梁.求解浅水流动的分步有限元方法[J].水动力学研究与进展,
　　Ser. A,2004,19(4):475-483.

［38］张存智,杨连武,等.具有潮滩移动边界的浅海环流有限元模型[J].海洋学报,1990,
　　12(1):1-13.

［39］娄安刚,李凤岐,吴德星,等.胶州湾红岛码头疏浚物质输移扩散数值预测[J].海洋科
　　学,2003,27(12):45-49.

［40］李世森,时钟,刘应中.河口潮流垂向二维有限元数学模型[J].海洋科学,2001,25
　　(9):39-44.

［41］朱良生.近岸二维海流数值计算方法若干问题的研究和应用[J].热带海洋,1995,14
　　(1):30-37.

［42］THOMPSON J. F. etal. ,Automatic numericalgeneration of body-fitted curvilinear
　　systems for fields containing any number of arbitrary two-dimension bodies[J]. J.
　　of Comput. Phys. ,1974,15:299-311.

［43］WANG JIA-HE, et al. Numerical simulation of 2D tidal flow and water quality un-
　　der the curvilinear coordinates[J]. J. of Hydrodynamics,1994,B(3):78-84.

［44］WEI WEN lI,JIN ZHONGQING. Numerical solution for unsteady 2D flow using to
　　the transformed shallow water equations[J]. J. of Hydrodynamics,Ser. B,1995,7
　　(3):65-71.

［45］郭庆超,何明民,等.控制体积法在二维潮流计算中的应用[J].水动力学研究与进展,
　　A辑,1995,10(6):602-609.

［46］陈景仁.流体力学及传热学[M].北京:国防工业出版社,1984.

［47］杨屹松.混合有限分析法及其在流体力学中的应用[D].武汉:武汉水利电力学
　　院,1988.

［48］何少苓,林秉南.破开算子法在二维潮流计算中的应用[J].海洋学报,1984,6(2):
　　260-271.

［49］张二骏,张东生,等.一种新的数值方法——准分析法在二维非恒定流动问题中的应
　　用[J].海洋学报,1986,8(5):636-643.

［50］李家星,张镜湖.用潮波能谱计算二维非恒定流[J].海洋工程,1988,6(2):45-55.

［51］华秀菁,吕玉麟.二维浅水域潮流数值模拟的 ADI-QUICK 格式[J].水动力学研究与
　　进展,A辑,1996,11(1):77-92.

［52］卢启苗.海岸河口三维潮流数学模型.海洋工程,1995,13(4):47-60.

［53］韩国其.天然水域三维数值模拟[D].南京:河海大学,1989.

［54］朱建荣,等.三维陆架模式及其应用——一个三维陆架模式及其在长江口海区的应用
　　[J].青岛海洋大学学报,1997,(2):145-156.

［55］马启南,陈永平,张金善,等.杭州湾的三维水流数值模拟[J].海洋工程,2001,19(4):
　　58-66.

［56］史峰岩,朱首贤,朱建荣,等.杭州湾、长江口余流及其物质输运作用的模拟研究—I.

杭州湾、长江口三维联合模型[J].海洋学报,2000,22(5):1-12.

[57] 苗春葆.三维等密度坐标数值模型的建立以及南海内潮的数值模拟[D].青岛:中国海洋大学,2012.

[58] 朱建荣.海洋数值计算方法和数值模式[M].北京:海洋出版社,2003.

[59] 何少苓,陆吉康.三维动边界破开算子法不恒定流模拟研究[J].水利学报,1998,8:8-13.

[60] 赵士清.长江口三维潮流的数值模拟.水利水运科学研究,1985,(1):23-31.

[61] 余克俊,张法高.渤海潮波运动的三维数值计算.海洋与湖沼,1987,3(3):227-236.

[62] 白玉川,于天一.分步分层拟三维水流数学模型及其在廉州湾潮流计算中的应用.海洋学报,1995,20(5):126-135.

[63] 张新周,窦希萍,王惠民,等.三维水沙数值模拟中紊流随机理论应用初探[J].泥沙研究,2009,3:13-19.

[64] 陈志锋,李华,李县法,等.大亚湾海域潮流场的数值计算[J].陕西科技大学学报,2009,27(2):145-148.

[65] 唐永明,孙文心,冯士筰.三维浅海流体动力学模型的流速分解法[J].海洋学报(中文版),1990,2:149-158.

[66] 张二骏,顾再仁,姚志坚.不恒定流一、二维联解潮流计算(上、下)[J].人民珠江,1986,(5,6):5-13,13-16.

[67] 严以新,诸裕良.黄茅海域及上游河网地区一、二维联网整体数学模型[C].第七届全国海岸工程学术论文集,海洋出版杜,1993:75-83.

[68] 王玲玲,金忠青.利用二、三维嵌套技术数值模拟复杂边界下的流场[J].南京航空航天大学学报,1993:75-83.

[69] 徐金环,李国臣.一种新型潮流模型试验方法的研究[J].泥沙研究,1992(1):36-42.

[70] 江毓武,陈宗团.厦门港三维潮流数值模拟[J].海洋工程,1998,16(4):66-72.

[71] 车进胜,周作付,胡学,郑兆勇.河口海岸水动力模拟技术研究的进展[J].台湾海峡.2003,22(1):125-129.

[72] 姜云超,南忠仁.水质数学模型的研究进展及存在的问题[J].兰州大学学报(自然科学版),2008,44(5):7-11.

[73] ZHU Y L, ZHENG JH, MAO LH, et al. Three-dimensionalnon-linear numericalmodelwith inclined pressure for saltwater in intrusion at theYangtzeRiverestuary[J]. JHydrodynamic, SerB,2000,12(1):57-66.

[74] 张君伦,盛根明.长江口台风暴潮的计算模式研究[J].河海大学学报,1987,(1):18-23.

[75] 于克俊.长江口余流和盐度的二维数值计算[J].海洋与湖沼,1990,21(l):92-96.

[76] 时钟,李世森.垂向二维潮流数值模型及其在长江口北槽的应用[J].海洋通报,2002,22(3):1-7.

[77] 倪勇强,耿兆铨,朱军政.杭州湾水动力特性研讨[J].水动力学研究与进展 A 辑,2003,18(4):439-445.

[78] 曹颖,朱军政.长江口南汇东滩水动力条件变化的数值预测[J].水科学进展,2005,16

(4):581-585.

［79］刘新成,卢永金,潘丽红,等.长江口和杭州湾潮流数值模拟及水体交换的定量研究［J］.水动力学研究与进展 A 辑,21(2):171-180.

［80］郁微微,杨洪林,刘曙光,等.深水航道工程对长江口流场的影响［J］.水动力学研究与进展,2007,22(6):709-715.

［81］韩国其,汪德爟,许协庆.潮汐河口三维水流数值模拟［J］.水利学报,1989,12:54-60.

［82］曹德明,朱耀华,王新怡.杭州湾潮波运动的一个三维数值模型［J］.海洋科学.1992,11(6):45-50.

［83］刘子龙,王船海,等.长江口三维水流模拟［J］.河海大学学报,1996,24(5):108-110.

［84］刘桦,何友声,等.长江口水环境数值模拟研究-水动力数值模拟［J］.水动力学研究与进展,2000,15(1):17-30.

［85］李褆来,窦希萍,黄晋鹏.长江口边界拟合坐标的三维潮流数学模型［J］.水利水运科学研究,2000,9(3):1-6.

［86］朱建荣,朱首贤.ECOM 模式的改进及在长江河口、杭州湾及邻近海区的应用［J］.海洋与湖沼,2003,34(4):372-373.

［87］徐祖信,华祖林.长江口南支三维水动力及污染物输送数值模拟［J］.同济大学学报,2003,31(2):239-243.

［88］谢锐,吴德安,严以新,等.EFDC 模型在长江口及相邻海域三维水流模拟中的开发应用［J］.水动力学研究与进展,2010,25(2):165-174.

［89］邱训平,穆宏强,支俊峰.长江河口水环境现状及趋势分析［J］.人民长江,2001,32(7):26-28.

［90］孟伟,秦延文,等.长江口水体中氮、磷含量及其化学耗氧量的分析［J］.环境科学,2004,25(6):65-68.

［91］李伯昌,施慧燕.长江口河段水环境现状分析［J］.水资源保护,2005,21(1):42-44.

［92］陈希,刘花璐.基于 BP 网络方法的长江水质综合评价［J］.黄石理工学院学报.2009,25(4):11-15.

［93］苏畅,沈志良,姚云,等.长江口及其邻近海域富营养化水平评价［J］.水科学进展,2008,19(1):99-105.

［94］余国安,王兆印,谢小平.长江口水质空间分布现状评价［J］.人民长江,2007,38(1):81-83.

［95］刘成,李行伟,韦鹤平.长江口水动力及污水稀释扩散模拟［J］.海洋与湖沼,2003,5(34):474-483.

［96］杨斌,翟雪梅,王强.长江河口南支水域溶解氧动力学模型的应用［J］.中国海洋大学学报,2004,34(2):253-260.

［97］丁峰元,贺宝根,左本荣,等.排污对长江口南汇边滩湿地污水处理系统的影响［J］.环境科学技术,2004,27(5):85-88.

［98］江霜英,王雨,张海平,等.上海市竹园第一污水处理厂升级改造工程对长江口水体环境的影响［J］,环境科学研究,2008,1(21):159-167.

［99］蒋国俊,姚炎明,唐子文.长江口细颗粒泥沙絮凝沉降影响因素分析［J］,海洋学报,

2002,24(4):51-57.

[100] 刘成,王兆印,何耘.上海污水排放口水域水质和底质分析[J].中国水利水电科学研究院学报,2003,1(4):275-285.

[101] 徐高田,韦鹤平.污水在水体中的稀释扩散及稀释度的计算[J].环境污染与防治,1997,19(3):42-44.

[102] 顾友直,戴维明.应用物理和数值模型预测竹园排放口的污水扩散[J].上海环境科学,1990,9(10):8-13.

[103] 刘桦.河口潮流和水质数值模拟研究[J].上海环境科学,1997,7(16):20-23.

水动力水质模型率定验证图

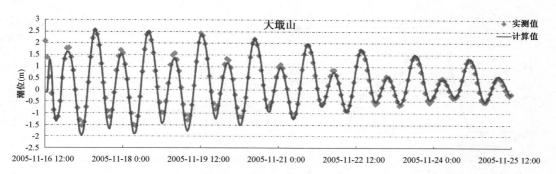

图 S1.1-1　2005 年 11 月大戢山站潮位率定结果图

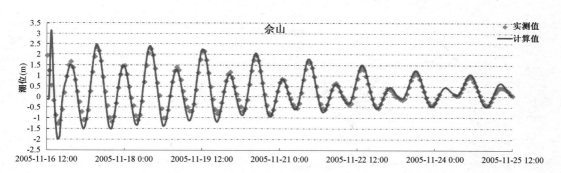

图 S1.1-2　2005 年 11 月佘山站潮位率定结果图

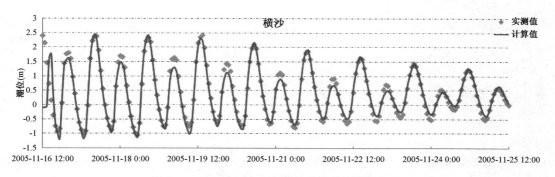

图 S1.1-3　2005 年 11 月横沙站潮位率定结果图

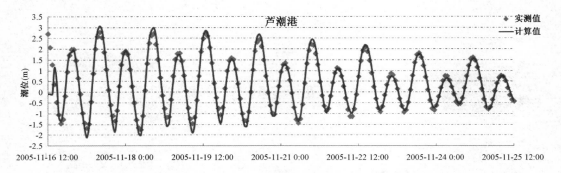

图 S1.1-4 2005 年 11 月芦潮港站潮位率定结果图

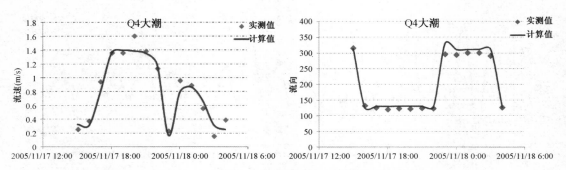

图 S1.1-5 2005 年 11 月 Q4 大潮流速流向率定结果图

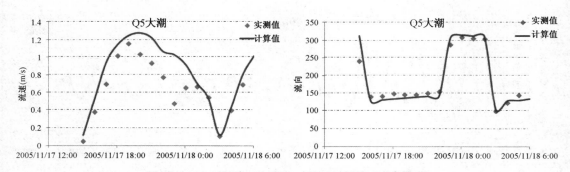

图 S1.1-6 2005 年 11 月 Q5 大潮流速流向率定结果图

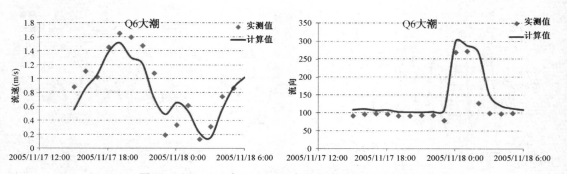

图 S1.1-7 2005 年 11 月 Q6 大潮流速流向率定结果图

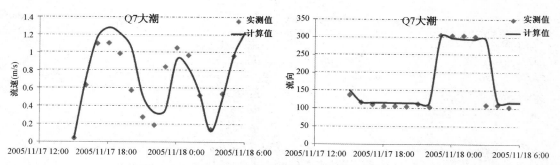

图 S1.1-8 2005 年 11 月 Q7 大潮流速流向率定结果图

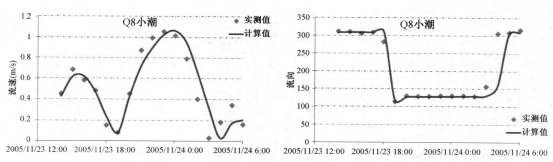

图 S1.1-9 2005 年 11 月 Q8 小潮流速流向率定结果图

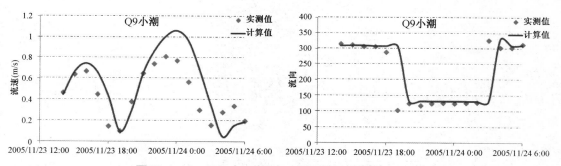

图 S1.1-10 2005 年 11 月 Q9 小潮流速流向率定结果图

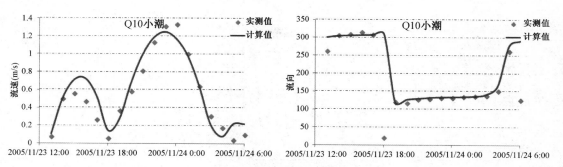

图 S1.1-11 2005 年 11 月 Q10 小潮流速流向率定结果图

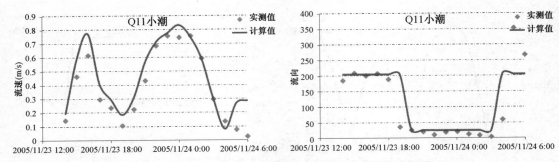

图 S1.1-12　2005 年 11 月 Q11 小潮流速流向率定结果图

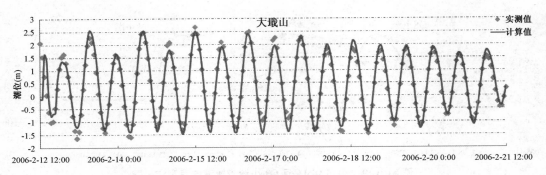

图 S1.2-1　2006 年 2 月大戢山站潮位率定结果图

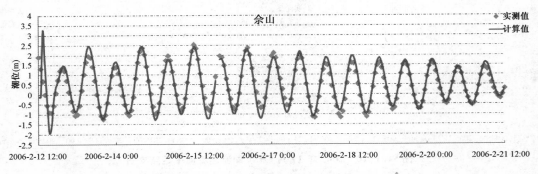

图 S1.2-2　2006 年 2 月佘山站潮位率定结果图

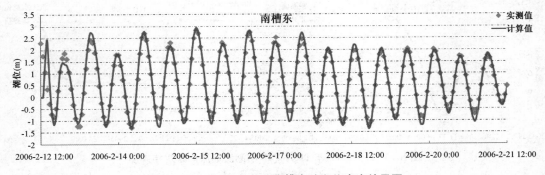

图 S1.2-3　2006 年 2 月南槽东站潮位率定结果图

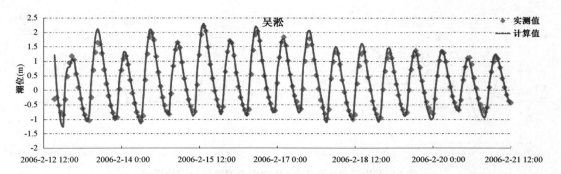

图 S1.2-4　2006 年 2 月吴淞站潮位率定结果图

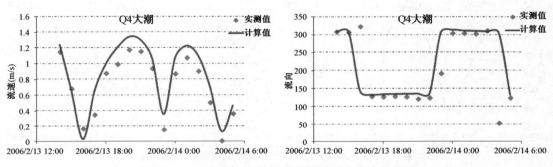

图 S1.2-5　2006 年 2 月 Q4 大潮流速流向率定结果图

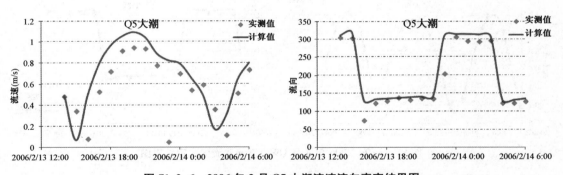

图 S1.2-6　2006 年 2 月 Q5 大潮流速流向率定结果图

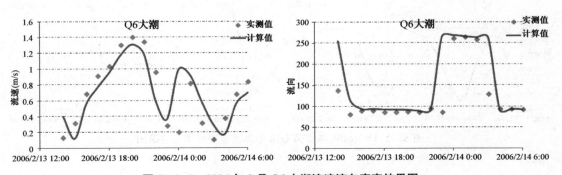

图 S1.2-7　2006 年 2 月 Q6 大潮流速流向率定结果图

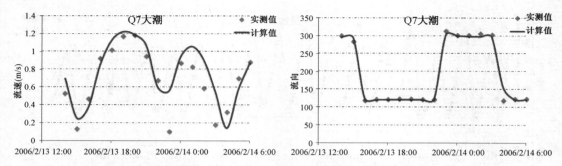

图 S1. 2-8　2006 年 2 月 Q7 大潮流速流向率定结果图

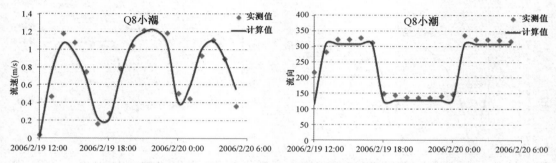

图 S1. 2-9　2006 年 2 月 Q8 小潮流速流向率定结果图

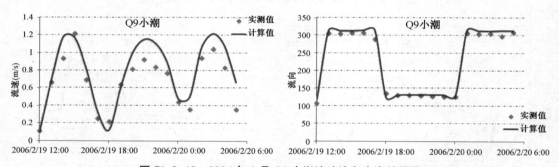

图 S1. 2-10　2006 年 2 月 Q9 小潮流速流向率定结果图

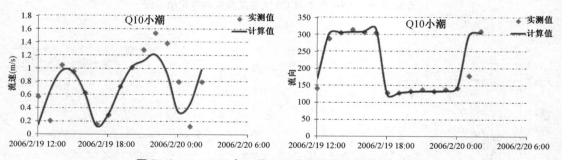

图 S1. 2-11　2006 年 2 月 Q10 小潮流速流向率定结果图

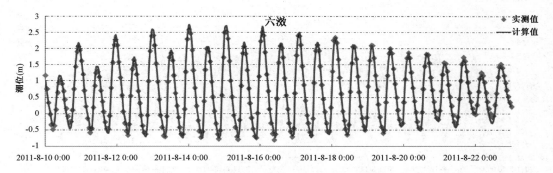

图 S2.1-1 2011 年 8 月六浃站潮位验证结果图

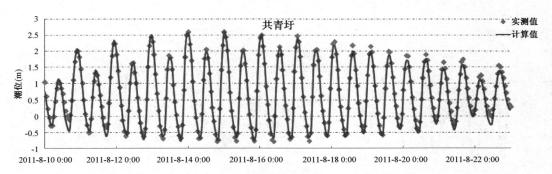

图 S2.1-2 2011 年 8 月共青圩站潮位验证结果图

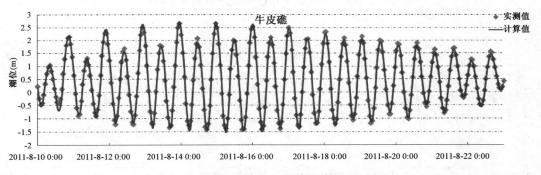

图 S2.1-3 2011 年 8 月牛皮礁站潮位验证结果图

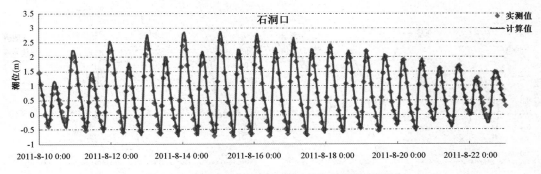

图 S2.1-4 2011 年 8 月石洞口站潮位验证结果图

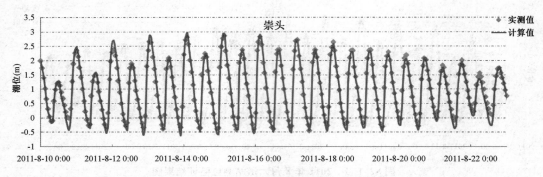

图 S2.1-5 2011 年 8 月崇头站潮位验证结果图

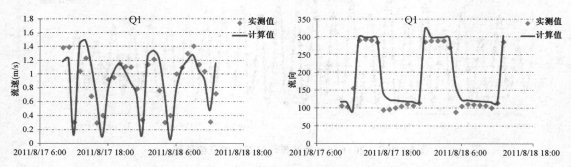

图 S2.1-6 2011 年 8 月 Q1 流速流向验证结果图

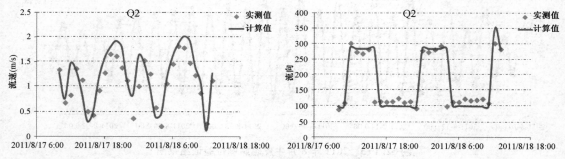

图 S2.1-7 2011 年 8 月 Q2 流速流向验证结果图

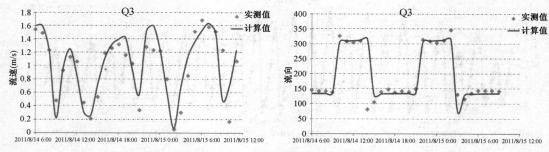

图 S2.1-8 2011 年 8 月 Q3 流速流向验证结果图

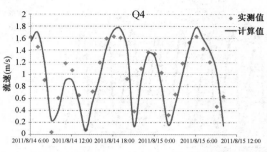
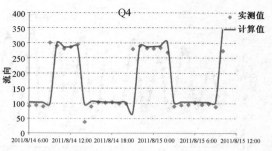

图 S2.1-9 2011 年 8 月 Q4 流速流向验证结果图

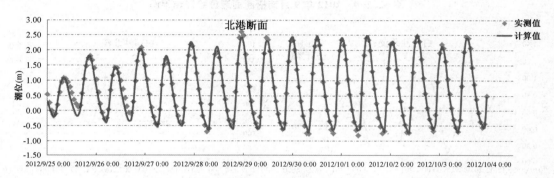

图 S2.2-1 2012 年 9 月北港断面潮位验证结果图

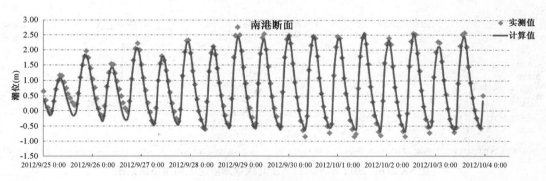

图 S2.2-2 2012 年 9 月南港断面潮位验证结果图

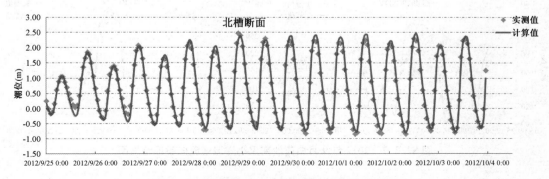

图 S2.2-3 2012 年 9 月北槽断面潮位验证结果图

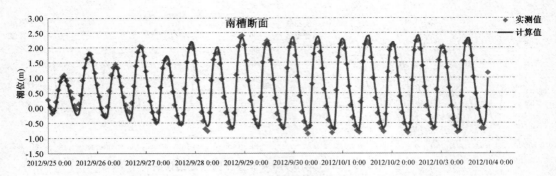

图 S2.2-4　2012 年 9 月南槽断面潮位验证结果图

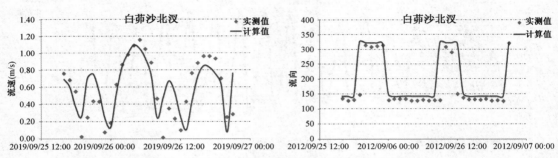

图 S2.2-5　2012 年 9 月白茆沙北汊小潮流速流向验证结果图

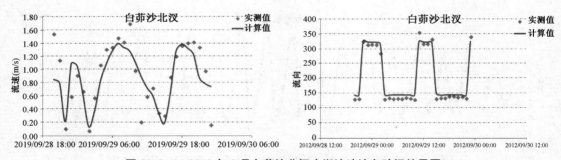

图 S2.2-6　2012 年 9 月白茆沙北汊中潮流速流向验证结果图

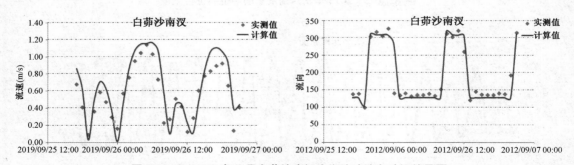

图 S2.2-7　2012 年 9 月白茆沙南汊小潮流速流向验证结果图

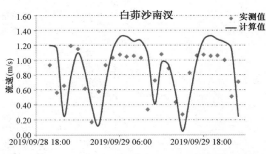
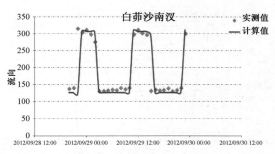

图 S2.2-8　2012 年 9 月白茆沙南汊中潮流速流向验证结果图

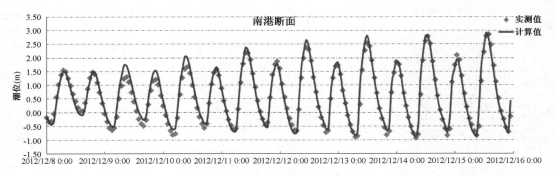

图 S2.3-1　2012 年 12 月南港断面潮位验证结果图

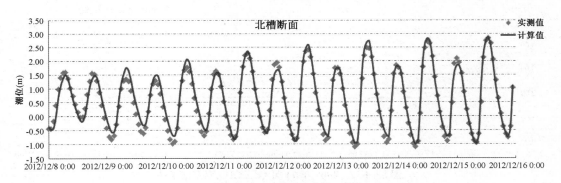

图 S2.3-2　2012 年 12 月北槽断面潮位验证结果图

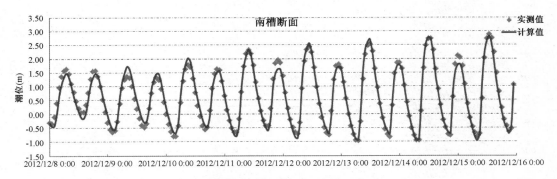

图 S2.3-3　2012 年 12 月南槽断面潮位验证结果图

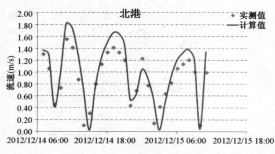
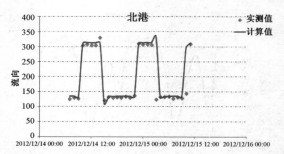

图 S2.3-4　2012 年 12 月北港中潮流速流向验证结果图

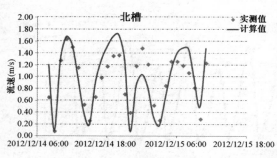
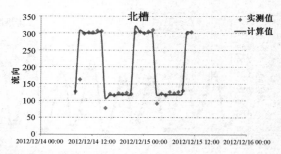

图 S2.3-5　2012 年 12 月北槽中潮流速流向验证结果图

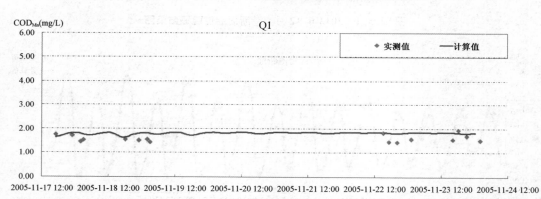

图 S3.1-1　2005 年 11 月 Q1 COD$_{Mn}$率定结果图

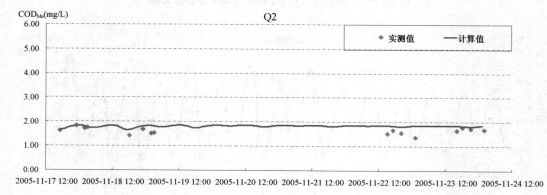

图 S3.1-2　2005 年 11 月 Q2 COD$_{Mn}$率定结果图

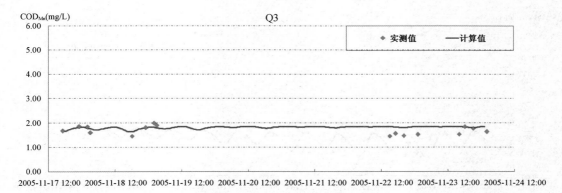

图 S3. 1-3　2005 年 11 月 Q3 COD$_{Mn}$率定结果图

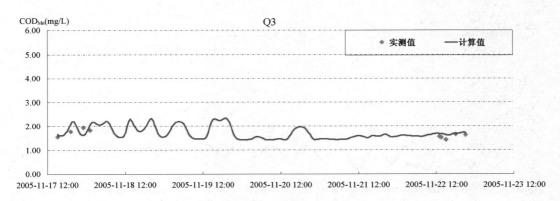

图 S3. 1-4　2005 年 11 月 Q4 COD$_{Mn}$率定结果图

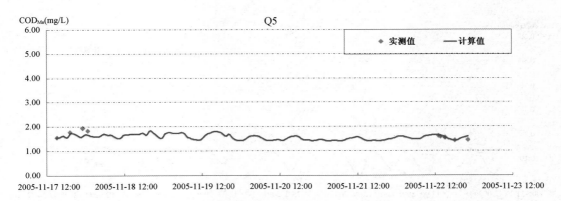

图 S3. 1-5　2005 年 11 月 Q5 COD$_{Mn}$率定结果图

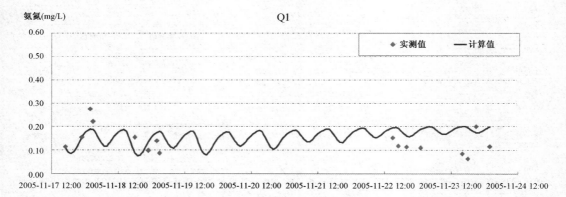

图 S3.1-6 2005 年 11 月 Q1 氨氮率定结果图

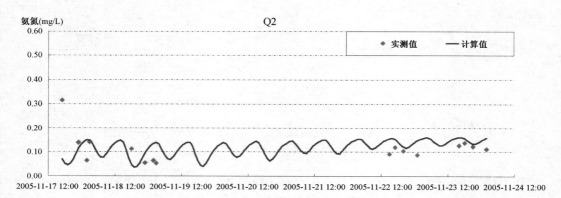

图 S3.1-7 2005 年 11 月 Q2 氨氮率定结果图

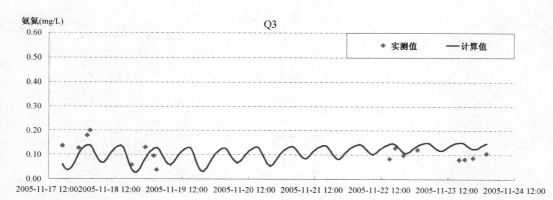

图 S3.1-8 2005 年 11 月 Q3 氨氮率定结果图

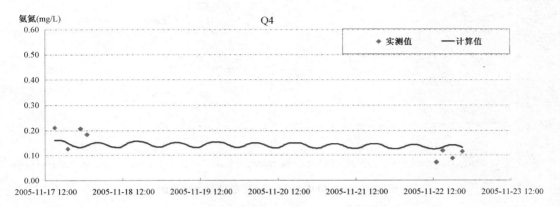

图 S3.1-9　2005 年 11 月 Q4 氨氮率定结果图

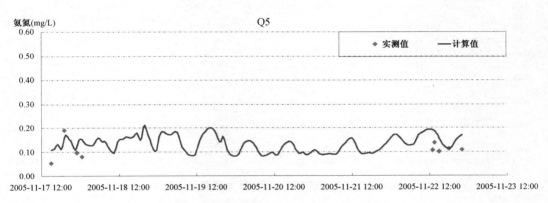

图 S3.1-10　2005 年 11 月 Q5 氨氮率定结果图

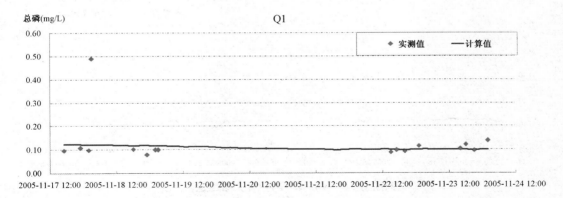

图 S3.1-11　2005 年 11 月 Q1 总磷率定结果图

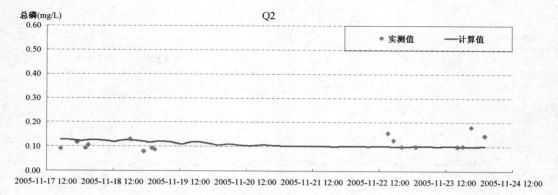

图 S3.1-12　2005 年 11 月 Q2 总磷率定结果图

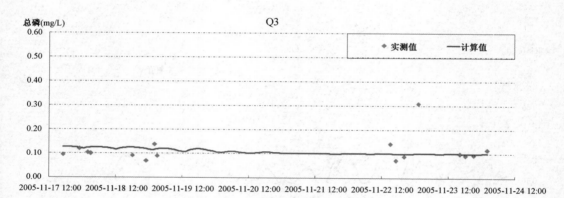

图 S3.1-13　2005 年 11 月 Q3 总磷率定结果图

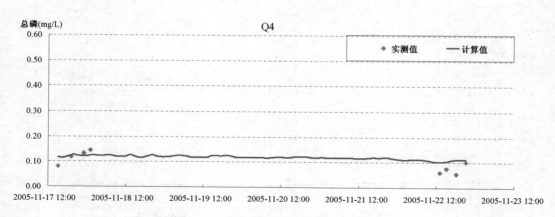

图 S3.1-14　2005 年 11 月 Q4 总磷率定结果图

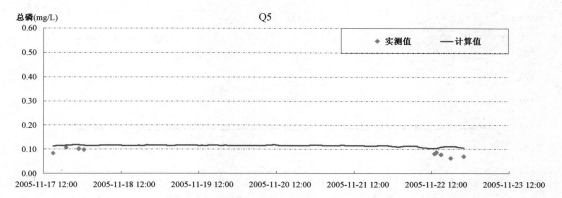

图 S3.1-15　2005 年 11 月 Q5 总磷率定结果图

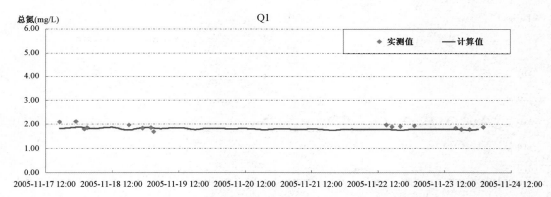

图 S3.1-16　2005 年 11 月 Q1 总氮率定结果图

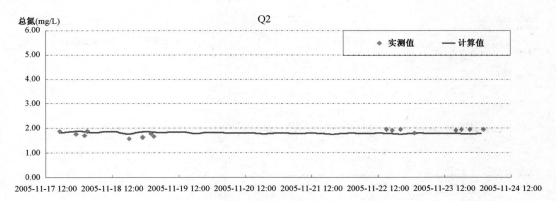

图 S3.1-17　2005 年 11 月 Q2 总氮率定结果图

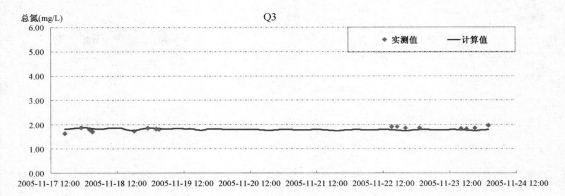

图 S3.1-18　2005 年 11 月 Q3 总氮率定结果图

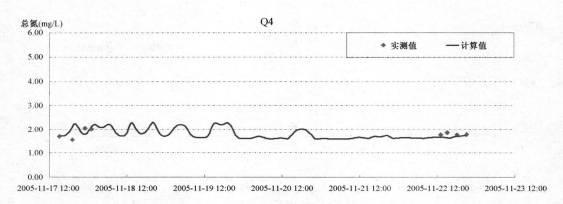

图 S3.1-19　2005 年 11 月 Q4 总氮率定结果图

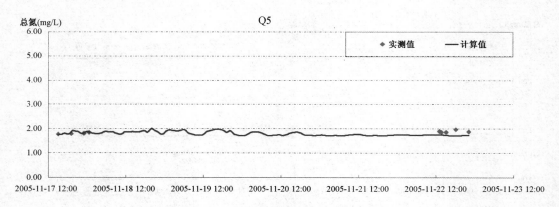

图 S3.1-20　2005 年 11 月 Q5 总氮率定结果图

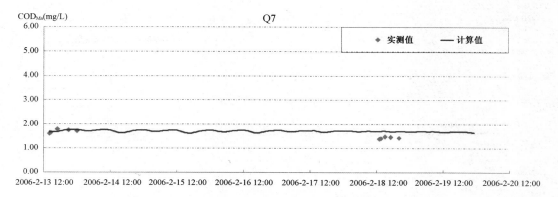

图 S3.2-1 2006 年 2 月 Q7 COD_{Mn}率定结果图

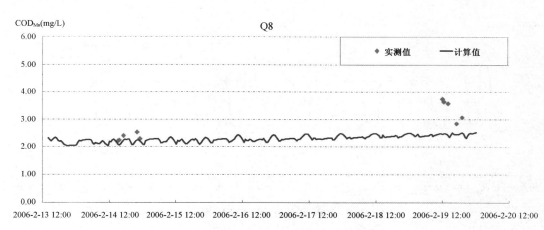

图 S3.2-2 2006 年 2 月 Q8 COD_{Mn}率定结果图

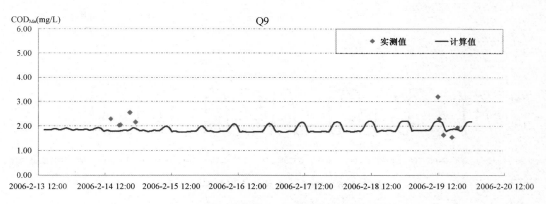

图 S3.2-3 2006 年 2 月 Q9 COD_{Mn}率定结果图

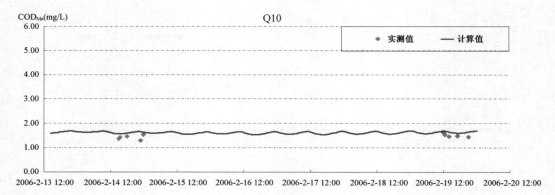

图 S3.2-4　2006 年 2 月 Q10 COD$_{Mn}$率定结果图

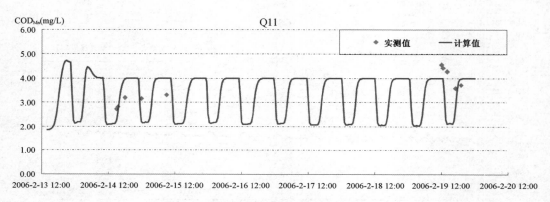

图 S3.2-5　2006 年 2 月 Q11 COD$_{Mn}$率定结果图

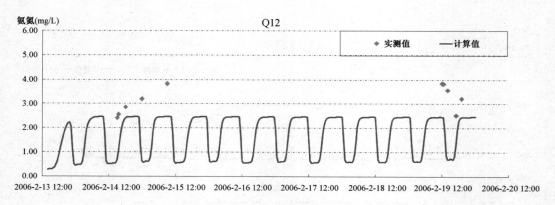

图 S3.2-6　2006 年 2 月 Q12 氨氮率定结果图